住房和城乡建设部"十四五"规划教材

高等职业教育建设工程管理类专业"十四五"数字化新形态教材

工程造价软件应用

赵庆辉　李桂文　宫淑艳　主　编
刘　莹　董文涛　副主编
赵春红　主　审

中国建筑工业出版社

图书在版编目(CIP)数据

工程造价软件应用 / 赵庆辉，李桂文，宫淑艳主编；
刘莹，董文涛副主编. -- 北京：中国建筑工业出版社，
2025. 8. --（住房和城乡建设部"十四五"规划教材）
（高等职业教育建设工程管理类专业"十四五"数字化新
形态教材）. -- ISBN 978-7-112-31397-6

Ⅰ. TU723. 32-39

中国国家版本馆 CIP 数据核字第 202570JM19 号

本教材针对房屋建筑工程造价软件应用分为 BIM 钢筋算量、BIM 土建算量和工程造价的确定三个模块，介绍了如何利用广联达 BIM 土建计量平台 GTJ2025 和广联达云计价平台 GCCP6.0 完成建筑工程计量和计价全过程工作的技术要点和工作流程。

本教材可作为职业教育土建类专业工程造价软件应用相关课程或实训环节教材，也可用作从事工程造价类、工程管理类、工程咨询类等企业在职人员以及有意从事工程造价相关工作人员的技能培训及学习教材。

为更好地支持相应课程的教学，我们向采用本书作为教材的教师提供教学课件，有需要者可与出版社联系，邮箱：jckj@cabp.com.cn，电话：010-58337285，建工书院 http://edu.cabplink.com(PC 端)。欢迎任课教师加入专业教学 QQ 交流群：745126886。

* * *

责任编辑：吴越恺
文字编辑：黄　辉
责任校对：李美娜

住房和城乡建设部"十四五"规划教材
高等职业教育建设工程管理类专业"十四五"数字化新形态教材
工程造价软件应用
赵庆辉　李桂文　宫淑艳　主　编
刘　莹　董文涛　副主编
赵春红　主　审

*

中国建筑工业出版社出版、发行(北京海淀三里河路 9 号)
各地新华书店、建筑书店经销
北京红光制版公司制版
河北京平诚乾印刷有限公司印刷

*

开本：787 毫米×1092 毫米　1/16　印张：16¾　字数：418 千字
2025 年 7 月第一版　　2025 年 7 月第一次印刷
定价：**49.00** 元(附数字资源及赠教师课件)
ISBN 978-7-112-31397-6
(44836)

出 版 说 明

党和国家高度重视教材建设。2016 年，中办国办印发了《关于加强和改进新形势下大中小学教材建设的意见》，提出要健全国家教材制度。2019 年 12 月，教育部牵头制定了《普通高等学校教材管理办法》和《职业院校教材管理办法》，旨在全面加强党的领导，切实提高教材建设的科学化水平，打造精品教材。住房和城乡建设部历来重视土建类学科专业教材建设，从"九五"开始组织部级规划教材立项工作，经过近 30 年的不断建设，规划教材提升了住房和城乡建设行业教材质量和认可度，出版了一系列精品教材，有效促进了行业部门引导专业教育，推动了行业高质量发展。

为进一步加强高等教育、职业教育住房和城乡建设领域学科专业教材建设工作，提高住房和城乡建设行业人才培养质量，2020 年 12 月，住房和城乡建设部办公厅印发《关于申报高等教育职业教育住房和城乡建设领域学科专业"十四五"规划教材的通知》（建办人函〔2020〕656 号），开展了住房和城乡建设部"十四五"规划教材选题的申报工作。经过专家评审和部人事司审核，512 项选题列入住房和城乡建设领域学科专业"十四五"规划教材（简称规划教材）。2021 年 9 月，住房和城乡建设部印发了《高等教育职业教育住房和城乡建设领域学科专业"十四五"规划教材选题的通知》（建人函〔2021〕36 号）。为做好"十四五"规划教材的编写、审核、出版等工作，《通知》要求：（1）规划教材的编著者应依据《住房和城乡建设领域学科专业"十四五"规划教材申请书》（简称《申请书》）中的立项目标、申报依据、工作安排及进度，按时编写出高质量的教材；（2）规划教材编著者所在单位应履行《申请书》中的学校保证计划实施的主要条件，支持编著者按计划完成书稿编写工作；（3）高等学校土建类专业课程教材与教学资源专家委员会、全国住房和城乡建设职业教育教学指导委员会、住房和城乡建设部中等职业教育专业指导委员会应做好规划教材的指导、协调和审稿等工作，保证编写质量；（4）规划教材出版单位应积极配合，做好编辑、出版、发行等工作；（5）规划教材封面和书脊应标注"住房和城乡建设部'十四五'规划教材"字样和统一标识；（6）规划教材应在"十四五"期间完成出版，逾期不能完成的，不再作为《住房和城乡建设领域学科专业"十四五"规划教材》。

住房和城乡建设领域学科专业"十四五"规划教材的特点，一是重点以修订教育部、住房和城乡建设部"十二五""十三五"规划教材为主；二是严格按照专业标准规范要求编写，体现新发展理念；三是系列教材具有明显特点，满足不同层次和类型的学校专业教学要求；四是配备了数字资源，适应现代化教学的要求。规划教材的出版凝聚了作者、主审及编辑的心血，得到了有关院校、出版单位的大力支持，教材建设管理过程有严格保障。希望广大院校及各专业师生在选用、使用过程中，对规划教材的编写、出版质量进行反馈，以促进规划教材建设质量不断提高。

住房和城乡建设部"十四五"规划教材办公室

2021 年 11 月

前　　言

近年来，随着建筑行业的蓬勃发展，工程项目的规模和复杂程度日益增加。传统的手工计算工程造价的方式难以满足效率和准确性的要求，而基于 BIM 技术和大数据的工程造价软件应用很好地解决了这一问题，为行业加快形成新质生产力提供了有效的技术手段和实现路径。目前，掌握工程造价软件应用已经是职业教育工程造价、工程管理、建筑工程施工等专业学生和行业从业人员必备的岗位技能。

本教材以国家和山东省相关标准和规范为依据，以现浇混凝土结构典型案例工程为载体，按照高等职业教育土建类相关专业教学标准进行编写，并有机融入了"1＋X"工程造价数字化应用职业技能等级证书相关技能的考核标准，同时注重职业理想、职业道德与职业精神的培养，培养学生精益求精的工匠精神和严谨务实的工作作风，激发学生技术报国的家国情怀和使命担当，充分发挥工程造价软件应用课程的育人效果。

本教材通过一个典型的实际工程项目案例，以岗位技能为逻辑节点，以完成该项目建筑工程计量与计价岗位任务为目的分解工作任务，通过"任务说明-任务分析-任务实施-任务总结"的方式将工作过程进行系统化梳理，让学生在完成典型案例 BIM 建模与计价的各项工作任务的过程中掌握软件操作技能，熟悉工作流程，加强对计量计价规则的理解，提升其核心职业能力和综合素养。本教材按照工程造价人员岗位工作的流程共设置 3 个模块，分为 BIM 钢筋算量、BIM 土建算量和工程造价的确定。

同时，为了更好地指导读者进行学习和实践，本教材还配备了丰富的数字化教学资源，每个工作任务环节都配备微课视频，读者可扫描书中二维码进行免费学习。本教材配套的网络课程为学银在线开放课程，读者可登录平台进行在线学习，读者亦可在网络学习平台上下载配套使用的图纸。

HPB235 级和 HRB335 级钢筋在我国建设工程中已不再使用。为更好地体现软件操作情境，教材中部分含 HPB235 级和 HRB335 级钢筋信息的图片为软件原始截图，未做调整，请读者酌情参考，特此说明。

本教材采用校企合作的方式编写，由山东城市建设职业学院赵庆辉、济南一砖一瓦工程项目管理咨询有限公司李桂文和山东城市建设职业学院宫淑艳担任主编，济南一砖一瓦工程项目管理咨询有限公司刘莹、山东城市建设职业学院董文涛担任副主编。教材具体编写分工为：赵庆辉编写模块 1，刘莹、董文涛编写模块 2，李桂文、宫淑艳编写模块 3，刘莹为本教材的案例进行了图纸修改和插图制作工作。山东城市建设职业学院赵春红担任本教材主审。

在本教材编写过程中参考和借鉴了一些优秀书籍和文献资料，已在参考文献中列明，在此向有关作者表示由衷的感谢。

由于编者水平有限，时间紧迫，书中难免有不足和疏漏之处，欢迎广大读者批评指正。

编者

厂区办公楼
建筑施工图

厂区办公楼
结构施工图

目　　录

模块 1　BIM 钢筋算量

1.1　建模准备工作

知识目标

1. 理解软件算量的基本原理。
2. 掌握软件算量的流程。
3. 掌握软件的建模步骤。

能力目标

1. 能独立完成软件的安装与调试。
2. 能够掌握软件的基本操作。

素养目标

1. 养成尊重知识产权、遵纪守法的法律意识。
2. "锐始者必图其终，成功者先计于始"，养成做事情提前规划的工作习惯。

1.1.1　软件算量的原理

1. 软件算量的原理

建筑工程量计算是一项工作量大且繁重的工作，近年来随着计算机的普及以及数字化技术的快速发展，工程计量从最初的表算工具，发展到基于 BIM 技术的数字化三维算量。目前，我们主要是利用数字化算量软件来帮助我们快速、准确地解决建筑工程计量工作，可以说软件的应用将造价人员从繁琐的算量工作中解放出来。因此掌握软件算量的方法是每一个工程造价相关专业的学生以及行业从业人员所必须具备的职业技能。

目前主流的造价软件普遍是基于 BIM 技术以及大数据的应用来解决计量问题。工程造价人员只需要根据图纸信息利用软件建立工程的 BIM 算量模型，并准确进行计算设置，软件就会根据内置的计算规则自动地将工程量计算出来。

虽然软件可以辅助我们快速完成工程量计算工作，但是我们仍然要注重计量原理与规则的理论学习，只有掌握原理、明确计算规则，才能更好地使用软件，让软件成为我们的好帮手，帮助我们准确、快速地完成工程量的计算工作。

2. 软件算量的流程

基于 BIM 技术的软件算量分为 BIM 钢筋算量和 BIM 土建算量两个部分。BIM 钢筋算量环节主要是对工程的主体结构和二次结构进行建模，根据图纸依据的平法规则进行钢筋工程量的计算；BIM 土建算量环节主要是对工程的平整场地、垫层、土方、装修、保温、防水和其他零星构件进行建模，根据工程依据的清单计算规则和定额计算规则对土建工程量进行计算。软件算量的流程如图 1-1 所示。

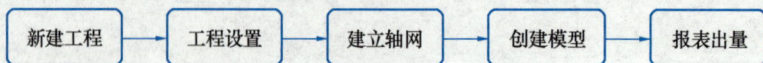

图 1-1　软件算量流程

3. 软件的选择

目前主流工程计量软件的工作原理和操作流程大致相同，本教材基于广联达系列软件来进行介绍，其中计量部分基于广联达 BIM 土建计量平台 GTJ2025，计价部分基于广联达云计价平台 GCCP6.0。

1.1.2　软件安装与维护

广联达 BIM 土建计量平台 GTJ2025 和广联达云计价平台 GCCP6.0，采用自主研发的图形平台，利用大数据、BIM、云计算等技术，为国内工程造价企业和从业者提供全流程、全方位的土建计量计价应用与服务，帮助工程造价企业和从业者解决土建专业估概算、施工图预算、施工进度变更、竣工结算全过程各阶段的算量、提量、检查、审核全流程业务，实现一站式的全过程造价。

1. 软件的下载与安装

登录广联达服务新干线网站，下载相关软件的最新版本。由于计价类软件具有明显的地区特点，所以下载的时候要注意下载本地区对应的版本，也可以下载使用全国版，在软件里选择相应的地区，如图 1-2 所示。

图 1-2　服务新干线软件下载

也可以通过广联达 G＋工作台中的"软件管家"来获取相应的软件，如图 1-3 所示。广联达 G＋工作台是广联达开发的一款软件，在平台的"软件管家"模块可以下载所需的广联达软件，还能享受"在线服务""培训学习""工具市场"等服务。

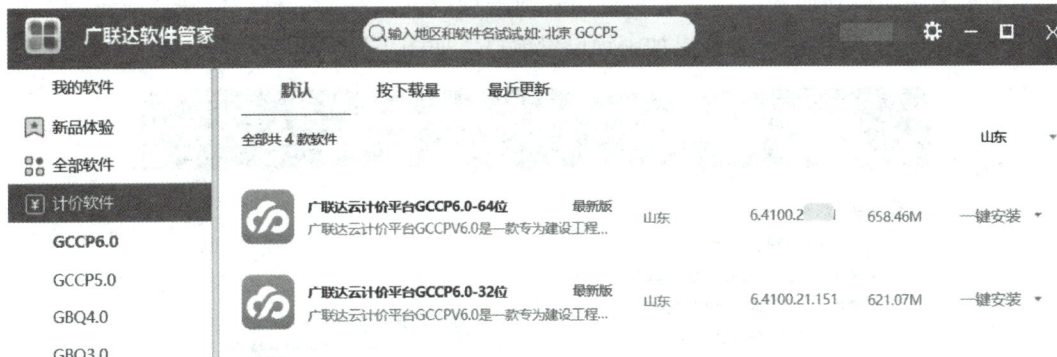

图 1-3　广联达 G＋工作台软件管家

2. 软件的使用和维护

下载完成后双击软件安装包，选择安装广联达 BIM 土建计量平台 GTJ2025 和广联达云计价平台 GCCP6.0。软件正确安装后在桌面上会出现两个图标：一个是 GTJ2025 的图标，另一个是 GCCP6.0 的图标，如图 1-4 所示。

在使用软件之前首先要正确设置加密锁，广联达的加密锁有两种形式：一种是实体锁，另一

图 1-4　GTJ2025 和 GCCP6.0 软件图标

种是云授权。实体锁又分为单机锁和网络锁两种，如果用单机锁，需要将锁插到本机电脑上；如果用网络锁，则需要将锁插到网络服务器上。云授权不用插锁，只需要在"广联达新驱动"中进行设置即可。"广联达新驱动"是广联达软件加密锁管理程序，"广联达新驱动"运行之后软件会自动搜索加密锁，如果找到加密锁会有提示，如图 1-5 所示。

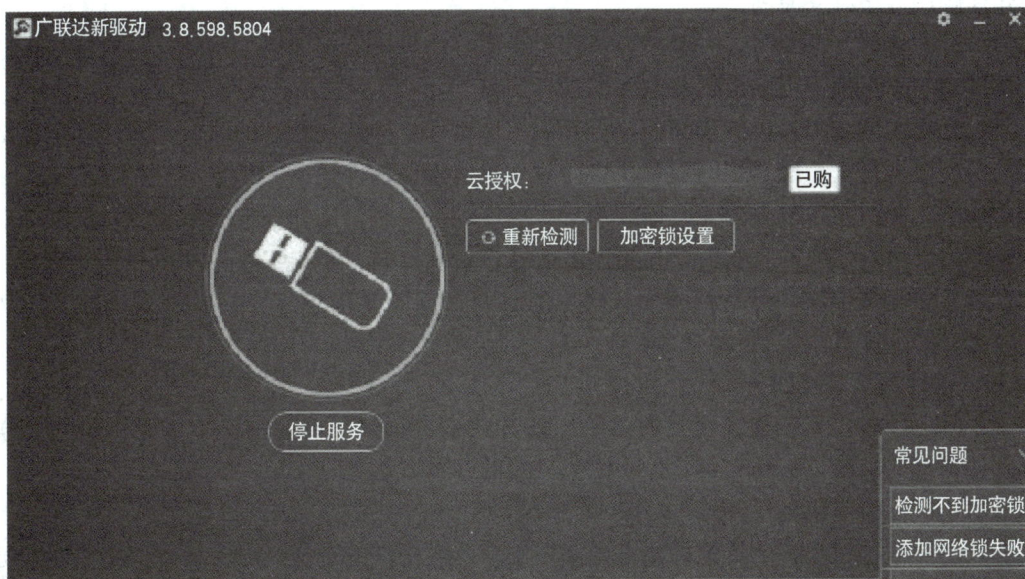

图 1-5　广联达加密锁驱动程序

如果无法检测到加密锁，就需要对加密锁进行设置。双击运行"广联达新驱动"程序，单击"加密锁设置"，会弹出加密锁设置窗口，如图1-6所示。

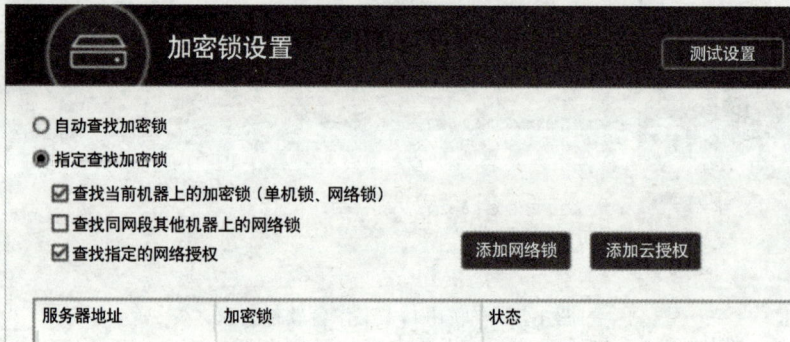

图1-6　加密锁设置窗口

在这里可以通过"查找加密锁""添加网络锁"以及"添加云授权"等方式对加密锁进行设置。后期在使用软件的过程中如果出现软件无法运行的情况，首先要检查是否是加密锁出了问题，如果检测不到加密锁，软件是无法正常运行的。需要注意的是，云授权需要一个稳定的互联网环境，网络锁只需要局域网就可以，如果网络不稳定也会出现加密锁检测不到的情况，影响软件的正常使用。

1.1.3　软件的基本操作

1. 软件的建模步骤

使用软件算量的主要工作是算量模型的创建，软件的整体建模流程与工程实际施工顺序相似，为了保障建模效率和准确性，可以按照分楼层、分构件的顺序进行建模，一般来说建模顺序遵循以下原则：

（1）先地上，再地下。一般来说，按照建模习惯先绘制地面以上构件，再绘制地面以下构件，实际工程中可以根据自己习惯进行调整。

（2）先主体结构，再二次结构，再其他零星构件。构件在绘制的时候，先建立主体结构的模型，再建立二次结构的模型，最后建立其他零星构件模型。

（3）先父图元，再子图元。即按照支座顺序进行绘制，比如在框架结构中，框架梁以框架柱为支座，建模的时候需要先绘制框架柱再绘制框架梁。

（4）先定义构件，再绘制图元。建模的时候根据图纸信息先在构件列表中定义出构件，再在绘图区域完成图元的绘制。

2. 软件的基本操作

GTJ2025的模型创建主要是通过绘图的方式来进行。了解软件基本的绘图操作是学习软件算量的基础，下面介绍软件中图元绘制的基本方法。

（1）鼠标的使用

软件操作过程中，单击鼠标左键主要用于命令或构件的选择，相关位置双击鼠标左键用于构件的定义和进入分割好的CAD底图。单击鼠标右键用于命令的执行和调出功能菜单。鼠标滚轮则主要是用于绘图区域的调整，滑动滚轮可以实现绘图区域的放大或缩小，拖动鼠标滚轮可以实现绘图区域的位置调整，双击鼠标滚轮可以居中显示绘图区域。

（2）键盘快捷键

为了提升建模效率，软件提供了常用命令的键盘快捷键的使用，例如：单击构件代号（导航栏构件后面括号里的字母）可以显示或隐藏构件图元，双击构件代号可以进入构件定义界面，"Shift＋构件代号"可以显示或隐藏图元名称及 ID，空格键可以重复上一次的命令。软件也提供了用户自定义快捷键的功能，在"工具"菜单栏的"选项"命令中可以进行调整，如图 1-7 所示。软件常用的快捷键默认如下：

1）功能快捷键：F1 帮助文档，F2 定义截面，F3 批量选择，F5 合法性检查，F9 汇总计算，F10 查看图元工程量，F11 查看详细的计算式，F12 控制显示设置面板。

2）与绘制有关的快捷键："Shift＋左键"偏移绘制，F4 切换插入点，F3 左右翻转，"Shift＋F3"上下翻转。

3）修改命令快捷键：复制（CO）、移动（MV）、镜像（MI）、旋转（RO）、对齐（DQ）等。

4）CAD 图纸操作快捷键："Ctrl＋F10"显示和隐藏 CAD 图纸。

图 1-7　自定义快捷键窗口

（3）构件图元的分类

组成工程的构件按照图元形状可以划分为点状构件、线状构件和面状构件。

1）点状构件包括柱、门窗洞口、独立基础、桩、桩承台等。

2）线状构件包括梁、墙、条形基础等。

3）面状构件包括现浇板、筏板基础等。

不同形状的构件有不同的绘制方法，对于点状构件，主要是"点"绘制；线状构件可以使用"直线""点加长度"和"三点弧"等绘制；面状构件可以采用"直线""三点弧"绘制出封闭区域以及在封闭区域内采用"点"绘制，也可以使用"矩形"绘制矩形封闭区域的构件。下面主要介绍最常用的"点"和"直线"绘制方式。

（4）"点"绘制和"直线"绘制

1）"点"绘制

"点"绘制适用于点状构件（如柱）和部分面状构件（如现浇板）的绘制，操作步骤如下：

① 在"构件列表"中左键单击选择一种已定义好的构件，如 KZ1（图 1-8）。

② 在"建模"菜单下"绘图"选项卡中选择"点"绘制（图 1-9）。

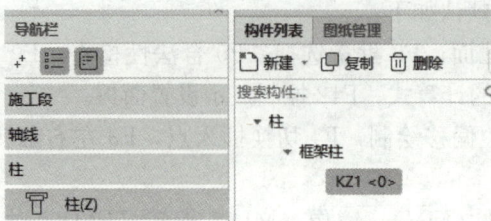

图 1-8　选择定义好的 KZ1

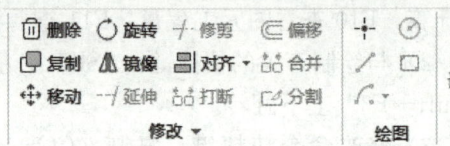

图 1-9　选择"点"绘制

③ 在绘图区，单击鼠标左键指定插入点，完成绘制。

说　明

A. 在选择了适用于"点"绘制的构件之后，软件会默认为"点"状绘制，直接在绘图区域绘制即可。例如在"构件列表"中选择了定义好的框架柱之后，可跳过绘图步骤的第二步，直接绘制。

B. 对于面状构件的"点"绘制，例如：板、筏板等，必须在有其他构件（如梁和墙）围成的封闭空间内才能进行。

2）"直线"绘制

"直线"绘制主要用于线状构件（如梁、墙），当需要绘制一条或者多条连续的直线时，可以采用"直线"绘制的方式，操作步骤如下：

① 在"构件列表"中选择一种已经定义好的构件，如框架梁 KL1。

② 在"建模"菜单下"绘图"选项卡中选择"直线"绘制（图 1-10）。

③ 用鼠标左键点选梁的起点，根据梁的跨数，点选梁的终点，单击鼠标右键结束绘制（图 1-11）。

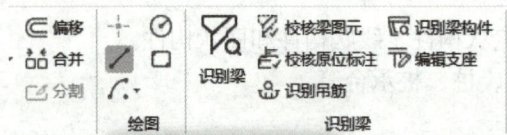

图 1-10　选择"直线"绘制

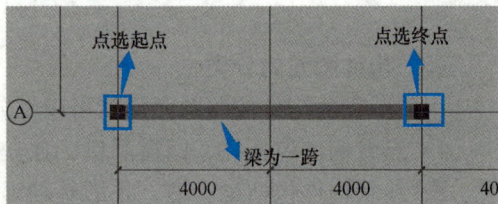

图 1-11　"直线"绘制梁图元

④ 对于现浇板等面状图元，同样可以采用"直线"绘制的方法。关键是要连续绘制，使绘制的线围成一个封闭的区域，形成一块面状图元，如图 1-12 所示。

其他的绘图方法请单击键盘"F1"键，参照软件的《帮助文档》中的相关内容。

3. 软件的建模方式

软件的建模方式有两种，一种是手动建立模型，另一种是 CAD 识别建模。两种方式最终建模的结果是一样的，CAD 识别建模的效率比手动建模会高很多，但是受限于 CAD 图纸设计的规范性以及软件的 CAD 识别能力，CAD 识别建模过程中可能会产生错误，在识别完成后仍然需要手动进行修改。所以，初学者在学习软件建模过程中一定要循序渐进，先掌握手动建模，熟练后再去学习 CAD 识别建模。

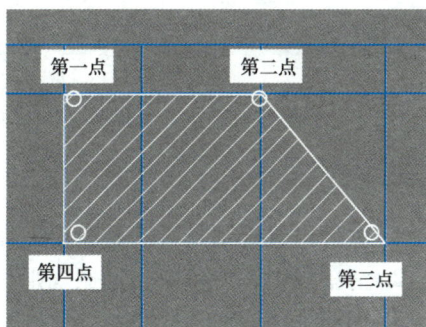

图 1-12　"直线"绘制面状图元

复习思考题

1. 简述软件算量的原理。
2. 简述广联达软件能通过什么方式进行下载？
3. 如何对加密锁进行设置？
4. 模型创建的步骤是什么？

1.2　创 建 工 程

知识目标

1. 掌握影响钢筋工程量计算的因素。
2. 理解建筑标高和结构标高的区别。
3. 熟悉建筑轴网的信息与表达。

能力目标

1. 能够利用 GTJ2025 创建工程，并进行工程设置。
2. 能够利用手动建模的方式创建楼层和轴网。
3. 能够利用 CAD 识别的方式创建楼层和轴网。

素养目标

1. 培养团队合作意识，增强集体荣誉感。
2. 培养规范意识，追求实事求是的工作作风。

1.2.1　新建工程

任务工单

利用 GTJ2025 创建厂区办公楼工程文件。

新建工程

任务说明

根据厂区办公楼施工图设计文件，在 GTJ2025 中完成工程的创建。

任务分析

1. 软件内置规则是否满足新建工程需要？
2. 清单规则、清单库、定额规则、定额库该如何选取？
3. 钢筋规则如何选取？
4. 钢筋计算是按照外皮汇总还是中心线汇总？
5. 工程设置的内容有哪些需要修改？

任务实施

1. 分析图纸

在创建工程之前，应先对图纸的设计说明部分进行分析，通过识读结构施工图的"结构设计总说明"可以获得与本工程有关的基本信息，例如工程名称、工程结构类型、楼层情况、抗震等级、抗震设防烈度、混凝土强度等级、钢筋品种和规格、保护层厚度、钢筋连接方式、结构设计所采用的平法图集等，通过识读"建筑设计总说明"可以获得诸如门窗信息、装修做法表、室内外高差、具体构件的建筑做法等信息。

2. 打开软件

在分析图纸、了解工程的基本概况之后，左键双击广联达 BIM 土建计量平台 GTJ2025 图标，进入软件开始界面，如图 1-13 所示。这个界面集成了"工作台""应用中心""优秀案例""课程学习"等模块，可以帮助用户对软件进行维护、升级和更好地使用软件。

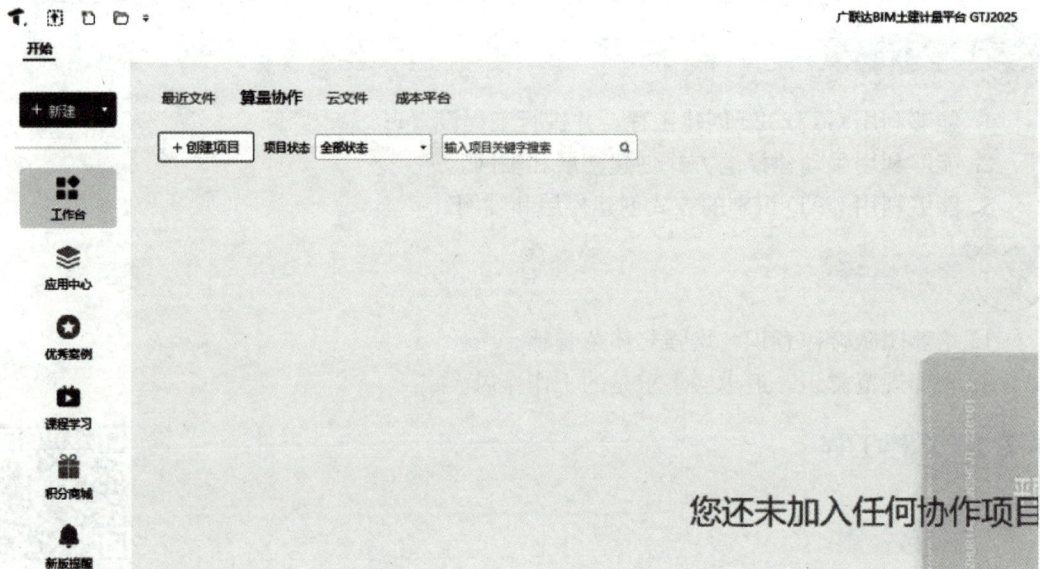

图 1-13　GTJ2025 开始界面

　　根据合同约定的清单和控制价编制依据，检查软件内置的规则是否满足算量要求，如果不满足，可以通过"应用中心"中的"云规则"功能从网上下载更新，如图 1-14 所示。云规则下载更新的规则使用的前提是软件加密锁中要有对应规则的支持，否则该规则也是无法使用的。

图 1-14　利用云规则更新地区算量规则版本

3. 新建工程

　　根据施工图设计文件及合同约定的相关规则创建工程，步骤如下：

　　（1）左键单击开始界面上的"新建工程"，打开"新建工程"窗口，根据图纸内容输入相关的工程信息，如图 1-15 所示。

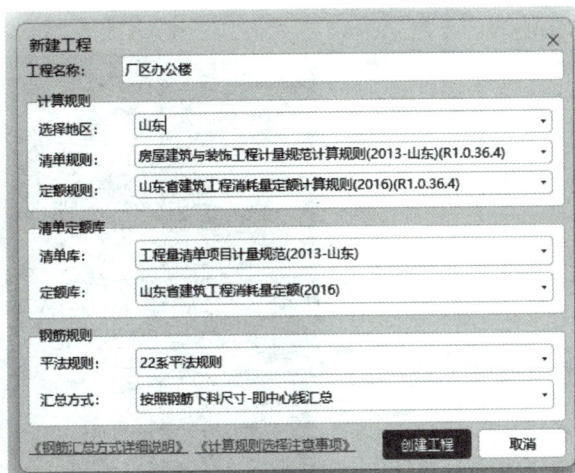

图 1-15　新建工程

　　说　明

　　1）工程名称：按图纸名称输入，保存时会作为默认的文件名。本工程名称输入为"厂区办公楼"。

　　2）计算规则：清单规则和定额规则是软件进行土建算量的依据，这里既要选择清单规则也要选择定额规则，根据合同约定的实际情况选取即可。清单规则选择相应地区对应的清单计量规范，本工程的工程定额规则以"《山东省建筑工程消耗量定额》（2016）"为例（以下简称"山东 2016 版定额"，规则名称后的年份表示该规则发布的年份，如需更新，在前述"云规则"模块更新即可。

3）清单、定额库：清单、定额计算规则选择后，对应的清单库与定额库会随之匹配。本工程采用计量软件算量，在计价软件中编制清单和套取定额的做法。

4）钢筋规则：

① 平法规则：根据图纸结构设计说明中对于平法规则的描述来选择使用即可，这里根据结构设计说明选择 22 系平法规则。

② 汇总方式：软件提供了三种汇总方式，可以选择按外皮汇总、按照中心线汇总和箍筋按中心线计算不考虑弯曲调整值。此处应根据招标文件要求或者甲乙双方的合同约定来选择，如果合同未约定，则根据当地定额说明进行选择。因为山东省住房和城乡建设厅在 2022 年 1 月发布的《山东省建筑工程计价依据动态调整汇编》（以下简称《动态调整汇编》）中明确钢筋按中心线来进行计算，本工程选择"按中心线汇总"的方式。

（2）单击"创建工程"，完成工程的创建工作。工程创建完成后进入软件主界面，如图 1-16 所示。

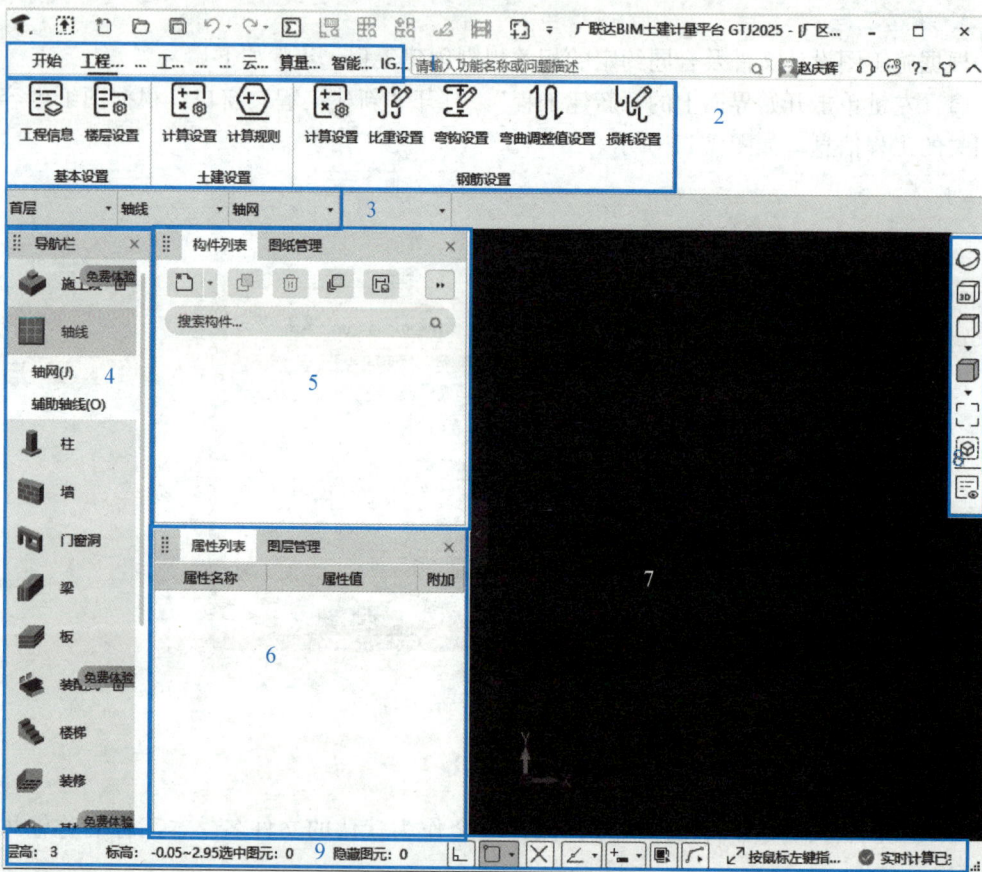

图 1-16　GTJ2025 工作界面

说　明

1）菜单栏：按照建模流程设置，包括"开始""工程设置""建模""视图""工具""工程量""云应用""算量协作""智能提量"九部分内容。

2）功能区选项卡：提供各菜单栏对应的常用功能选项。不同菜单所对应的选项卡内容不同。

3）"楼层—构件"切换栏：用于建模过程中快速切换楼层及构件。

4）导航栏：包含轴网、施工段以及建模所需的各构件的分组，在"视图"选项卡的"用户界面"可以控制其是否显示，点击"恢复默认"即可恢复到软件初始状态。

5）构件列表/图纸管理窗口：构件列表显示当前已定义的构件，如柱类型下的 KZ1、KZ2 等。图纸管理用于利用 CAD 图纸建模时，与图纸相关的操作功能。

6）属性列表/图层管理窗口：属性列表显示当前构件属性信息，比如 KZ1 的截面尺寸、配筋信息等，在属性列表中对所定义构件的属性信息进行修改。图层管理用于 CAD 导图建模过程中对 CAD 图层的显示及隐藏操作。

7）绘图区：在此区域内绘制模型图元，图元绘制后在此显示。

8）视图显示框：用于快速切换模型的二维和三维显示状态、图元及图元名称的显示及隐藏状态，还可以控制模型的显示范围是全屏显示还是局部三维等。

9）状态栏：显示当前楼层的信息，选中图元和隐藏图元的数量统计，提供模型绘制、捕捉快速工具等，如正交绘制、点捕捉等。

4. 工程设置

工程新建完成后，可以通过"工程设置"菜单对当前工程的基本信息进行编辑和完善，包括基本设置、土建设置、钢筋设置和施工段设置，分别对应着工程信息的修改、土建算量相关规则的设置、钢筋算量相关规则的设置以及施工段的划分，如图 1-17 所示。

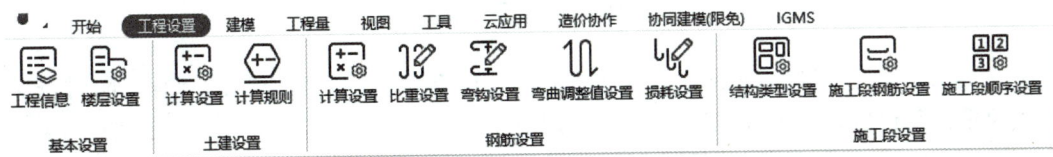

图 1-17　工程设置菜单

（1）基本设置

在基本设置的工程信息模块里面主要包含了工程信息、计算规则、编制信息和自定义四个栏目。

1）工程信息

单击"工程信息"，弹出如图 1-18 所示窗口。在工程信息中可以看到有两类信息，其中蓝色字体的信息会影响到工程量计算结果，所以需要根据图纸设计内容进行输入。具体包括：

① 结构类型：根据结施 01 结构设计总说明进行填写，本工程为框架结构。

② 设防烈度：根据结施 01 结构设计总说明进行填写，本工程为 7 度。

③ 檐高：檐高为设计室外地坪到屋面板板顶高度，本工程为 0.45＋14.37＝14.82m。当准确输入了结构类型、设防烈度和檐高信息后，软件会自动关联建筑物的抗震等级。如果图纸给定了抗震等级信息，这里可以直接进行输入。根据厂区办公楼结施 01 可知，本工程为三级抗震。

④ 室外地坪相对标高：室外地坪的高度通过识读首层建筑平面图或者立面图来获得相关信息，根据图纸信息输入即可，此处输入"－0.45"。

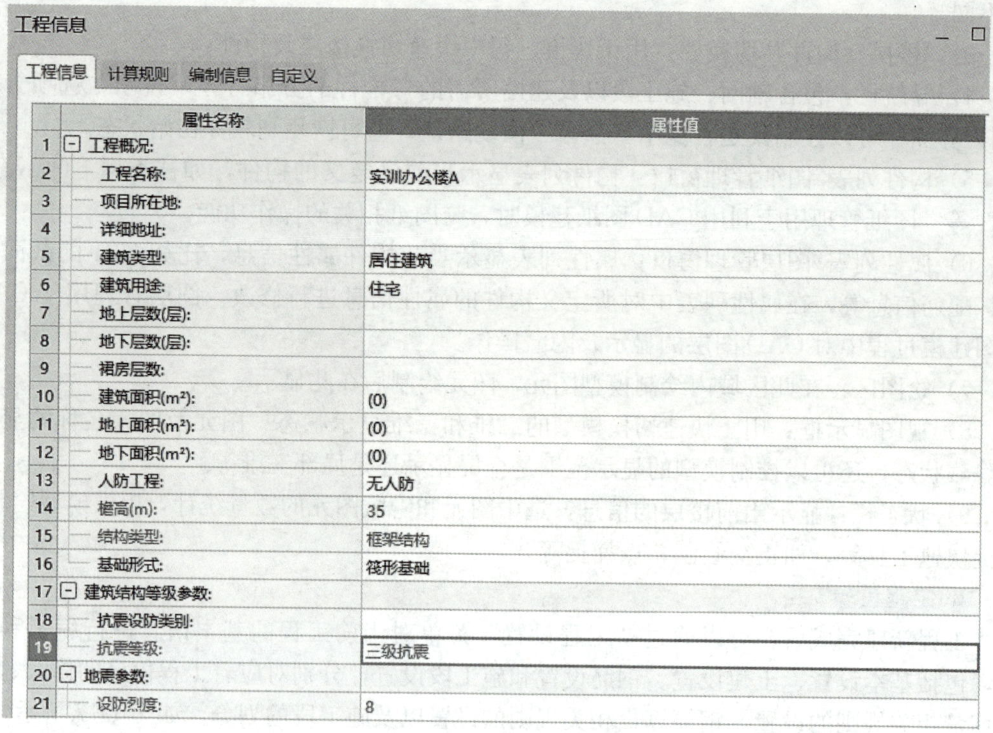

工程信息

工程信息 计算规则 编制信息 自定义

	属性名称	属性值
1	⊟ 工程概况:	
2	工程名称:	实训办公楼A
3	项目所在地:	
4	详细地址:	
5	建筑类型:	居住建筑
6	建筑用途:	住宅
7	地上层数(层):	
8	地下层数(层):	
9	裙房层数:	
10	建筑面积(m²):	(0)
11	地上面积(m²):	(0)
12	地下面积(m²):	(0)
13	人防工程:	无人防
14	檐高(m):	35
15	结构类型:	框架结构
16	基础形式:	筏形基础
17	⊟ 建筑结构等级参数:	
18	抗震设防类别:	
19	抗震等级:	三级抗震
20	⊟ 地震参数:	
21	设防烈度:	8

图 1-18　工程信息

⑤ 冻土厚度：因为土方开挖时普通土和冻土的费用不同，所以当图纸有说明时按照图纸要求进行设置，图纸没有说明时，无须修改。

⑥ 该窗口输入的内容会与报表总内容进行联动。

2）计算规则

计算规则部分即为创建工程时所选择的规则，在这里可以进一步检查规则的选取是否正确，如图 1-19 所示，如果选取不正确可以通过导出工程的方式进行调整。钢筋损耗选择“不计算损耗”，“钢筋报表”不会对钢筋工程量计算产生影响，按照实际需求进行选择即可。

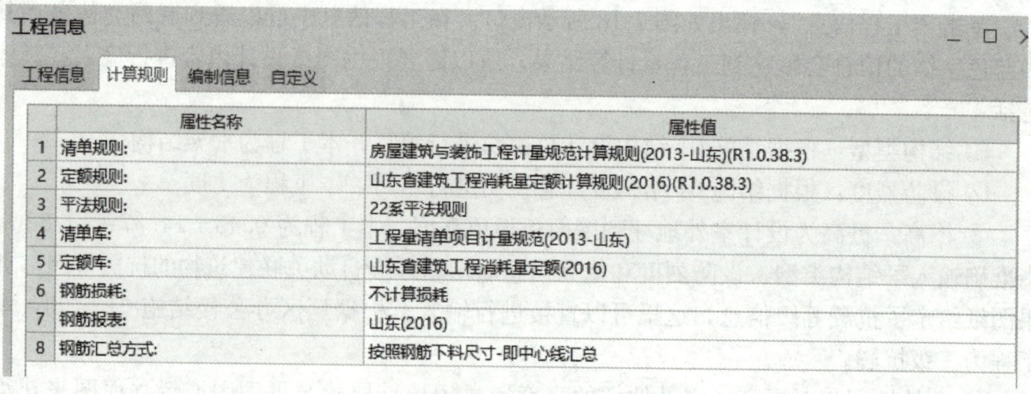

工程信息

工程信息 计算规则 编制信息 自定义

	属性名称	属性值
1	清单规则:	房屋建筑与装饰工程计量规范计算规则(2013-山东)(R1.0.38.3)
2	定额规则:	山东省建筑工程消耗量定额计算规则(2016)(R1.0.38.3)
3	平法规则:	22系平法规则
4	清单库:	工程量清单项目计量规范(2013-山东)
5	定额库:	山东省建筑工程消耗量定额(2016)
6	钢筋损耗:	不计算损耗
7	钢筋报表:	山东(2016)
8	钢筋汇总方式:	按照钢筋下料尺寸-即中心线汇总

图 1-19　计算规则

3）编制信息

该项内容可根据实际进行填写，因该内容字体均为黑色字体，只起到标识作用，不填写不会影响工程量的计算，如图 1-20 所示。

	属性名称	属性值
1	建设单位：	
2	设计单位：	
3	施工单位：	
4	编制单位：	
5	编制日期：	2023-01-26
6	编制人：	
7	编制人证号：	
8	审核人：	
9	审核人证号：	

图 1-20　工程编制信息

（2）土建设置

土建设置中包含"计算设置"和"计算规则"两个栏目。其中每个栏目又包含清单和定额两个模块。计算设置主要是对土建构件的清单和定额计算规则进行设置和修改，如图 1-21 所示；计算规则是对算量过程中构件之间的扣减关系进行调整，如图 1-22 所示。根据工程算量的需要，如果需要对这部分内容进行调整，在这两个模块中调整即可。

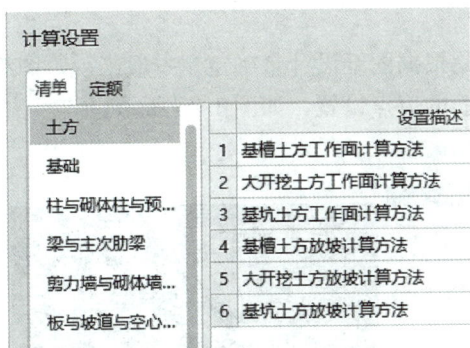

图 1-21　计算设置

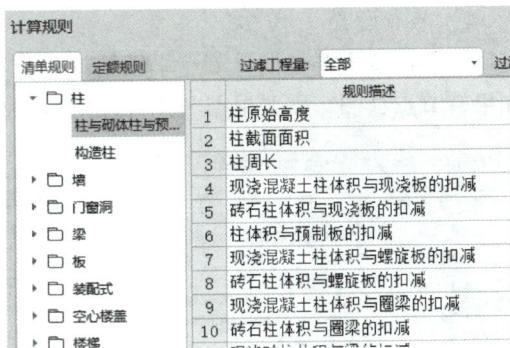

图 1-22　计算规则

（3）钢筋设置

钢筋设置中包含了"计算设置""比重设置""弯钩设置""弯曲调整值设置"和"损耗设置"五个内容，如图 1-23 所示。

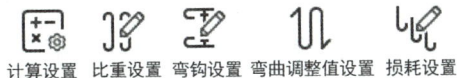

图 1-23　钢筋设置

1）计算设置

计算设置是对所选择的平法图集的钢筋计算规则等内容的调整，其中包含了"计算规则""节点设置""箍筋设置""搭接设置"和"箍筋公式"五个选项。

① 计算规则

计算规则主要体现的是平法图集默认的计算规则，如果图纸的设计或合同的约定和平法默认的计算规则不一致，需要在这个地方进行修改，如图1-24所示。

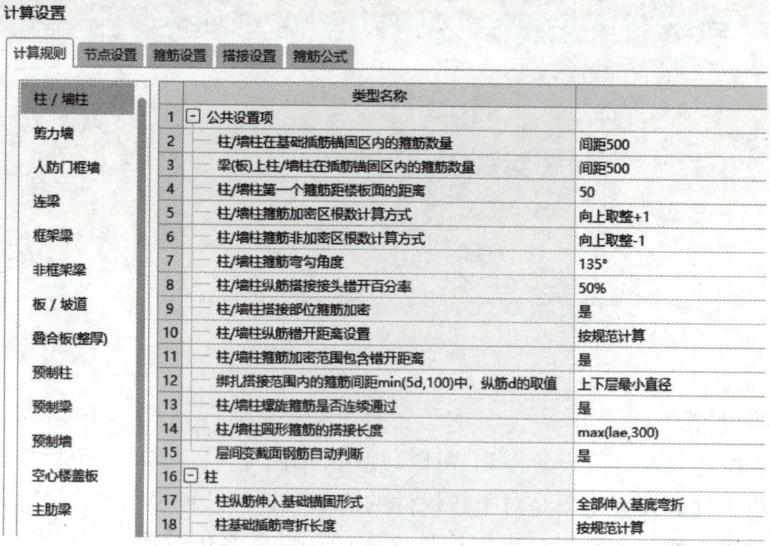

图1-24 钢筋计算规则

② 节点设置

节点设置主要是设置节点里钢筋的构造，也是根据图纸设计来确定。一般来说，图纸如果有节点详图，需要根据节点详图内容进行钢筋的节点设置，如图1-25所示。

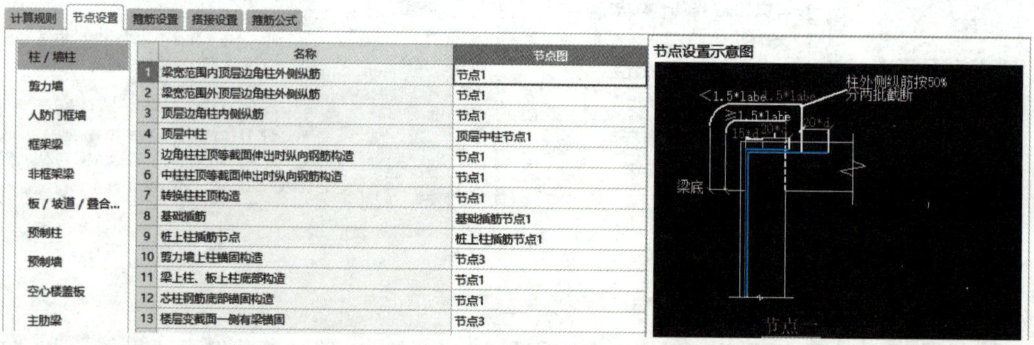

图1-25 钢筋节点设置

③ 箍筋设置与箍筋公式

主要是用来设置柱、梁等构件内箍筋肢数和箍筋长度计算公式的，一般保持默认即可，如图1-26所示。

④ 搭接设置

搭接设置主要用来设置不同直径范围的钢筋所对应的连接形式和定尺长度，这部分根据图纸要求进行修改即可。例如厂区办公楼结构设计说明中对于钢筋连接方式描述如图

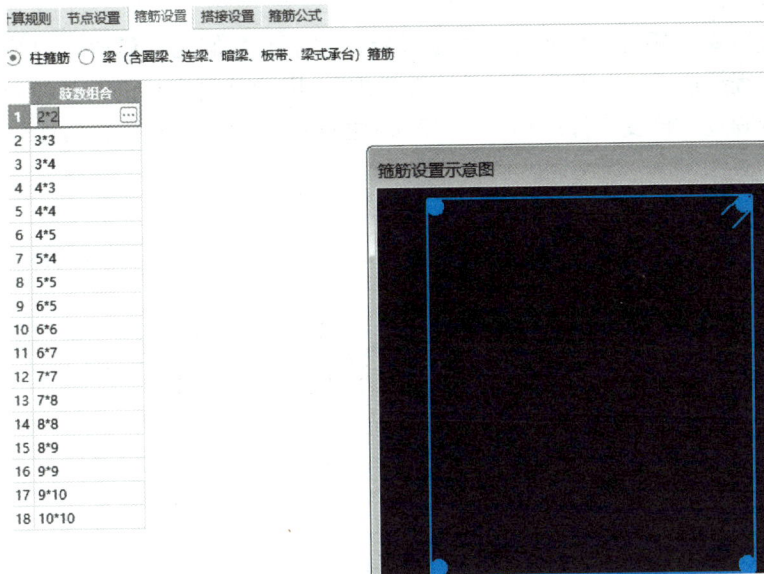

图 1-26　箍筋设置

1-27 所示。由于《动态调整汇编》中钢筋只计算设计搭接长度，因而对钢筋定尺长度进行调整，如图 1-28 所示。

图 1-27　钢筋接头形式及要求

图 1-28　钢筋的搭接设置

2）比重设置

比重设置是对钢筋单位长度理论重量的设置，如无特殊说明保持默认即可。

3）弯钩设置

弯钩设置主要是箍筋、直筋弯钩长度设置。这里的数值无须修改，但是需要切换选择，将按"工程抗震考虑"改为"图元抗震考虑"。因为箍筋弯钩的平直段长度要根据构件的类型进行确定，抗震构件取 10d 和 75mm 之间的较大值，非抗震构件取 5d（d 为箍筋直径）。

4）其他钢筋设置内容

弯曲调整值设置、损耗设置保持默认即可，无须调整，如图 1-29 所示。

图 1-29　其他钢筋设置内容

5. 保存工程

进行上述设置之后将刚才新建的工程及时进行保存，选择需要存放工程的路径，单击"保存"，如图 1-30 所示。

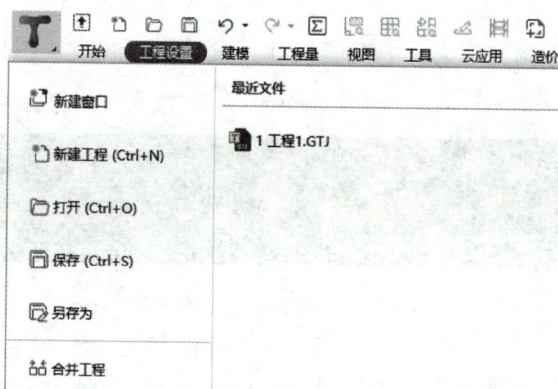

图 1-30　工程保存

任务总结

1. 新建工程的时候要根据工程合同要求、图纸信息确定工程土建和钢筋的计算规则。

2. 工程创建后对工程进行设置，包括基本设置、土建设置和钢筋设置，其中基本设置主要是修改工程信息，按照图纸要求确定抗震等级、室外地坪相对标高等信息；土建设置和钢筋设置主要是对计算规则的调整。

3. 工程设置完成后要及时对工程进行保存，养成良好的工作习惯。

复习思考题

1. 新建工程时清单规则、定额规则选择的依据是什么？对工程量有何影响？

2. 选择土建计算规则之后，如果对应定额库和清单库没有匹配上去，该如何处理？

3. 新建工程后发现规则设置有问题，该如何处理？

4. 钢筋工程中汇总方式选择的依据是什么？对工程量有何影响？

5. 工程设置中工程信息部分哪些内容必须修改？对工程量有何影响？

6. 钢筋设置中有哪些内容需要修改？对钢筋工程量有何影响？

1.2.2　建立楼层

建立楼层

任务工单

建立厂区办公楼楼层并进行信息修改。

任务说明

根据厂区办公楼施工图设计文件，在 GTJ2025 中完成楼层列表的创建工作，并对楼层的混凝土强度等级和钢筋的锚固搭接设置进行修改。

任务分析

1. 在图纸上如何获取建立楼层所需的信息？

2. 如何利用软件建立楼层？

3. 如何对楼层的混凝土强度等级和锚固搭接设置进行修改？

任务实施

1. 分析图纸

厂区办公楼楼层信息详见结施 06 中"楼层表"，如图 1-31 所示。

2. 创建楼层

根据厂区办公楼的结构施工图的楼层表信息来创建楼层，需要注意楼层创建依据的是工程的结构标高，而不是建筑标高。在"基本设置"选项卡中的"楼层设置"里创建楼层，如图 1-32 所示。单击"基本设置"选项卡中的"楼层设置"，弹出楼层设置窗口，如图 1-33 所示。

	15.90	
大屋面	14.37	1.53
4	10.77	3.6
3	7.17	3.6
2	3.57	3.6
1	−0.03	3.6
基础层	−1.75	1.72
层号	标高(m)	层高(m)

楼层结构底标高、层高(m)

图 1-31　厂区办公楼楼层表

图 1-32　楼层设置命令

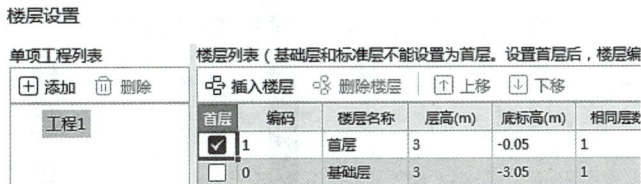

图 1-33　楼层设置窗口

在楼层列表当中输入创建楼层的相关信息。软件默认的有两个楼层，分别是"首层"和"基础层"。在首层上插入楼层是建立地面以上的楼层，在基础层插入楼层可以建立地面以下的楼层。通过"删除楼层"可将多余楼层删除，通过修改首层底标高和各层层高的

17

方式来完成楼层列表中底标高和层高的输入。

根据厂区办公楼楼层表可知，该建筑地面以上有 4 个结构楼层，没有地下室。建立楼层的时候地面以上建立五个楼层，其中屋面层单独建立一个楼层，用来绘制屋面以上的构件。由于没有地下室，地面以下无须建立楼层，只保留一个基础层。具体操作步骤如下：

(1) 在首层上插入 5 个楼层，分别为"1、2、3、4，大屋面"层。

(2) 修改首层结构底标高为"−0.03"，层高 3.6m。

(3) 修改地面以上其他楼层层高，分别为 3.6m、3.6m、3.6m、1.53m。

(4) 修改基础层层高为 1.72m。

修改楼层时不建议设置相同层数和板厚，楼层建立后，如图 1-34 所示。

首层	编码	楼层名称	层高(m)	底标高(m)	相同层数	板厚(mm)	建筑面积(m²)
☐	5	大屋面	1.53	14.37	1	120	(0)
☐	4	第4层	3.6	10.77	1	120	(0)
☐	3	第3层	3.6	7.17	1	120	(0)
☐	2	第2层	3.6	3.57	1	120	(0)
☑	1	首层	3.6	-0.03	1	120	(0)
☐	0	基础层	1.72	-1.75	1	500	(0)

图 1-34　厂区办公楼楼层列表

知识拓展

基础层层高的确定

基础层不是一个自然楼层，因此在结构施工图的楼层表中通常并不表达基础层的高度。软件中基础层的含义指的是基础底面到底层结构底面之间的距离，也就是建筑物的基础所在的空间范围，如图 1-35 所示。根据厂区办公楼结施 04 基础详图，本工程基础底标高为 −1.75m，则基础层层高为 −0.03 − (−1.75) = 1.72m。

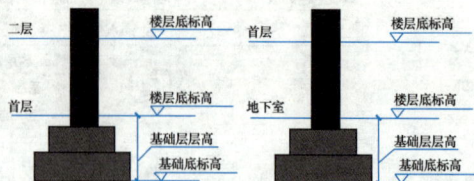

图 1-35　基础层范围示意图

3. 修改楼层混凝土强度等级和锚固搭接设置

楼层建立完成后，接下来对"楼层混凝土强度和锚固搭接设置"进行修改，按照图纸信息调整抗震等级、混凝土强度等级和保护层厚度等信息，更改后的数据会反色显示，修改完成后的页面如图 1-36 所示。

楼层混凝土强度和搭接设置 (实训办公楼-167 基础层, -1.75 ~ -0.03 m)

	抗震等级	混凝土强度等级	混凝土类型	砂浆标号	砂浆类型	锚固 HPB235(A)…	HRB335(B)…	HRB400(C)…	HRB500(E)…	冷轧带肋	冷轧扭	搭接 HPB235(A)…	HRB335(B)…	HRB400(C)…	HRB500(E)…	冷轧带肋	冷轧扭	保护层厚度(mm)
垫层	(非抗震)	C20	现浇混凝土	M5.0	水泥砂浆	(39)	(38/42)	(40/44)	(48/53)	(45)	(45)	(55)	(53/59)	(56/62)	(67/74)	(63)	(63)	(25)
基础	(非抗震)	C30	现浇混凝土	M5.0	水泥砂浆	(30)	(29/32)	(35/39)	(43/47)	(35)	(35)	(42)	(41/45)	(49/55)	(60/66)	(49)	(49)	(40)
基础梁/承台梁	非抗震	C30	现浇混凝土			(30)	(29/32)	(35/39)	(43/47)	(35)	(35)	(42)	(41/45)	(49/55)	(60/66)	(49)	(49)	(40)
柱/圆钢混凝土柱	(三级抗震)	C30	现浇混凝土	M5.0	混合砂浆	(32)	(30/34)	(37/41)	(45/49)	(37)	(35)	(45)	(42/48)	(52/57)	(63/69)	(52)	(52)	(20)
剪力墙	(三级抗震)	C30	现浇混凝土			(32)	(30/34)	(37/41)	(45/49)	(37)	(35)	(38)	(36/41)	(44/49)	(54/59)	(44)	(42)	(15)
人防门框墙	(三级抗震)	C30	现浇混凝土			(32)	(30/34)	(37/41)	(45/49)	(37)	(35)	(45)	(42/48)	(52/57)	(63/69)	(52)	(52)	(15)
暗柱	(三级抗震)	C30	现浇混凝土			(32)	(30/34)	(37/41)	(45/49)	(37)	(35)	(45)	(42/48)	(52/57)	(63/69)	(52)	(52)	(15)
端柱	(三级抗震)	C30	现浇混凝土			(32)	(30/34)	(37/41)	(45/49)	(37)	(35)	(42)	(42/48)	(52/57)	(63/69)	(52)	(52)	(20)
墙梁	(三级抗震)	C30	现浇混凝土			(32)	(30/34)	(37/41)	(45/49)	(37)	(35)	(45)	(42/48)	(52/57)	(63/69)	(52)	(52)	(20)
框架梁	(三级抗震)	C30	现浇混凝土			(32)	(30/34)	(37/41)	(45/49)	(37)	(35)	(42)	(41/45)	(49/55)	(60/66)	(52)	(52)	(20)
非框架梁	(非抗震)	C30	现浇混凝土			(30)	(29/32)	(35/39)	(43/47)	(35)	(35)	(42)	(41/45)	(49/55)	(60/66)	(49)	(49)	(20)
现浇板	(非抗震)	C30	现浇混凝土			(30)	(29/32)	(35/39)	(43/47)	(35)	(35)	(42)	(41/45)	(49/55)	(60/66)	(49)	(49)	(15)
楼梯	(非抗震)	C30	现浇混凝土			(30)	(29/32)	(35/39)	(43/47)	(35)	(35)	(42)	(41/45)	(49/55)	(60/66)	(49)	(49)	(20)
构造柱	(三级抗震)	C25	现浇混凝土			(36)	(35/38)	(42/46)	(50/56)	(42)	(40)	(50)	(49/53)	(59/64)	(70/78)	(59)	(56)	(25)
圈梁/过梁	(三级抗震)	C25	现浇混凝土			(36)	(35/38)	(42/46)	(50/56)	(42)	(40)	(50)	(49/53)	(59/64)	(70/78)	(59)	(56)	(25)
砌体墙柱	(非抗震)	C15	现浇混凝土	M5.0	混合砂浆	(39)	(38/42)	(40/44)	(48/53)	(45)	(45)	(55)	(53/59)	(56/62)	(67/74)	(63)	(63)	(25)
其它	(非抗震)	C30	现浇混凝土	M5.0	混合砂浆	(30)	(29/32)	(35/39)	(43/47)	(35)	(35)	(42)	(41/45)	(49/55)	(60/66)	(49)	(49)	(15)
叠合板(预制底板)	(非抗震)	C30	现浇混凝土			(30)	(29/32)	(35/39)	(43/47)	(35)	(35)	(42)	(41/45)	(49/55)	(60/66)	(49)	(49)	(15)
支力桩	(非抗震)	C25	现浇混凝土			(34)	(33/36)	(40/44)	(48/53)	(40)	(40)	(48)	(46/50)	(56/62)	(67/74)	(56)	(56)	(45)
支撑梁	(非抗震)	C30	现浇混凝土			(30)	(29/32)	(35/39)	(43/47)	(35)	(35)	(42)	(41/45)	(49/55)	(60/66)	(49)	(49)	(20)
土钉墙	(非抗震)	C20	现浇混凝土			(39)	(38/42)	(40/44)	(48/53)	(45)	(45)	(55)	(53/59)	(56/62)	(67/74)	(63)	(63)	(25)
地下连续墙	(非抗震)	C35	现浇混凝土			(28)	(27/30)	(32/35)	(39/43)	(35)		(39)	(38/42)	(45/49)	(55/60)	(49)	(49)	(70)

图 1-36　楼层混凝土强度和锚固搭接设置

说　明

（1）抗震等级

这里默认的抗震等级是我们在工程设置的工程信息当中修改的抗震等级，基础为非抗震构件，这里需要将基础梁/承台梁改为非抗震（如工程未涉及这两类构件，可以不修改），其他构件的抗震等级不用进行修改。

（2）混凝土强度等级

根据结施 01"八、主要结构材料"中对于混凝土强度等级的描述信息来进行修改，如图 1-37 所示。此处需要注意，如果工程的混凝土强度等级全楼并不一致，比如建筑物下部楼层的强度等级高，上部楼层的强度等级低，这时就要分楼层进行设置。

2. 混凝土:

构件部位	混凝土强度等级	备注
基础	C30	
柱	C30	
梁	C30	
板	C30	
构造柱、现浇过梁	C25	
基础垫层	C20	

图 1-37　混凝土强度等级

（3）钢筋的锚固和搭接长度

软件默认数据为 22G101 系列图集上的搭接和锚固长度，如果图纸规定了锚固和搭接长度的具体数值，则需要根据图纸规定进行修改。

（4）保护层厚度

根据图纸信息对应构件的保护层厚度进行调整，厂区办公楼混凝土保护层厚度如图 1-38所示。

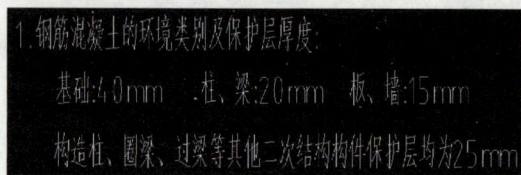

图 1-38　混凝土保护层厚度

4. 复制到其他楼层

如果其他楼层的以上信息与首层一致，可以通过左下角"复制到其他楼层"命令，把首层修改好的信息复制到其他目标楼层，如图 1-39 所示。如果其他楼层混凝土强度等级或保护层信息与已修改楼层不一致，则需要单独进行修改。

非框架梁	(非抗震)	C30	现浇混凝土...			(30)
现浇板	(非抗震)	C30	现浇混凝土...			(30)
楼梯	(非抗震)	C30	现浇混凝土...			(30)
构造柱	(一级抗震)	C20	现浇混凝土...			(45)
圈梁 / 过梁	(一级抗震)	C20	现浇混凝土...			(45)
砌体墙柱	(非抗震)	C15	现浇混凝土...	M5.0	混合砂浆	(39)
其它	(非抗震)	C30	现浇混凝土...	M5.0	混合砂浆	(30)
叠合板(预制底板)	(非抗震)	C30	现浇混凝土...			(30)
支护桩	(非抗震)	C25	现浇混凝土...			(34)

基本锚固设置	复制到其他楼层	恢复默认值(D)	导入钢筋设置	导出钢筋设置

图 1-39　复制到其他楼层

任务总结

1. 建立楼层的时候要根据结构施工图楼层表信息来创建。

2. 根据图纸信息修改楼层混凝土强度等级、抗震等级、保护层厚度等信息，以及确定是否需要修改钢筋的搭接与锚固设置。

3. 楼层信息修改好后可以复制到信息相同的其他楼层，信息不同要单独进行修改。

复习思考题

1. 创建楼层时，基础层的层高如何确定？

2. 如果楼层间混凝土强度等级不一致，该如何修改？

3. 标准层可否使用相同层数来建立楼层，有何影响？

1.2.3　图纸管理

任务工单

将厂区办公楼 CAD 图纸导入软件并进行处理。

任务说明

将厂区办公楼 CAD 格式结构施工图导入到软件中，并对导入的图纸进行分割和处理。

任务分析

1. 给定的 CAD 图纸是否符合导入的条件？
2. CAD 图纸导入后如何对图纸进行分割和维护？
3. 如何利用 CAD 识别的方式建立楼层？

任务实施

厂区办公楼施工图设计文件包含建筑施工图和结构施工图，在进行主体结构模型创建的过程中只需先将结构施工图导入即可。后续二次结构和零星构件建模过程中可以再将建筑施工图进行导入。

1. 导入 CAD 图纸

在"图纸管理"窗口单击"添加图纸"，找到图纸文件所在位置并打开，结构施工图导入后如图 1-40 所示。

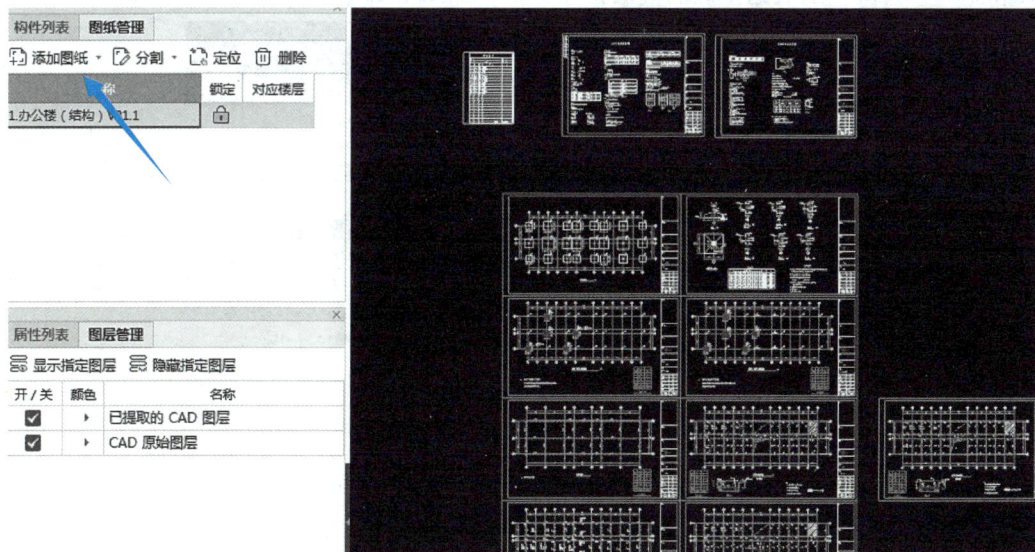

图 1-40　添加图纸

2. 管理 CAD 图纸

CAD 图纸导入软件之后需要对图纸进行校核，包括设置比例、分割图纸等。

（1）设置比例

单击"建模"菜单下的"图纸操作"选项卡下面的"设置比例"命令，如图 1-41 所示，在 CAD 底图上选择任意已知长度的两点，观察实际尺寸与图示尺寸是否相同，如果不同则按照图示尺寸进行调整即可，如图 1-42 所示。

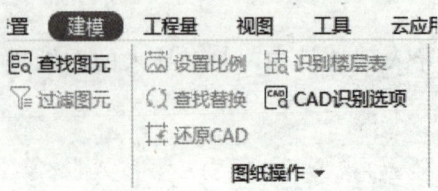

图 1-41　设置比例　　　　　　　　图 1-42　校正比例

（2）分割图纸

若一个工程的全部楼层的所有构件图纸均放在一个 CAD 电子文档中，则在使用前需要根据分楼层和分构件的原则将 CAD 图纸进行分割，让其单独显示，以便后续使用。分割图纸有两种方式：自动分割和手动分割。自动分割是软件会根据 CAD 图框进行自动分割；手动分割是需要根据楼层和构件将 CAD 图纸进行手动分割处理，具体操作方法如下：

1）自动分割

① 在"图纸管理"窗口下，单击"自动分割"命令。软件会自动查找图纸边框线和图纸名称，自动分割图纸，若找不到合适名称会自动为图纸命名。

② 分割完成后检查图纸对应楼层是否准确，对于存在问题的，单击图纸"对应楼层"后面的"…"，调整图纸到正确的楼层位置，操作如图 1-43 所示。

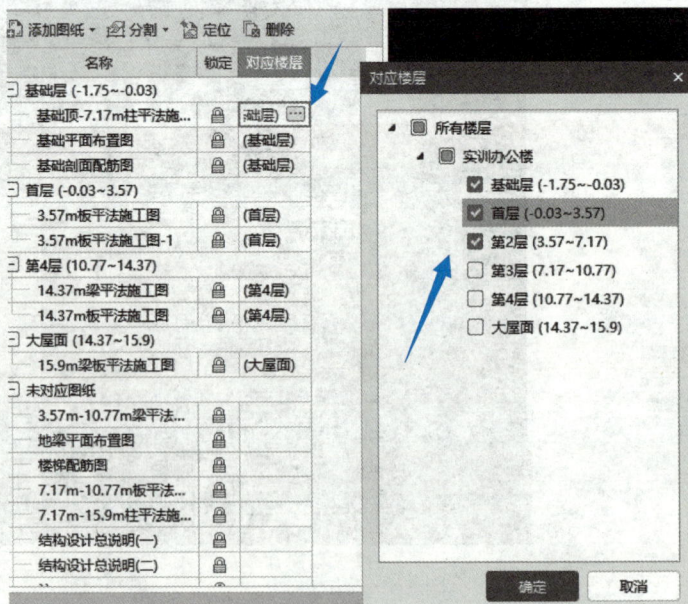

图 1-43　对分割后的图纸匹配楼层

2）手动分割

在"图纸管理"窗口下，单击"手动分割"命令，使用左键拉框选择需要分割的图纸，点击右键确认，在图纸上用左键选择图纸名称，也可以手动输入图纸名称，选择对应楼层，单击"确定"，如图 1-44 所示。

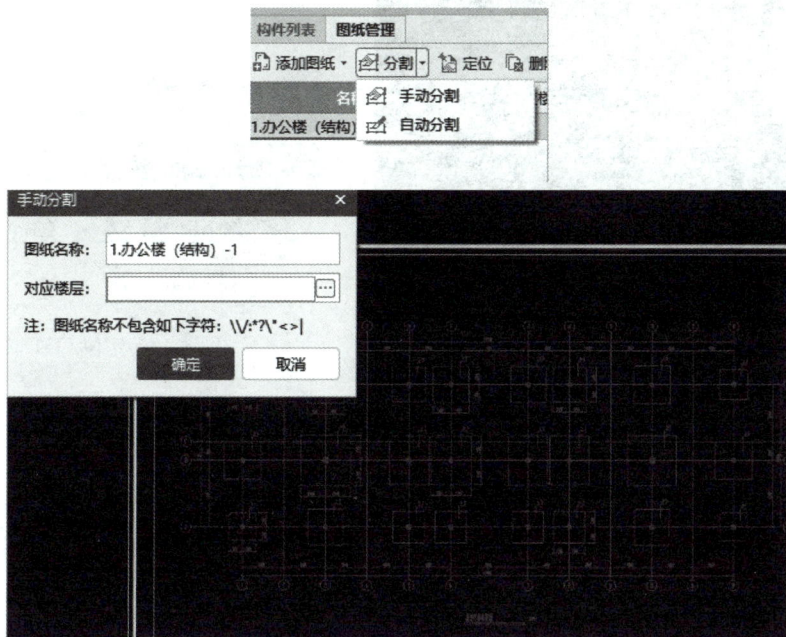

图 1-44　手动分割图纸

注 意

分割图纸的时候，一定要注意图纸对应的楼层，如果一张图纸适合多个楼层使用，可以将这张图纸划分到第一次使用这张图纸的楼层，也可以将这张图纸分别对应到其适用的楼层上。厂区办公楼图纸分割完成后结果如图 1-45 所示。

图 1-45　分割后的图纸

（3）CAD 图层定位

分割图纸完成后，后期在建模过程中需要用到哪张 CAD 底图，只需要在图纸列表当中双击分割后的图纸，即可在绘图区域中显示出该图纸。在使用图纸之前需要检查图纸定位关系，图纸左下角①轴与Ⓐ轴的交点是否与基点相重合，重合后会显示为"╳"，如图 1-46 所示。如果定位不准确，则需要用到"图纸管理"窗口中"定位"CAD 图的命令，手动将图纸①轴与Ⓐ轴交点定位到轴网基点上，如图 1-47 所示。

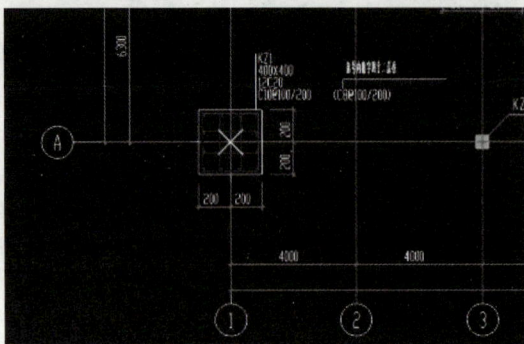

图 1-46 定位后的 CAD 图

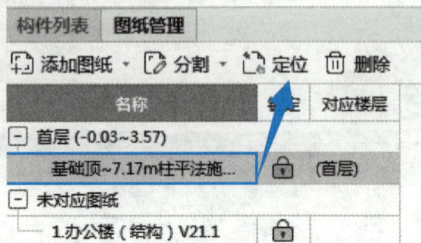

图 1-47 定位 CAD 图

（4）CAD 图层管理

在建模过程中还可以利用 CAD"图层管理"窗口下"CAD 原始图层"和"已提取的 CAD 图层"两个命令来控制 CAD 底图的显示，如图 1-48 所示。后期在使用 CAD 底图过程中，提取完毕的图层将会消失，提示"成功提取"，勾选"已提取的 CAD 图层"可以查看已提取的图层信息。当出现"提取信息错误"，可以利用快捷键"Ctrl＋Z"进行撤回，或者用"图纸操作"选项卡下的"还原 CAD"命令将图纸进行还原，还原后的 CAD 图纸将会在"CAD 原始图层"中显示。

操作方法是在"图层管理"窗口下只勾选"已提取的 CAD 图层"，显示已提取内容；单击"图纸操作"选项卡下"还原 CAD"命令，使用左键拉框选择需要还原的 CAD 图纸信息，点击右键确定，这样已提取的 CAD 底图就还原到 CAD 原始图层当中，如图 1-49 所示。

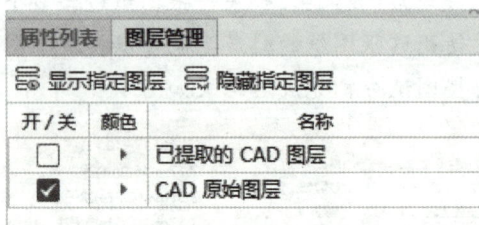

图 1-48 图层管理

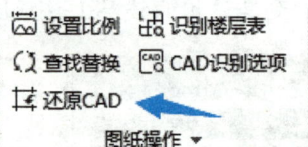

图 1-49 还原 CAD

（5）CAD 图纸操作

在使用 CAD 底图辅助建模的过程中如果发现 CAD 图纸设计不能满足使用需求，例如个别线条绘制不完整、标注不规范或者出现钢筋符号的乱码等，此时可以利用"图纸操作"选项卡下的诸如"补画 CAD 线""修改 CAD 标注"等功能对 CAD 底图进行简单修改后再进行识别，以提高识别准确度，如图 1-50 所示。需要注意的是，CAD 图纸导入软件当中默认是处于"锁定"状态，如果要对 CAD 图纸内容进行修改，则需要解除"锁定"后再进行，修改完成后再次"锁定"以免后期建模过程中对 CAD 底图进行误操作，方法为单击"图纸管理"窗口下的"锁定"命令，如图 1-51 所示。

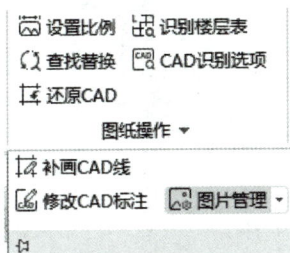

图 1-50　CAD 图纸操作

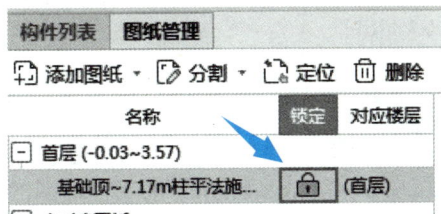

图 1-51　图纸锁定与解锁

3. 识别楼层

将 CAD 图纸导入软件当中，在进行了"图纸管理"相关操作之后，CAD 图纸就可以用于后期辅助建模工作了。软件提供了通过 CAD 识别来建立楼层的方式，具体操作步骤如下：

（1）在"图纸管理"窗口下双击定位到一张包含楼层表的 CAD 图纸中，选择"图纸操作"选项卡下的"识别楼层表"命令，如图 1-52 所示。

（2）在绘图区域中使用左键拉框选择结构施工图上的楼层表的自然楼层范围，点击右键确认，弹出楼层识别对话框。

（3）检查表头是否对应，删除多余行，检查无误后，单击"识别"，自然楼层即建立完成，如图 1-53 所示。

（4）在"楼层设置"中检查楼层识别情况，修改基础层层高为 1.72m。

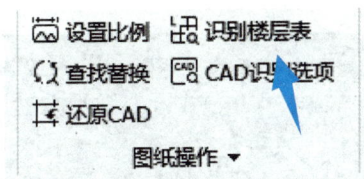

图 1-52　识别楼层表

图 1-53　检查表头与信息是否对应

任务总结

1. 在有 CAD 图纸的前提下可以利用 CAD 图纸来辅助建模。
2. 使用 CAD 图纸辅助建模的前提是将 CAD 图纸导入软件中，并进行相关设置。
3. 可以利用 CAD 识别的方式来建立楼层，建立的方法是识别楼层表。

复习思考题

1. 为了保证 CAD 图纸可以用于辅助建模，在 CAD 图纸导入软件后需要进行哪些操作？

2. 利用 CAD 识别的方式建立楼层时，需要注意哪些细节？

3. 如何对导入的 CAD 底图进行删除、修改等操作？

4. 如何还原已使用的 CAD 图纸信息？

1.2.4　建立轴网

任务工单

建立轴网

在 GTJ2025 中，完成厂区办公楼工程轴网的建立工作。

任务说明

根据厂区办公楼施工图，在软件中完成轴网的创建。

任务分析

1. 厂区办公楼的轴网是何种类型？

2. 建立轴网的时候参照哪张图纸最合适？

3. 轴网的开间、进深如何确定？

任务实施

1. 图纸分析

在建立轴网的时候尽量选择轴网信息完整且明确的一张图纸来进行建立。例如采用厂区办公楼结施 06 "基础顶～7.17m 柱平法施工图"包含的轴网信息来创建，如图 1-54 所示。本工程轴网为矩形正交轴网，上下开间，左右进深信息一致。

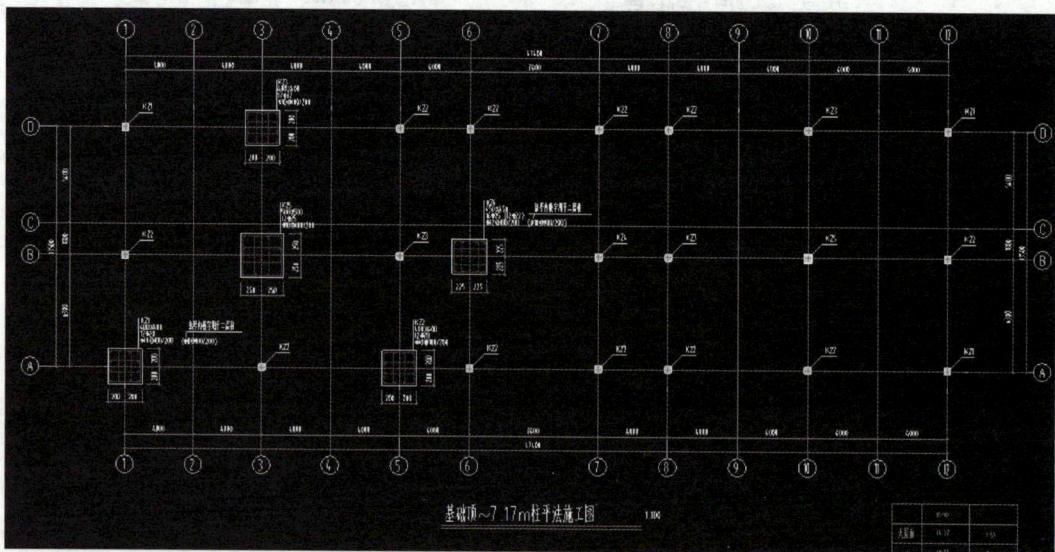

图 1-54　轴网建立参照图纸

2. 轴网的定义

楼层建立完成之后，切换到菜单栏中的"建模"模块，建立工程的数字化算量模型。

GTJ2025 构件建模的步骤可以分为两步，首先是定义构件，然后是绘制图元。轴网也可以视为一种构件，建立轴网是为了对图元进行定位，所以在建立具体构件模型之前首先要根据图纸信息将轴网建立完成。

常见的轴网根据轴线之间的夹角关系分为正交轴网、斜交轴网和圆弧轴网三种。正交轴网就是组成轴网的两个方向的轴线是相互垂直的，夹角是 90°；而斜交轴网两个方向的轴线的夹角为非 90°；圆弧轴网指的是由圆弧形轴线和径向轴线组成的轴网。

根据厂区办公楼结施 06 图纸，可以获取本工程轴网的形式、开间、进深、轴距、轴号等信息，根据这些信息去定义轴网。

（1）确定轴网的类型

分析图纸可知，本工程的轴网是典型的正交轴网。先定义轴网，在导航栏中选择"轴线—轴网"，在构件列表当中单击"新建正交轴网"，或在构件列表中双击亦可进入轴网定义界面。

（2）输入"开间"与"进深"信息

在轴网定义界面，根据结施 06 轴网信息，输入轴网上下开间、左右进深信息。

1）单击"下开间"，按照轴号顺序从左到右依次输入开间信息，这里分别输入"4000、4000、4000、4000、4000、7400、4000、4000、4000、4000、4000"，如图 1-55 所示。因为上下开间轴距相同，上开间信息可以不用重复手动输入，直接将输入好的下开间信息复制到上开间"定义数据"栏即可。

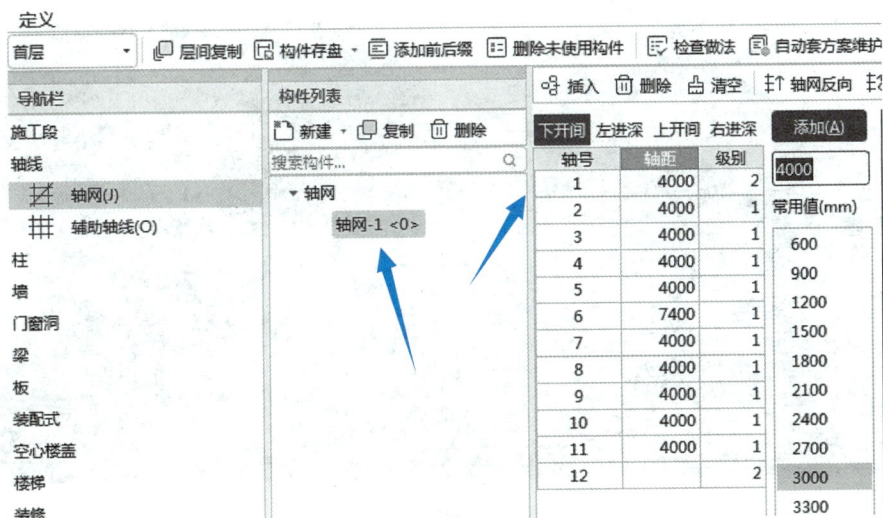

图 1-55　定义轴网

2）单击"左进深"，按照轴号顺序从下往上依次输入进深信息，这里分别输入"6300、1800、5400"，同样因为左右进深数据相同，可以直接将输入好的左进深信息复制到右进深"定义数据"栏。下开间和左进深信息输入完成后，右侧区域会出现轴网预览样式，用来检查轴网的轴号和间距是否准确，如有不对之处，需进行修改。

3. 绘制轴网

轴网定义之后，退出定义界面，软件会自动切换到绘图界面，提示输入轴网与水平方向的夹角是多少，默认保持 0°即可，如图 1-56 所示。

　　另外，对于上下左右对称的轴网，定义时可以只输入下开间和左进深数据。然后在轴网绘制完毕后，通过"轴网二次编辑"功能进行调整。调整方法是选择"轴网二次编辑"选项卡里的"修改轴号位置"命令，使用左键拉框选择轴网，点击右键确定，选择"两端标注"，单击"确定"即可，如图 1-57 所示。

　　绘制完成后轴网如图 1-58 所示。

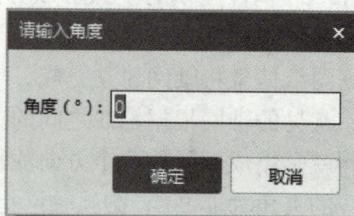

图 1-56　输入轴网与水平方向夹角

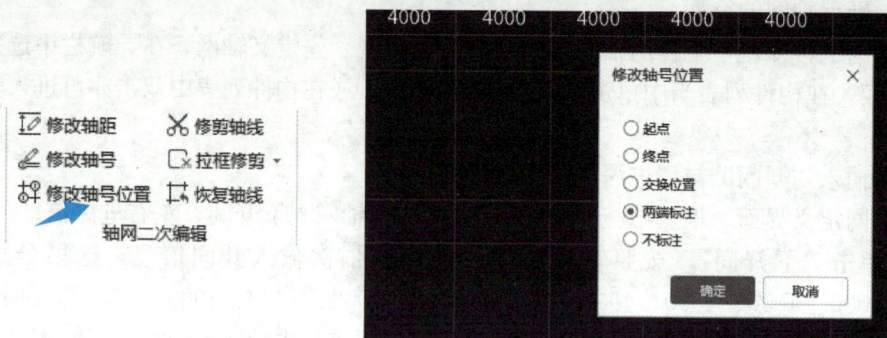

图 1-57　修改轴网信息

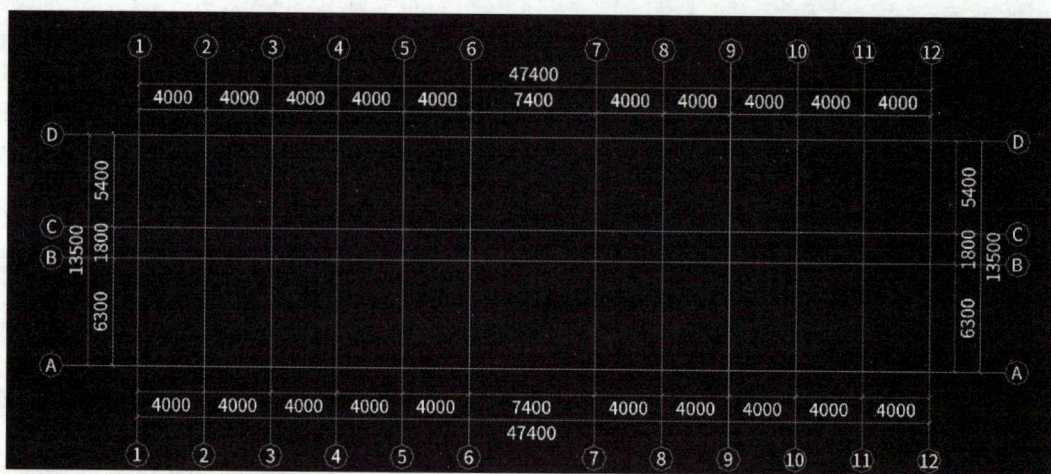

图 1-58　绘制完成后的轴网

4. 轴网信息的二次编辑

　　当发现轴网或轴线信息与图纸不符并需要修改时，也可以利用"轴网二次编辑"选项卡下的命令进行修改，比如"修改轴距""修剪轴线""修改轴号"等。例如"修改轴号"命令，应用时左键单击选择"修改轴号"命令，继续左键单击选择需要修改轴号的轴线，在弹出的对话框当中输入正确的轴号即可，如图 1-59 所示。

　　对于其他轴网二次编辑的命令，比如"修改轴距""修剪轴线""拉框修剪""恢复轴线"等，使用方法类似，读者可自行练习。

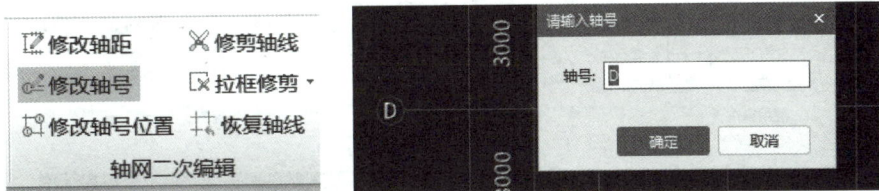

图 1-59　修改轴号

5. CAD 识别轴网

轴网也可以通过 CAD 识别的方式建立，首先要将 CAD 图纸导入到软件中，并且通过分割图纸的方式将每张图纸按照构件对应到相应楼层，这个过程在前面已经介绍，不再赘述。CAD 识别建模同手动建模的流程大致相同，可以分为识别定义构件和识别绘制图元两个阶段，有些构件识别定义和识别绘制的过程是合并完成的。

（1）选择图纸

CAD 识别轴网的第一步是要先选择一张轴网信息较全、设计较为规范的图纸来进行识别，比如轴网的轴线、标注、轴号的线型、图层等信息标注清晰。我们选择本工程的结施 06 图纸"基础顶～7.17m 柱平法施工图"来识别轴网。在图纸管理窗口，双击分割好的"基础顶～7.17m 柱平法施工图"图纸，则在绘图区域显示该 CAD 图纸，如图 1-60 所示。

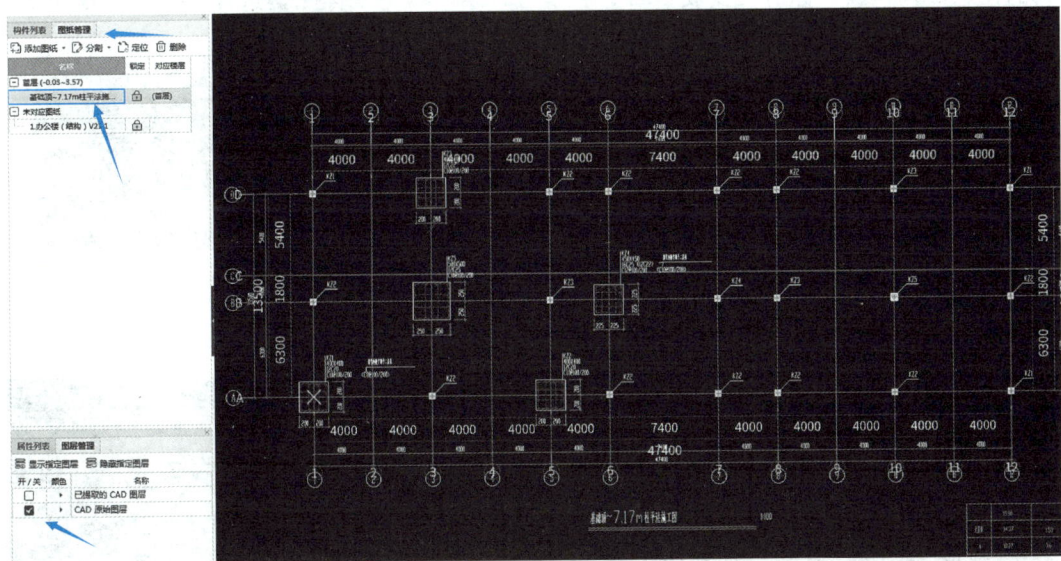

图 1-60　分割好的柱图

（2）识别轴网

导航栏当中选择"轴线—轴网"，在"建模"菜单下单击"识别轴网"命令，弹出识别轴网窗口，根据状态栏提示按照"左键选择，右键提取"的方式依次选择"提取轴线""提取标注""自动识别"即可，如图 1-61 所示，具体操作步骤如下：

1）选择"提取轴线"命令，软件默认的是"按图层选择"，如果轴线图层与标注图层

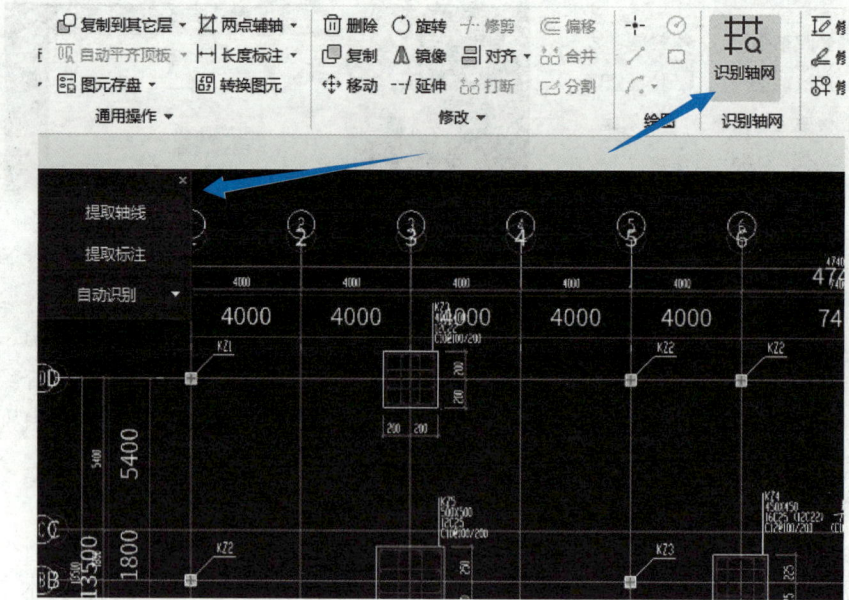

图 1-61　识别轴网

为同一图层但是颜色有区分的时候也可以"按颜色选择",如图 1-62 所示。将鼠标移至轴网的任意位置,当鼠标箭头变成"回"字形的时候,单击鼠标左键选择轴线,右键提取,轴线消失表示信息提取成功。

2)选择"提取标注",用鼠标左键选择尺寸标注和轴号,右键提取,所有尺寸标注及轴号信息都消失,说明尺寸标注及轴号信息已提取成功。

3)选择"自动识别",完成轴网的识别。轴网识别完成后和图纸对

图 1-62　提取轴线信息

照,检查是否一致。识别后轴网如图 1-63 所示,与手动建立的轴网是一样的。

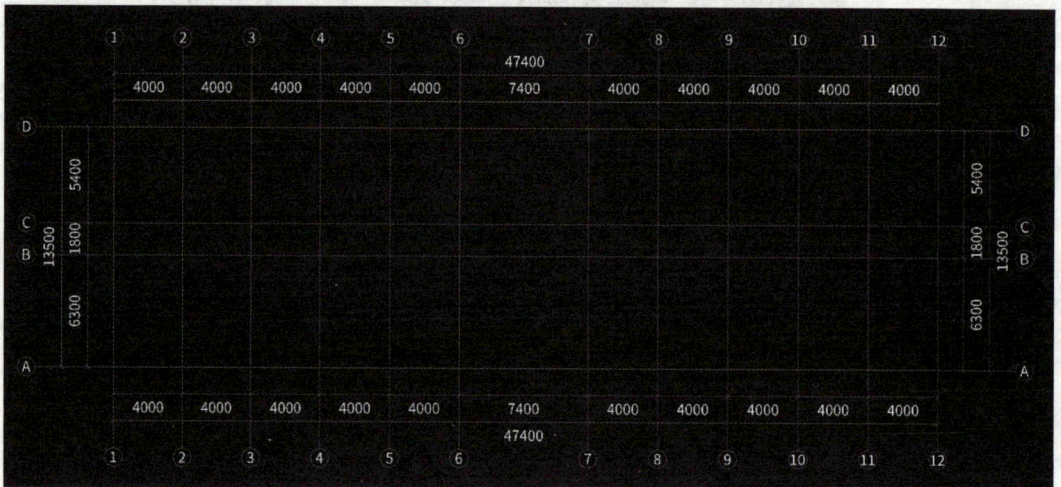

图 1-63　识别完成后的轴网

知识拓展

识别轴网有 3 种方式：

① 自动识别轴网：用于自动识别 CAD 图中的轴网。

② 选择识别轴网：通过手动选择来识别 CAD 图中的轴网。

③ 识别辅助轴线：用于手动识别 CAD 图中的辅助轴线。

6. 辅助轴线

"轴线"构件当中除了"轴网"以外还有一个"辅助轴线"构件，利用"辅助轴线"可以建立辅轴，对于一些不好定位的构件，可以通过辅助轴线进行定位。使用方法是在导航栏当中选择"轴线—辅助轴线"，在"建模"菜单里选择"通用操作"选项卡下的辅助轴线相关命令，如图 1-64 所示。例如"两点辅轴"可以通过拾取绘图区域里的两个点来建立辅助轴线，辅助轴线使用完毕后可以删除。

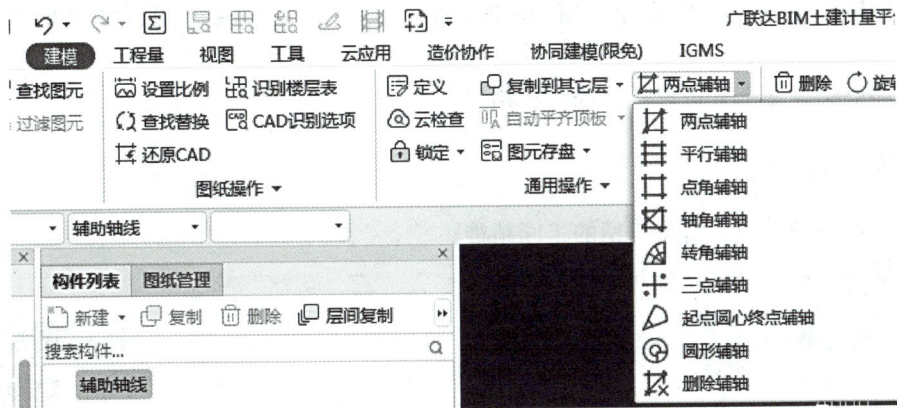

图 1-64　辅助轴线命令

任务总结

1. 轴网可以手动建立也可以 CAD 识别建立，都是要先定义构件，再绘制图元。

2. 手动建立轴网要根据轴网形式和信息定义轴网构件，绘制完成后检查是否需要修改。

3. 用 CAD 识别的方式建立轴网，识别后要检查轴网建立的准确性。

4. 辅助轴线直接通过辅轴相关命令建立。

复习思考题

1. 如果建立轴网后发现个别轴号不对该如何修改？

2. 如果轴网与水平方向存在一定的夹角该如何绘制？

3. 如果 CAD 识别轴网的时候图层有问题该如何处理？

4. 识别轴网有几种方式？

5. 辅助轴线如何建立和删除？

1.3 主体结构建模

知识目标

1. 掌握柱、墙、梁、板、基础及楼梯的结构施工图识图方法。
2. 掌握柱、墙、梁、板、基础及楼梯的钢筋构造与计算。
3. 熟悉柱、墙、梁、板、基础及楼梯钢筋算量影响因素。

能力目标

1. 能准确识读柱、墙、梁、板、基础及楼梯的结构施工图。
2. 能够利用 GTJ2025 采用手动建模的方式建立柱、墙、梁、板、基础及楼梯的算量模型。
3. 能够利用 GTJ2025 采用 CAD 识别的方式建立柱、墙、梁、板、基础及楼梯的算量模型。
4. 能够结合图纸分析校核钢筋计算结果。

素养目标

1. 养成一丝不苟、精益求精的工匠精神。
2. 培养刻苦钻研、寻根究底的学习态度。

1.3.1 柱建模

任务工单

利用 GTJ2025，完成厂区办公楼工程框架柱模型的建立工作。

柱建模

任务说明

根据厂区办公楼结构施工图，对本工程的框架柱进行定义和绘制。

任务分析

1. 本工程柱平法施工图用何种注写方式进行表达？
2. 本工程有几种类型的框架柱？
3. 如何手动定义和绘制框架柱？
4. 如何用 CAD 识别的方式定义和绘制框架柱？

任务实施

1. 分析图纸

本工程为框架结构，工程所包含的结构柱均为框架柱。由厂区办公楼结施 06、07 图

纸可知，本工程的框架柱采用截面注写方式进行表达，如 KZ1 所示（图 1-65）。本工程共有 5 种编号的框架柱，分别为 KZ1～KZ5，其中⑥～⑦轴上的 KZ2 和 KZ4 顶标高为 15.9m，其余框架柱顶标高为 14.37m。

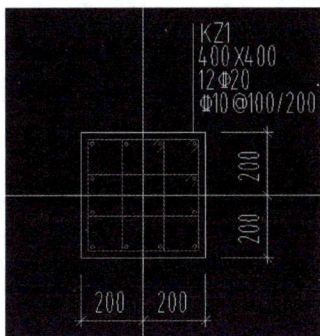

图 1-65　KZ1 截面注写方式

2. 柱子的定义

在 GTJ2025 中将柱分为"柱、构造柱、砌体柱和约束边缘非阴影区"四种类型。其中"柱"构件根据截面形状又分为"矩形柱、圆形柱、异形柱和参数化柱"四种，主要是用来定义框架柱或剪力墙柱；"构造柱"为填充墙当中的二次结构构件；"砌体柱"为砌体结构中砌筑起来的柱子；"约束边缘非阴影区"用于剪力墙约束边缘构件非阴影区的建立。

（1）矩形柱的定义

下面以厂区办公楼首层的 KZ1 为例来介绍矩形柱的定义与绘制。KZ1 截面尺寸为 400mm×400mm，全部纵筋为 12 根直径 20mm 的 HRB400 级钢筋，箍筋为直径 10mm 的 HRB400 级钢筋，箍筋加密区间距 100mm，非加密区间距 200mm，箍筋肢数为 4×4 肢箍，KZ1 定义步骤如下：

1）导航栏中选择"柱—柱"，在构件列表中单击"新建矩形柱"，如图 1-66 所示。

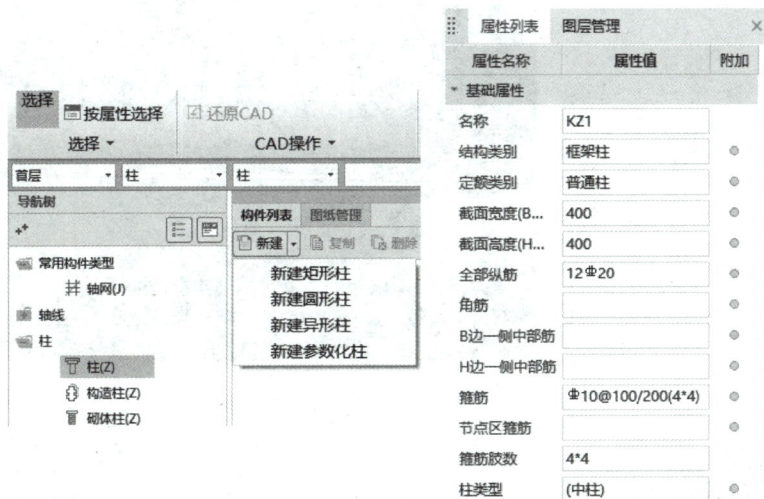

图 1-66　矩形柱的定义

2）在属性列表窗口中根据 KZ1 图示标注信息，修改柱子的属性信息。具体包括：

① 名称

要求与被定义构件保持一致，例如本案例要定义为 KZ1。

② 结构类别

确定矩形柱的类型，分为"框架柱、转换柱、暗柱、端柱和梯柱"。结构类别会根据构件名称中的代号自动匹配，例如 KZ 对应的是框架柱，也可以根据实际情况手动选择。

③ 截面尺寸

矩形柱的截面尺寸即截面宽度和截面高度，KZ1 为 400mm×400mm。

④ 纵筋信息

矩形柱的纵筋分为角部纵筋和中部纵筋。表示方式有两种，一是当柱纵筋直径相同、各边根数也相同时就用全部纵筋来表示；二是当柱角筋和各边中部纵筋不一样时就分别表示。在软件中用 A、C（大小写均可）来分别代表 HPB300、HRB400 级钢筋，其余钢筋种类所用字母可以参考"工程设置—钢筋设置—比重设置"里的详细介绍。KZ1 全部纵筋为 12 ⚿ 20，可以在全部纵筋当中输入"12C20"。

⑤ 箍筋信息

根据柱箍筋信息进行输入。如果存在节点核心区箍筋单独注写时，则在"节点区箍筋"信息中进行输入，箍筋的肢数信息在"箍筋肢数"一栏进行输入。此处要注意在柱定义界面下检查柱子的箍筋类型和肢数与图纸设计是否一致，如果不一致，需要进行调整，如图 1-67 所示。在输入箍筋信息"C10-100/200"时，间距"@"用"-"来代表。

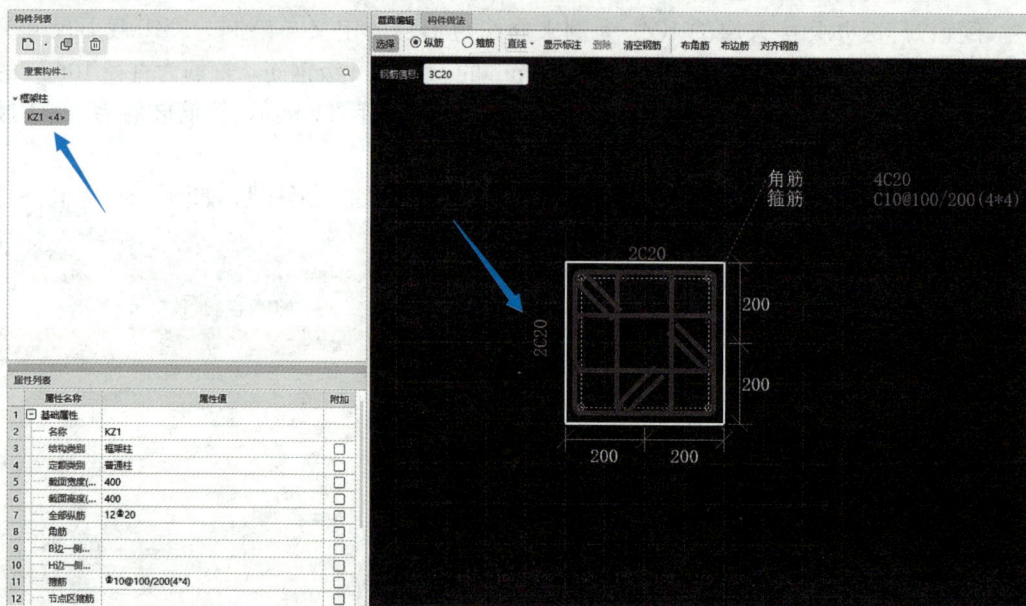

图 1-67　柱箍筋信息与钢筋业务属性

⑥ 柱类型

软件默认柱类型为"中柱"，只有顶层需要区分"中柱、边柱和角柱"。顶层的柱类型可以在绘制完顶层梁、板构件后使用软件的"判断边角柱"功能对边角柱进行区分。

⑦ 柱子的标高信息

软件中柱子默认的标高是从所绘制结构层层底到层顶，如果个别柱子的标高与默认不符，需要在这里进行调整。

⑧ 钢筋业务属性

在钢筋业务属性中可以调整构件与钢筋有关的各项信息，如图 1-67 所示。具体包括：

A. "其它钢筋"

如果构件中存在除了当前构件中已经输入的钢筋以外的钢筋，则可以在这里进行处理。

B. "其它箍筋"（同上）

C. "基本设置的修改"

如果当前构件的计算设置、节点设置、搭接设置与系统默认不符，则可以在此处修改。

D. "芯柱信息"

如果存在芯柱，则芯柱的信息可以在这里进行输入，包括芯柱的截面信息、纵筋信息、箍筋信息。

E. "加密区范围"

如果定义构件的加密区范围与默认不符，则可以在这里进行调整。

（2）圆形柱的定义

圆形柱与矩形柱最大的区别在于截面形状和箍筋类型不同，圆形柱中箍筋可能为圆形箍筋或螺旋箍筋，圆形柱的截面注写如图 1-68 所示。圆形柱的定义过程如下：

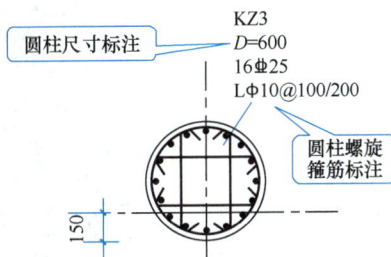

图 1-68　圆形柱截面配筋

1）导航栏中选择"柱—柱"，在构件列表中单击"新建圆形柱"，如图 1-69 所示。

2）在"属性列表"窗口中根据圆形柱标注信息，修改柱子的属性信息，具体包括：

① 名称

名称输入"KZ3"即可。

② 截面半径

截面半径为 300mm。

③ 箍筋类型

图 1-69　圆形柱的定义

圆形柱的箍筋类型和矩形柱不同,分为螺旋箍筋和圆形箍筋两种,这里要根据图纸设计来确定,此处为螺旋箍筋。

(3)异形柱的定义

"柱"构件当中的"异形柱"和"参数化柱"主要是用来定义截面形状不规则的柱子,比如剪力墙结构中的墙柱。异形柱和参数化柱的区别在于,参数化柱是将常见的异形柱截面及配筋做成了参数化图形,供用户选择使用,而异形柱则需要使用者自行创建异形柱截面和布置截面内的钢筋。

1)参数化柱的定义

当给定的柱截面与软件内置的参数化柱截面相同时,可以直接用参数化柱来定义。例如,定义以下异形柱构件,如图1-70所示。该墙柱为剪力墙结构中的边缘构件,在−0.1∼7.7m范围内为约束边缘构件,在7.7∼17.4m范围内为构造边缘构件,在定义该构件的时候首先要确定楼层,不同楼层配筋有所区别,如定义该构件首层YJZ1,具体步骤如下:

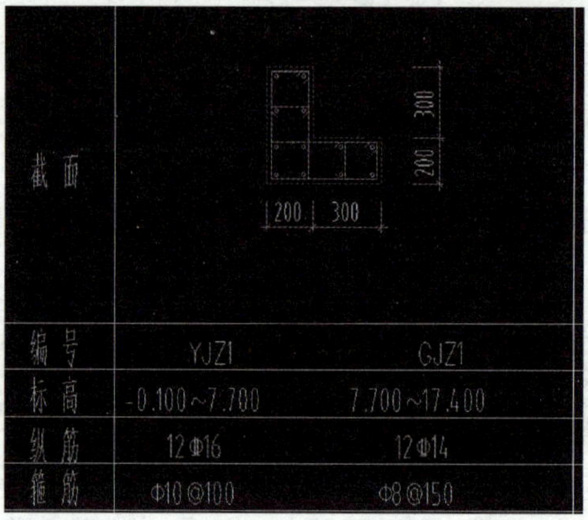

图1-70 某异形柱

① 导航栏中选择"柱—柱",在构件列表中单击"新建参数化柱",在弹出的窗口中选择与YJZ1相同的参数化截面类型,设置具体尺寸,如图1-71所示。

② 在属性列表窗口修改柱子名称、结构类别及配筋信息,修改完成如图1-72所示。

2)异形柱的定义

异形柱定义主要是通过绘制构件截面和配筋来创建柱构件。下面以GDZ2为例进行介绍,如图1-73所示,具体操作步骤如下:

① 导航栏中选择"柱—柱",在构件列表中单击"新建—异形柱",弹出"异形截面编辑器",如图1-74所示。

② 在弹出的"异形截面编辑器"中根据GDZ2截面形状,绘制出异形柱的截面。单击"设置网格"命令,根据异形柱截面尺寸,从左到右、自下而上设置水平方向和垂直方向间距,如图1-75所示,单击"确定"。设置完成后,绘制出异形柱截面轮廓,如图1-75所示,单击"确定"。

③ 在属性列表窗口下,修改柱子名称、结构类别、钢筋等信息。在"截面编辑"界面下通过绘制"纵筋"和"箍筋"的方式修改柱钢筋信息。在绘制纵筋的时候可以选择"点""直线"等布置方式,选择"直线"布置的时候注意根据纵筋位置确定是否包含"起

选择参数化图形

参数化截面类型： L形

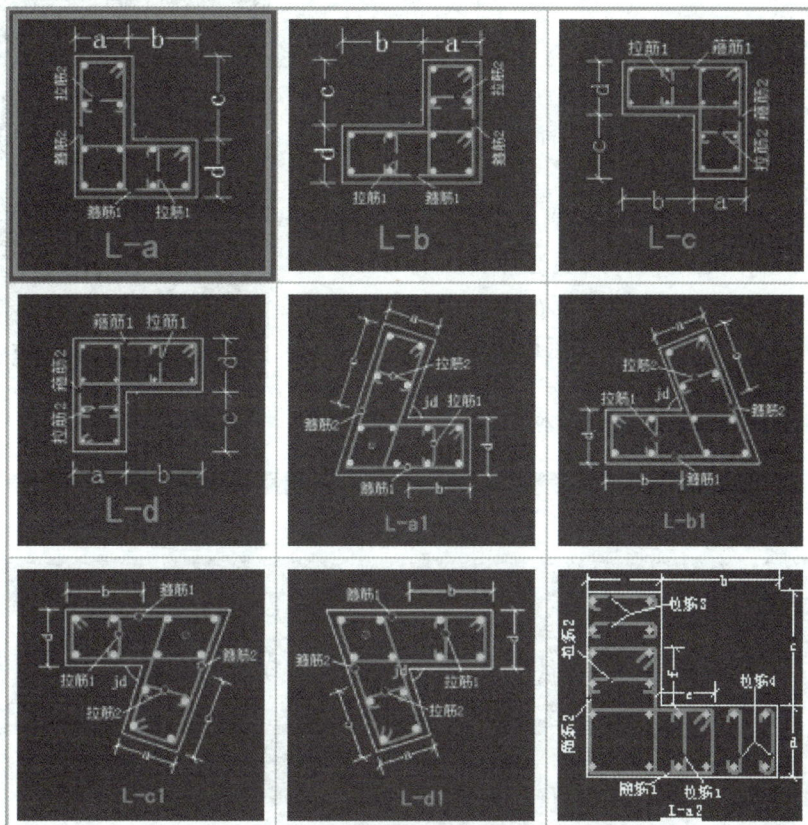

图 1-71 　 选择参数化截面类型

▾ 暗柱
　 YJZ1 <0>

	属性名称	属性值	附加
1	名称	YJZ1	
2	截面形状	L-a形	
3	结构类别	暗柱	
4	定额类别	普通柱	
5	截面宽度(B边)(m...	500	
6	截面高度(H边)(...	500	
7	全部纵筋	12Φ16	
8	材质	混凝土	
9	混凝土类型	(现浇混凝土碎石...	
10	混凝土强度等级	(C30)	
11	混凝土外加剂	(无)	
12	泵送类型	(混凝土泵)	
13	泵送高度(m)		
14	截面面积(m²)	0.16	
15	截面周长(m)	2	
16	顶标高(m)	层顶标高	
17	底标高(m)	层底标高	
18	备注		

图 1-72 　 定义参数化柱信息

点、终点"，也可以采用布边筋、布角筋等方式灵活处理；在绘制箍筋的时候可以选择"矩形""直线"等布置方式，布置的时候要与柱截面当中箍筋的样式保持一致。GDZ2 截面钢筋绘制完成如图 1-76 所示。

3. 柱的绘制

柱构件定义完成之后，在绘图界面绘制柱图元，柱图元的绘制方式主要有以下几种：

（1）"点"绘制

软件默认是通过"点"来绘制柱构件。绘制时检查柱子所在的楼层，通过构件列表选择要绘制的柱子编号。然后对于柱中心位于轴线交汇处的框架柱，可用"点"绘制方式直接捕捉轴线交点进行绘制。例如绘制厂区办公楼首层 KZ1，构件列表当中选择 KZ1，点击"绘图"选项卡中的"点"绘制命令，如图 1-77 所示。

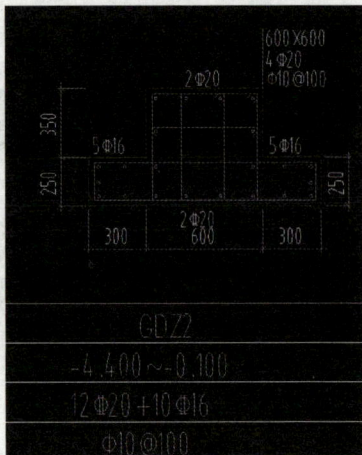

图 1-73　异形柱示意图

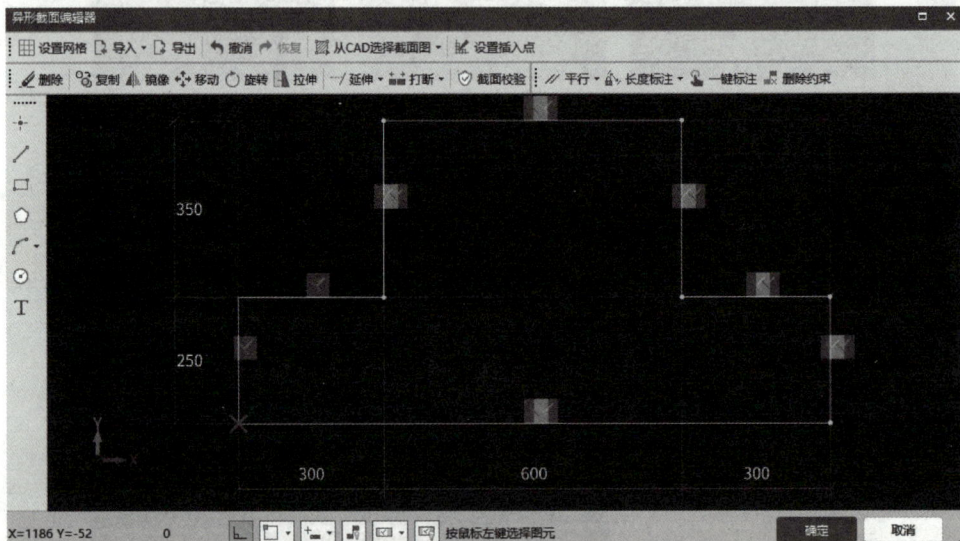

图 1-74　异形柱截面编辑器

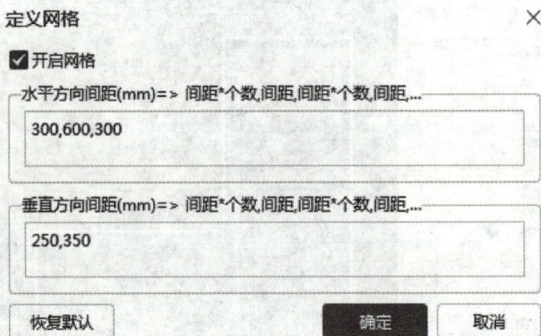

图 1-75　定义网格

将鼠标光标移至①轴与Ⓐ轴线交汇处的时候，光标由"＋"字形变成"×"状，单击鼠标左键，完成 KZ1 的绘制，如图 1-78 所示。

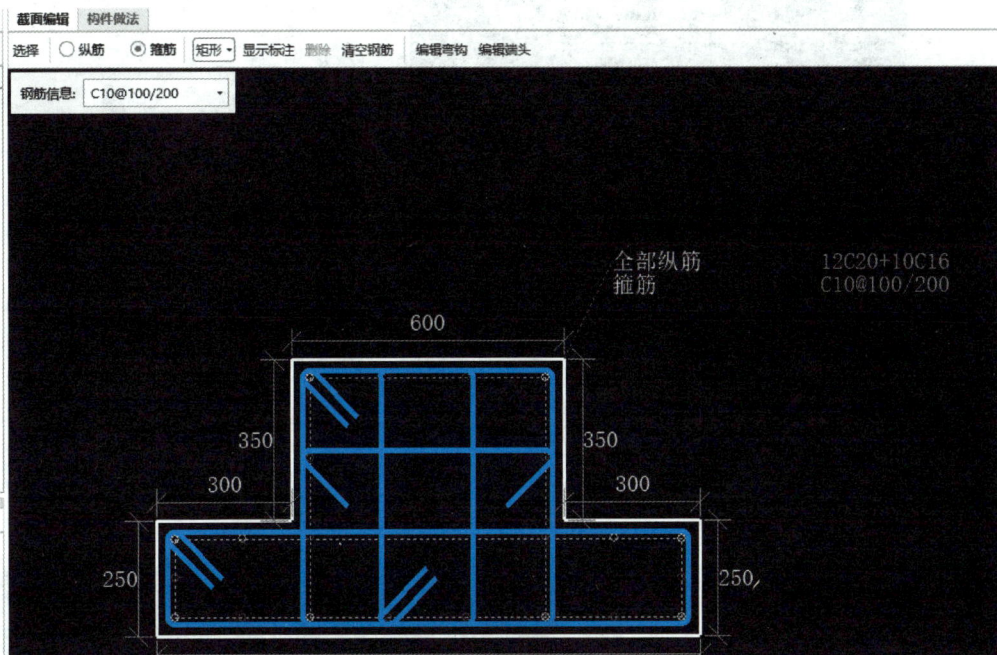

图 1-76　异形柱截面钢筋绘制

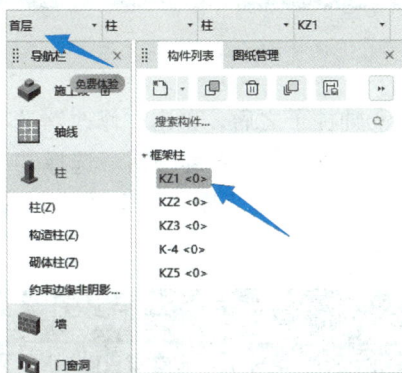

图 1-77　"点"绘制 KZ1

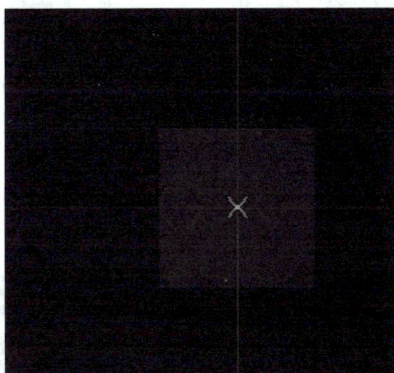

图 1-78　捕捉轴线交点绘制

（2）智能布置

当图纸的某个区域内的轴线相交处的柱子都是相同编号时，可利用"智能布置"来快速绘制柱子。例如厂区办公楼首层Ⓓ轴与⑤～⑥轴交汇处均为 KZ2，如图 1-79 所示，就可以利用"智能布置"的方式来绘制，单击"智能布置"选项卡"智能布置"命令，选择"轴线"，如图 1-80 所示。

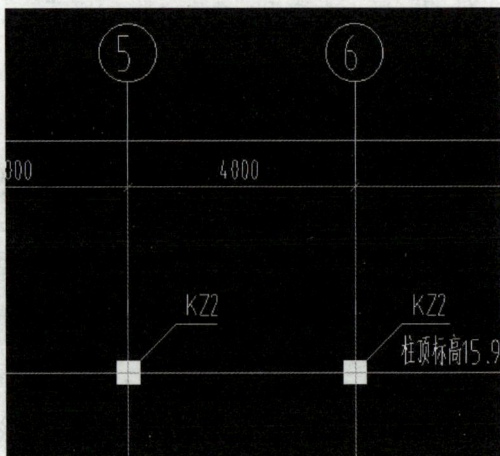

图 1-79　KZ2 平面布置

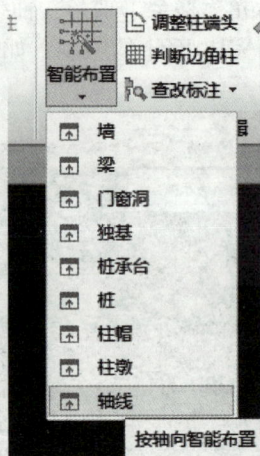

图 1-80　智能布置—轴线

使用左键拉框选择需要布置 KZ2 的轴线交点，软件会自动完成 KZ2 的绘制，绘制完成如图 1-81 所示。

（3）利用修改工具快速绘制

软件"修改"选项卡中提供了常用修改命令，比如"复制、镜像、移动"等，利用这些命令可以实现柱子的快速绘制。如果拟建建筑物的柱子是对称布置的，则可利用"镜像"命令来快速绘制。

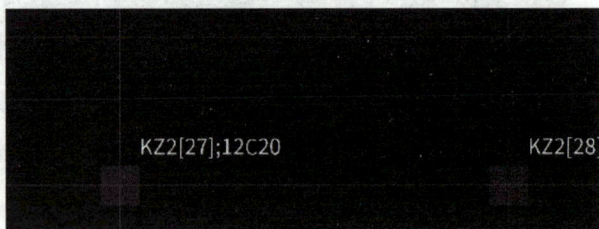

图 1-81　KZ2 智能布置

例如厂区办公楼首层柱①～⑥轴与⑦～⑫轴柱子存在对称关系，我们绘制完①～⑥轴柱子之后，单击"修改"选项卡下的"镜像"命令，使用左键拉框选择①～⑥轴所有的柱子，点击右键确认，选择⑥～⑦轴的中点作为对称轴第一点，再选择对称轴第二点，软件提示是否删除原来图元，选择"否"即可，如图 1-82 所示。

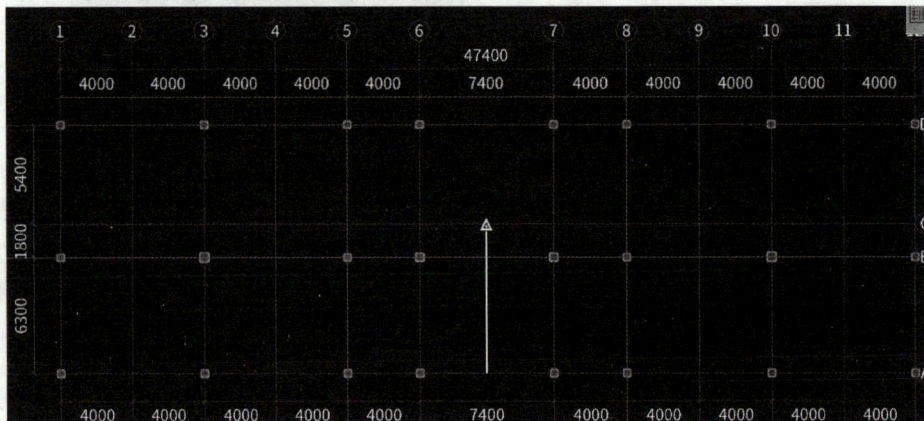

图 1-82　镜像绘制对称的柱子

（4）"偏心柱"的处理

在图纸中我们经常会遇到柱子的中心和轴线的交点并不重合的情况，如图 1-83 所示，也就是所谓的"偏心柱"。

对于此类的"偏心柱"，处理方法有两种，一是偏心或偏移绘制；二是绘制完成之后再对其进行修改。具体操作方法如下：

1）偏心或偏移绘制

通过"Ctrl＋左键"偏心绘制，边绘制边查改标注，绘制完成如图 1-84 所示，柱子周围会出现绿色的尺寸标记，可根据图示偏心尺寸进行修改，也可以通过"Shift＋左键"偏移绘制，绘制后出现如图 1-85 所示对话框，输入 X 方向和 Y 方向的偏移距离，向右、上为正，向左、下为负，点击"确定"即可。

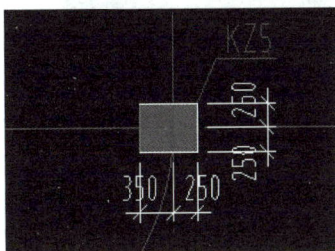

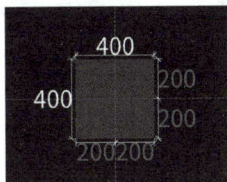

图 1-83　偏心柱　　　　图 1-84　偏心绘制　　　　图 1-85　偏移绘制

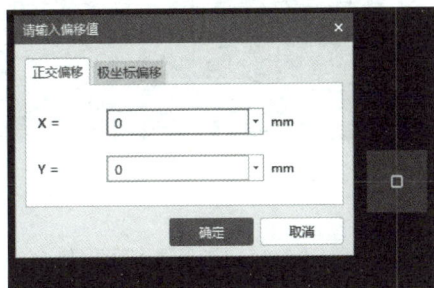

2）绘制完成之后再进行修改

柱子居中绘制后，点击"柱二次编辑"选项卡下"查改标注"命令进行修改，修改方法和前述一致，如图 1-86 所示。

（5）顶层边角柱的处理

在梁、板构件全部绘制完成后，需要对顶层框架柱执行"判断边角柱"的命令，将边、角、中柱区分开。在柱构件下，切换至顶层，点击"柱二次编辑"选项卡下的"判断边角柱"命令，如图 1-87 所示。经过判断之后的边、角、中柱，软件会用不同的颜色进行区分，中柱是紫色，角柱是蓝色，边柱是浅蓝色。

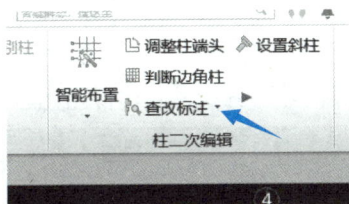

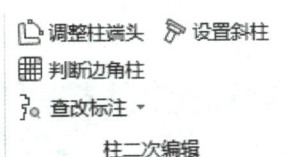

图 1-86　查改标注　　　　图 1-87　判断边角柱

（6）异形柱的绘制

对于剪力墙当中的暗柱和端柱等异形柱构件，由于其插入点往往和轴线交点并不一致，所以需要综合利用柱绘制的有关命令来完成绘制。

1）手动绘制的方式

"点"绘制之后如果位置不对，可以利用"对齐"命令进行对齐；如果方向不同，在绘制的时候利用"旋转点"进行旋转；如果方向"反"了，利用"F3"翻转左右方向，"Shift＋F3"翻转上下方向。例如绘制 GDZ1，如图 1-88 所示，方法是在构件列表中选择定义好的 GDZ1 构件，选择"旋转点"命令，"F4"切换插入点，绘制完成后，通过"查改标注"修改其与轴线的位置，绘制完成如图 1-89 所示。

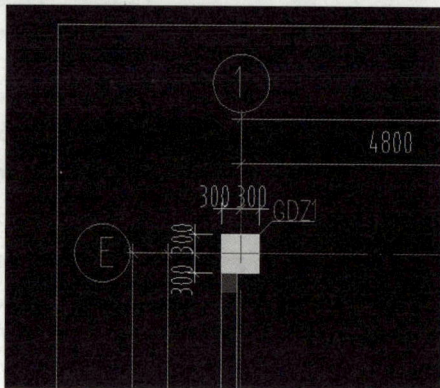

图 1-88　GDZ1

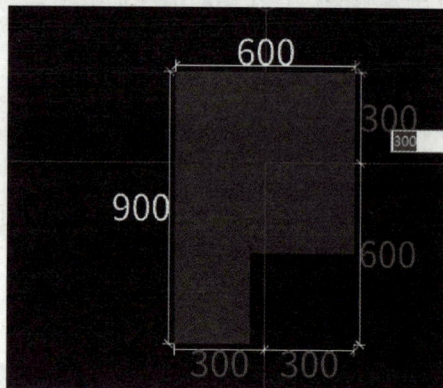

图 1-89　切换插入点绘制和查改标注

2）利用 CAD 底图进行描图

当 CAD 图纸导入软件中之后，就可以利用 CAD 底图进行描图绘制。在 CAD 图纸管理中双击已分割完成后的图纸，选择需要绘制的构件，利用"F4"切换插入点，结合"F3"翻转左右方向，"Shift＋F3"翻转上下方向，以及"旋转点"命令来进行绘制。同样是绘制上面的 GDZ1，当有底图时，直接点击"旋转点"命令，"F4"切换插入点捕捉底图上的两点即可完成绘制。

4. 柱子的检查和修改

首层柱构件绘制完成后，需要对已经绘制的柱构件进行检查和修改，包括检查柱子编号、位置、空间高度是否正确、是否有漏缺等，如果有问题需要进行修改。

（1）柱编号的检查和处理

根据柱子的平面布置图检查所绘制的柱图元是否与图纸一致。在检查的时候可以先将构件列表显示出来，再利用"Shift＋Z"显示出柱图元的名称，检查已绘制图元与 CAD 图纸是否对应，显示名称后的柱图元如图 1-90 所示。如果想隐藏显示，只需要再按下"Shift＋Z"即可，后面对于其他构件也可以用"Shift＋构件代号"方式显隐构件图元名称及 ID。

图 1-90　显示柱图元名称

（2）柱位置的检查和处理

柱位置主要是指柱子的平面和空间位置，柱位置的检查主要是检查是否偏心或柱子的布置与图纸是否吻合，如果位置不对可以利用"查改标注"修改偏心，或是利用修改选项卡当中的"移动、对齐、旋转"等命令对其进行修改，见图 1-91。为了更加形象直观地观察柱子，就需要利用"动态观察"命令显示出柱子绘制完成之后的三维状态，按住鼠标左键拖动可以改变观察视角，观察完成后选择"2D"回到平面状态，具体操作如图 1-92 所示。

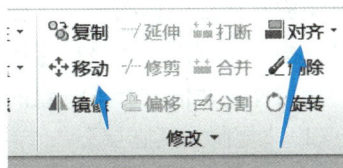

图 1-91　修改命令

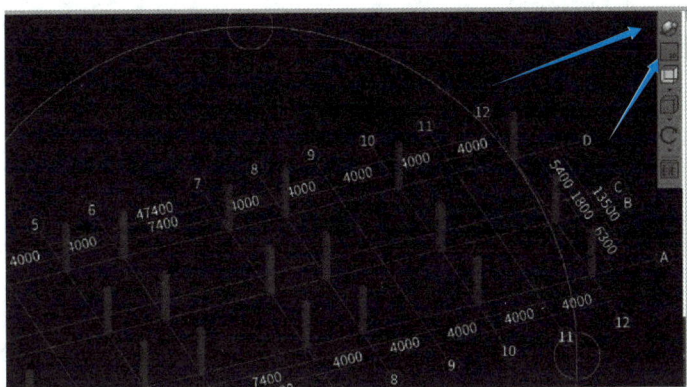

图 1-92　动态观察

（3）柱属性信息的检查和修改

柱构件的检查还包括柱子属性信息的检查，比如柱子的名称、尺寸、钢筋和高度信息等。如果绘制完成的柱图元存在柱子属性信息的错误，则需要对柱子属性信息进行修改，根据要修改信息的类型选择相应的修改方式。

1）公有属性的修改

构件属性列表中的蓝色字体是公有属性，公有属性对当前层所有同名构件都是适用的，并且在修改后能够自动刷新当前层所有同名构件的属性值。例如 KZ1 的名称、结构类别、钢筋信息等均属于公有属性，如图 1-93 所示。

2）私有属性的修改

构件列表中的黑色字体是私有属性，私有属性是指仅针对当前选中的构件图元有效的属性。如果对私有属性进行修改，需要先选中要修改的图元，然后在属性列表当中进行修改其私有属性值即可。这里选择图元的时候可以利用"批量选择"（F3）命令来快速选择。例如 KZ1 的"顶标高、底标高"信息为黑色字体的私有属性，要对其进行修改首先要选中相应的图元，再进行修改。

1	名称	KZ1
2	结构类别	框架柱
3	定额类别	普通柱
4	截面宽度(B边)(m...	400
5	截面高度(H边)(...	400
6	全部纵筋	12Φ20
7	角筋	
8	B边一侧中部筋	
9	H边一侧中部筋	
10	箍筋	Φ10@100/200(4*4)
11	节点区箍筋	
12	箍筋胶数	4*4

图 1-93　KZ1 的公有属性

5. 其他楼层柱子的绘制

当绘制完首层柱构件之后，可以将绘制的首层柱构件复制到二层或其他楼层，以此来快速完成其他楼层柱的绘制工作。但是需要注意在复制的时候一定要看清楚目标楼层都有哪些柱构件，只需要将目标楼层中需要绘制的柱构件进行复制即可；如果目标楼层相同编号的柱构件属性信息有不一致的，复制完成后还需要进行修改。操作方法如下：

（1）"复制到其它层"

在"建模"菜单下"通用操作"选项卡中选择"复制到其它层"命令，使用左键拉框选择需要复制的柱构件，点击右键确认，在弹出的窗口中选择复制的目标楼层，确定即可，如图1-94所示。选择所有柱构件的时候可以用左键拉框选择的方式，也可以利用"F3批量选择"构件图元来快速选择。

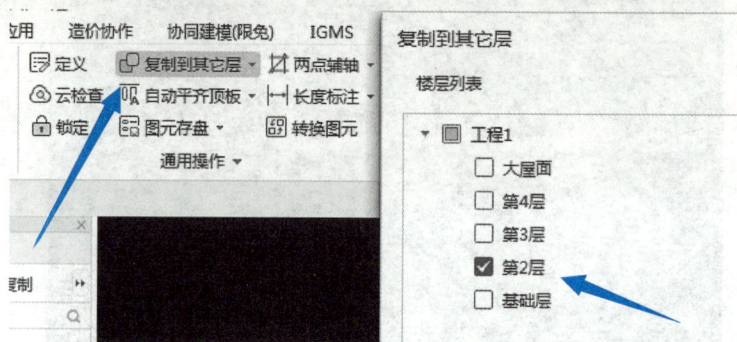

图1-94 "复制到其它层"

（2）"从其它层复制"

也可以使用"从其它层复制"命令完成楼层间图元的复制工作。切换到需要复制构件的楼层，在"通用操作"选项卡下选择"从其它层复制"命令，在列表当中选择要复制的源楼层和目标构件，如图 1-95 所示。

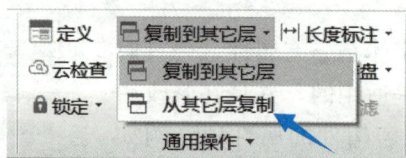

图1-95 "从其它层复制"

6. 柱子的 CAD 识别

在 CAD 底图导入到软件之后，还可以利用 CAD 识别的方式来定义和绘制柱图元。柱在平面布置图上采用列表注写方式或截面注写方式表达，对应的 CAD 识别定义的方式也有两种，一种是通过识别柱表来定义柱，另一种是通过识别柱大样来定义柱，具体选择哪种方式，需要根据图纸设计来确定。

（1）识别定义柱

1）识别柱表

如果柱子是以列表注写方式表达的，则可以通过识别柱表的方式来定义柱构件，图

1-96 为某工程的框架柱柱表。

具体识别方法是切换到含有柱表的 CAD 底图，单击“识别柱”选项卡下的“识别柱表”命令，使用左键拉框选择柱表，点击右键确认。在弹出的窗口中，对应表头，如果表头信息不对应，则需要通过下拉菜单调整对应，修改完成后如图 1-97 所示，单击“识别”，柱构件就被识别定义完成了。

柱表

柱号	标高	bxh(圆柱直径D)	b1	b2	h1	h2	全部纵筋	角筋	b侧一边中部筋	h侧一边中部筋	箍筋类型号	箍筋	备注
KZ1	-0.100~15.500	600X600	300	300	300	300		4Φ22	4Φ20	4Φ20	1(4x4)	Φ10@100/200	
KZ2	-0.100~7.700	850					8Φ25				7(4x4)	Φ10@100/200	
KZ3	7.700~15.500	600X600	300	300	300	300		4Φ22	4Φ20	4Φ20	1(4x4)	Φ8@100/200	
KZ4	-0.100~3.800	500					8Φ20				7(4x4)	Φ8@100/200	
KZ5	-0.100~3.800	500					8Φ22				7(4x4)	Φ8@100/200	
KZ6	-0.100~19.500	600X600	300	300	300	300		4Φ22	4Φ20	4Φ20	1(4x4)	Φ10@100/200	
KZ7	-0.100~18.500	600X600	300	300	300	300		4Φ22	4Φ20	4Φ20	1(4x4)	Φ10@100/200	

图 1-96　某工程柱表

撤消　恢复　查找替换　删除行　删除列　插入行　插入列　复制行

柱号	标高	b*h(...	全部纵筋	角筋	b边一...	h边一...	肢数	箍筋	下
柱 号	标 高	bxh(圆柱...	全部纵筋	角 筋	b侧一边...	h侧一边中...	箍 筋类...	箍 筋	备
KZ1	-0.100~1...	600*600		4C22	4C20	4C20	1(4*4)	A10@100...	
KZ2	-0.100~7....	850	8C25				7(4*4)	A10@100...	
KZ3	7.700~15...	600*600		4C22	4C20	4C20	1(4*4)	A8@100/...	
KZ4	-0.100~3....	500	8C20				7(4*4)	A8@100/...	
KZ5	-0.100~3....	500	8C22				7(4*4)	A8@100/...	
KZ6	-0.100~1...	600*600		4C22	4C20	4C20	1(4*4)	A10@100...	
KZ7	-0.100~1...	600*600		4C22	4C20	4C20	1(4*4)	A10@100...	

图 1-97　识别柱表信息

2）识别柱大样

厂区办公楼案例中的框架柱是用截面注写方式来表达的，可以通过识别柱大样的方式进行定义。单击“识别柱”选项卡下的“识别柱大样”命令，如图 1-98 所示。根据软件提示用“左键选择、右键提取”的方式，依次“提取边线、提取标注、提取钢筋线”；用“框选识别、点选识别、自动识别”的方式选择柱大样范围，检查柱大样识别信息是否与图纸一致。

（2）识别绘制柱

柱构件定义完成之后，可以通过识别柱的方式将定义好的柱构件一次性识别绘制到绘图区域中。识别绘制柱的方式有两种：一种是“识别柱”，另一种是“填充识别柱”。

1）识别柱

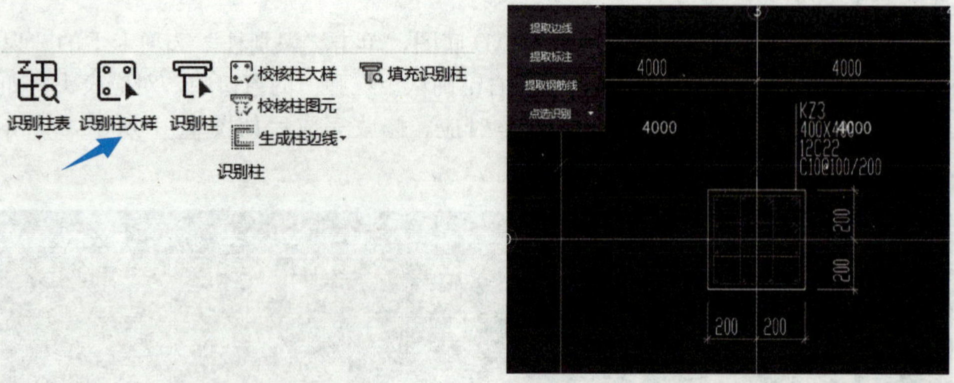

图 1-98　识别柱大样

单击"识别柱"选项卡下的"识别柱"命令，如图 1-99 所示。根据软件提示用"左键选择、右键提取"的方式依次"提取边线、提取标注、自动识别"，识别完成后动态观察柱子的绘制情况，如有问题进行修改。

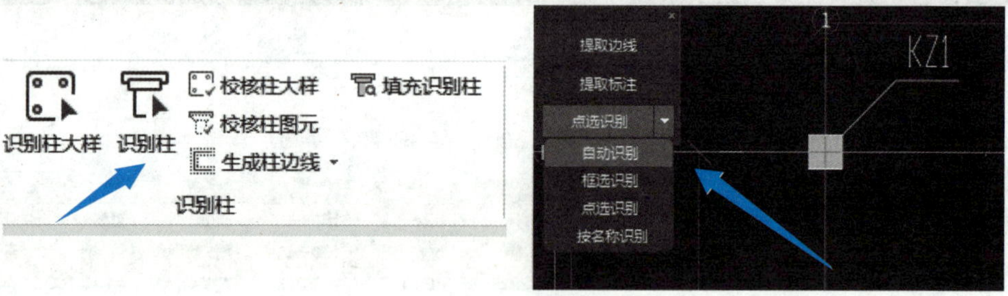

图 1-99　识别柱

2）填充识别柱

CAD 图纸上如果柱子有单独的填充层，也可以利用"填充识别柱"命令绘制柱图元。单击"识别柱"选项卡下的"填充识别柱"命令，如图 1-100 所示。根据软件提示用"左键选择、右键提取"的方式依次"提取填充、提取标注、自动识别"，识别完成后也需要进行检查，先检查构件列表，看有无新增自定义构件，再检查柱子空间状态，看位置、高度是否准确，如有问题进行修改。

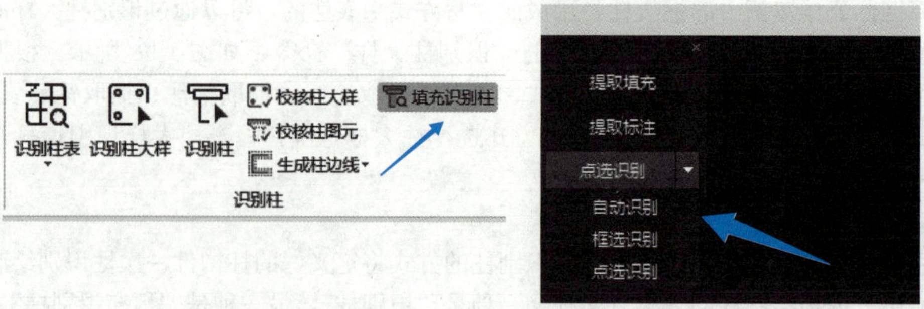

图 1-100　填充识别柱

首层柱绘制完成如图 1-101 所示，其他楼层柱子可以利用层间复制的方法参照绘制。

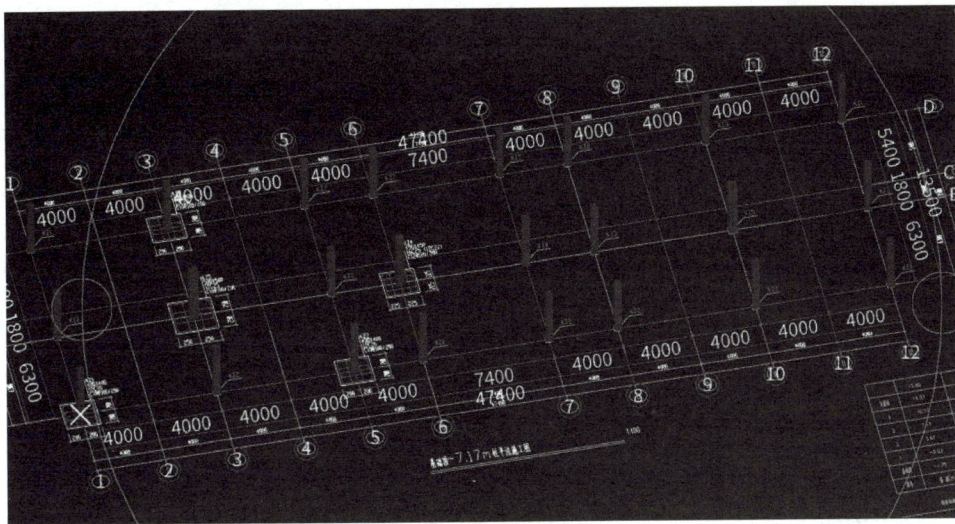

图 1-101　首层框架柱绘制完成

任务总结

1. 柱构件建模可以手动建立也可以 CAD 识别建立，都是要先定义构件，再绘制图元。

2. 手动建立柱构件模型首先要准确识读柱结构施工图，根据施工图柱构件信息来定义柱，然后再根据柱平面布置图对柱子进行布置。

3. CAD 识别的方式建立柱构件模型，根据柱结构施工图的注写方式选择识别柱表或识别柱大样的方式来定义柱，再利用 CAD 底图通过识别柱的方式进行绘制。

4. 绘制完成后对柱构件进行检查。

复习思考题

1. 如何绘制偏心的框架柱？

2. 异形柱有哪两种定义方式？

3. 异形柱绘制的技巧有哪些？

4. 构件的公有属性和私有属性的修改在操作上有什么不同？

5. 柱子层间复制的注意事项是什么？

6. 根据柱表定义柱构件和根据柱大样定义柱构件有什么区别？

1.3.2　剪力墙建模

任务工单

利用 GTJ2025，完成给定案例工程剪力墙模型的建立工作。

剪力墙建模

任务说明

根据给定的剪力墙施工图，完成首层剪力墙构件的定义和绘制。

任务分析

1. 剪力墙都包含哪些构件？
2. 剪力墙手动定义的时候需要注意的问题是什么？
3. 如何手动定义和绘制剪力墙？
4. 如何利用 CAD 识别方式定义和绘制剪力墙？

任务实施

剪力墙包含墙柱、墙身和墙梁三种构件，墙柱构件在上一节柱构件中已介绍，本节只介绍剪力墙身和剪力墙梁的定义与绘制。

1. 分析图纸

案例工程"−0.1～7.7m 的剪力墙平法施工图"如图 1-102 所示。根据图示信息，本工程剪力墙身、墙柱和墙梁构件均采用列表注写方式进行表达，如图 1-103、图 1-104 所示。其中，剪力墙身共有两种，分别为 Q1 和 Q2，具体尺寸和配筋信息详见剪力墙身表，Q2 为建筑物内部的电梯井壁墙，Q1 根据分布位置不同，又分为内墙和外墙。剪力墙梁包括暗梁和连梁，暗梁、连梁尺寸和配筋信息详见剪力墙梁表，暗梁具体布置位置详见暗梁布置简图。剪力墙柱尺寸和配筋信息详见剪力墙柱表，剪力墙柱的建模详见柱建模部分，本节不再赘述。

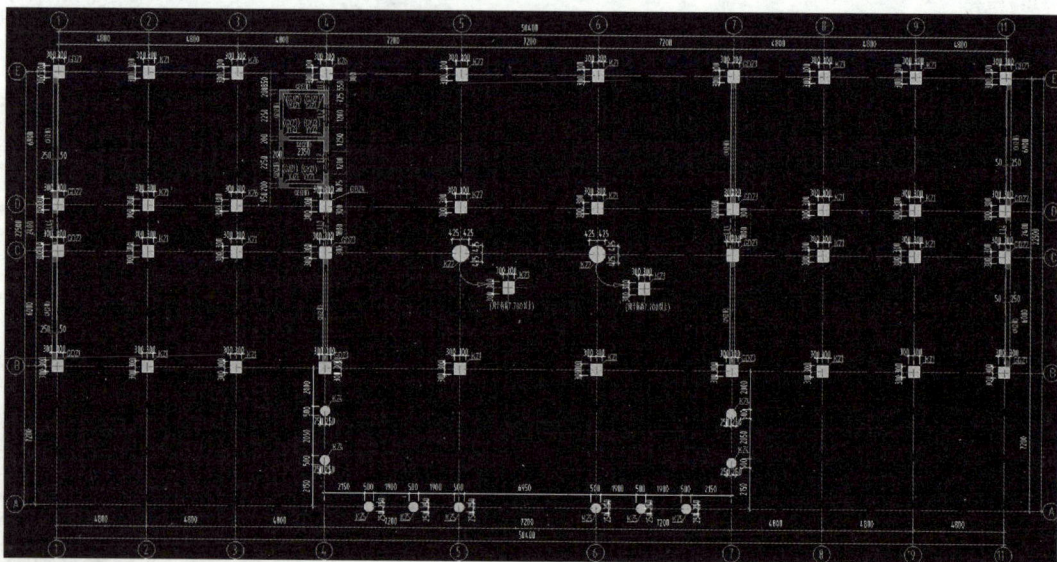

图 1-102　−0.1～7.7m 剪力墙平法施工图

剪力墙身表					
编号	标高	墙厚	水平分布筋	垂直分布筋	拉筋
Q1(两排)	-0.100~7.700	250	Φ12@200	Φ12@200	Φ8@600
	7.700~15.500	250	Φ10@200	Φ10@200	Φ6@600
Q2(两排)	-0.100~7.700	200	Φ12@200	Φ12@200	Φ8@600
	7.700~17.400	200	Φ10@200	Φ10@200	Φ6@600

图 1-103　剪力墙身表

剪力墙梁表						
编号	所在楼层号	梁顶相对标高高差	截面尺寸 bXh	上部纵筋	下部纵筋	箍筋
LL1	2-4	0.000	250X1200	4Φ18 2/2	4Φ18 2/2	Φ10@100(2)
	机房层	0.000	250X1300	4Φ18 2/2	4Φ18 2/2	Φ8@100(2)
LL2	2-4	0.000	250X1300	4Φ22 2/2	4Φ22 2/2	Φ10@100(2)
	机房层	+1.90	250X3100	4Φ20 2/2	4Φ20 2/2	Φ8@100(2)
LL3	2-4	0.000	250X1800	4Φ22 2/2	4Φ22 2/2	Φ10@100(2)
	机房层	0.000	250X1800	4Φ20 2/2	4Φ20 2/2	Φ8@100(2)
LL4	2-4	0.700	250X1200	4Φ18 2/2	4Φ18 2/2	Φ10@100(2)
	机房层	0.000	250X600	2Φ18	2Φ18	Φ8@100(2)
AL1	2-3		250X500	2Φ20	2Φ20	Φ8@150(2)
	4-机房层		250X500	2Φ18	2Φ18	Φ8@150(2)

图 1-104　剪力墙梁表

2. 剪力墙身的定义与绘制

（1）剪力墙身的定义

下面以图 1-103 中 Q1（两排）为例介绍剪力墙身的定义，具体步骤如下：

1）导航栏中选择“墙—剪力墙”，在构件列表中单击“新建内墙”。

2）在属性列表窗口当中根据 Q1 标注信息，修改剪力墙属性信息，剪力墙 Q1（两排）定义完成后属性信息如图 1-105 所示，具体包括：

	属性名称	属性值	附加
1	名称	Q1（两排）	
2	厚度(mm)	250	☐
3	轴线距左墙皮...	(125)	☐
4	水平分布钢筋	(2)Φ12@200	☐
5	垂直分布钢筋	(2)Φ12@200	☐
6	拉筋	Φ8@600*600	☐
7	材质	混凝土	☐
8	混凝土类型	(现浇混凝土碎石<20)	☐
9	混凝土强度等级	(C30)	☐
10	混凝土外加剂	(无)	
11	泵送类型	(混凝土泵)	
12	泵送高度(m)		
13	内/外墙标志	(内墙)	☑
14	类别	混凝土墙	☐

图 1-105　剪力墙属性定义

① 名称

要求与被定义构件保持一致，例如本案例为 Q1（两排）。

② 厚度

与剪力墙身表中标记厚度一致，Q1（两排）厚度为 250mm。

③ 水平/竖向分布钢筋信息

根据剪力墙身表信息进行输入，如果图纸给定的水平分布钢筋或竖向分布钢筋形式与软件默认不一致，可以单击钢筋信息后面的“…”，在弹出窗口中选择对应形式输入即可，如图 1-106 所示。

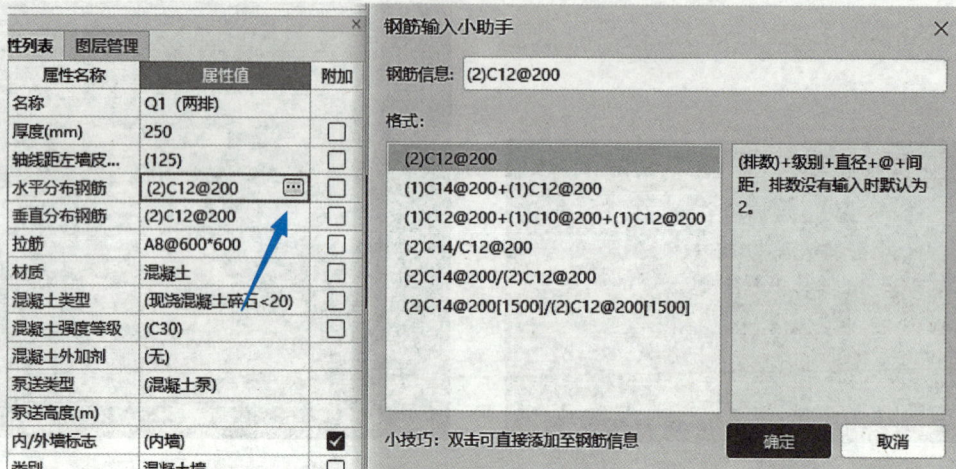

图 1-106　剪力墙墙身属性定义

④ 拉结筋信息

剪力墙拉结筋有两种布置方式，矩形布置或梅花布置。在图纸中需要确定拉结筋的布置形式，如本工程拉结筋为梅花布置（结构设计说明或墙身表中明确），则需要在"钢筋设置—计算设置—节点设置—剪力墙身拉筋布置构造"中修改布置方式，软件默认为矩形布置，修改为梅花布置，如图 1-107 所示。

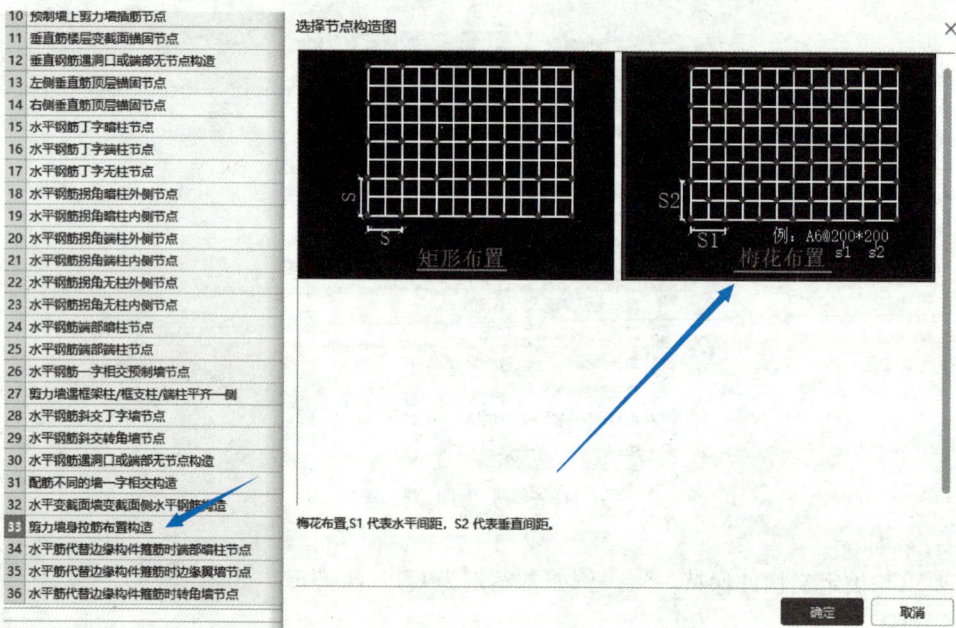

图 1-107　拉筋布置修改

（2）剪力墙身的绘制

剪力墙身是线式构件，绘制的时候采用"直线"绘制的方式。在首层下的构件列表中选择需要绘制的剪力墙构件，在绘图区域中左键单击捕捉墙体的起点和终点完成绘制，检查墙体与柱构件的位置关系，若墙为偏轴墙，采用"对齐"命令完成绘制，根据状态栏提示，依次选择"对齐目标线"和"需要对齐的边线"，单击"确认"即可，如图 1-108 所示。

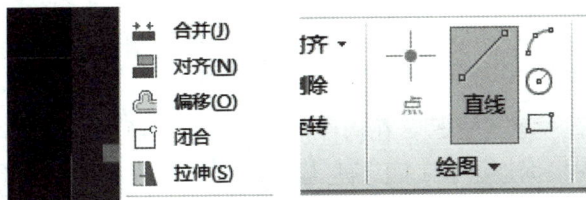

图 1-108　剪力墙对齐

（3）剪力墙身的检查与修改

首层剪力墙构件绘制完成后，构件列表中选中 Q1 构件，单击"复制"命令，如图 1-109所示。选中复制出来的新构件，属性列表中将名称改为"Q1（两排）外"，将"内外墙标志"由"内墙"修改为"外墙"。选中绘图区域当中位于外墙部位的 Q1 图元，单击右键选择"转换图元"，将位于外墙位置的剪力墙图元转换为新建立的剪力墙构件"Q1（两排）外"，在弹出的窗口中去掉"保留私有属性"，单击"确认"即可，如图 1-110 所示。

图 1-109　剪力墙外墙定义

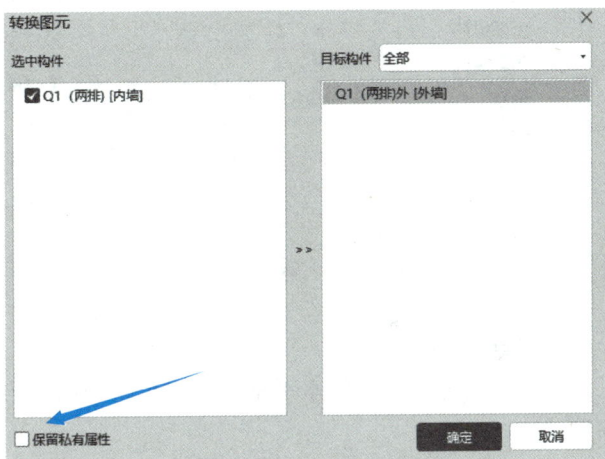

图 1-110　转换图元

注意

　　① 剪力墙柱构件是剪力墙的一部分，所以剪力墙身绘制的时候要覆盖剪力墙的墙柱构件。

　　② 当剪力墙内外侧水平、竖向分布钢筋不同时，绘制的时候采用顺时针方向进行绘制。单击键盘左上角"～"键，可以显示出构件的绘制方向。

　　③ 墙体与墙体需要闭合，即中心相交。

　　④ 剪力墙身构件在墙洞的位置要拉通布置。

3. 剪力墙梁的定义与绘制

（1）剪力墙梁的定义

1）连梁的定义

根据剪力墙连梁表信息定义连梁，下面以"LL1"为例介绍连梁的定义方法，具体步骤如下：

① 导航栏中选择"梁—连梁"，在构件列表中单击"新建矩形梁"。

② 在属性列表中根据连梁表 LL1 信息修改属性，修改后 LL1 如图 1-111 所示，同样的方法定义好其他连梁构件。在定义连梁的时候要注意梁顶标高，例如 LL4 顶标高为 +0.7m，需要在属性列表中修改梁顶起止标高为"层顶标高+0.7"。

另外，由于顶层连梁箍筋配置与底部不同，所以在顶层连梁定义时，需要在连梁构件"属性列表—钢筋业务属性"中，将"顶层连梁"修改为"是"，如图 1-112 所示。

名称	LL1
截面宽度(mm)	250
截面高度(mm)	1200
轴线距梁左边…	(125)
全部纵筋	
上部纵筋	4Φ18 2/2
下部纵筋	4Φ18 2/2
箍筋	Φ10@100(2)
胶数	2
拉筋	
侧面纵筋(总配…	

图 1-111　LL1 属性定义

泵送类型	(混凝土泵)	
泵送高度(m)		
截面周长(m)	1.6	●
截面面积(m²)	0.15	●
起点顶标高(m)	层顶标高+0.7	●
终点顶标高(m)	层顶标高+0.7	●
备注		●
▾ 钢筋业务属性		
顶层连梁	是	●

图 1-112　顶层连梁修改

2）暗梁的定义

暗梁为剪力墙顶部的水平钢筋加强带，因而暗梁构件在墙类型当中，暗梁的定义步骤如下：

① 导航栏中选择"墙—暗梁"，在构件列表中单击"新建暗梁"。

② 在属性列表中根据暗梁表修改暗梁属性信息，修改完成后属性信息如图 1-113 所示。

1	名称	AL1
2	类别	暗梁
3	截面宽度(mm)	250
4	截面高度(mm)	500
5	轴线距梁左边…	(125)
6	上部钢筋	2Φ20
7	下部钢筋	2Φ20
8	箍筋	Φ8@150

图 1-113　暗梁属性定义

（2）剪力墙梁的绘制

1）连梁的绘制

连梁的支座是剪力墙，将连梁绘制在墙之间即可。例如绘制上述剪力墙工程首层 LL4 时，在导航栏中选择"梁—连梁"，在构件列表中选择相应连梁构件，在绘图区域中利用"直线"绘制的方式捕捉连梁两侧剪力墙即可。绘制完成后首层 LL4 如图 1-114 所示。

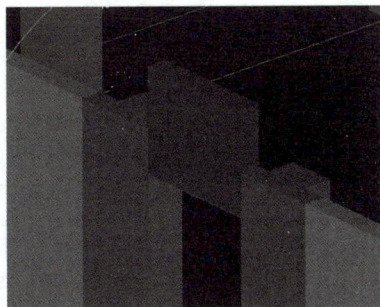

图 1-114　连梁绘制

2）暗梁的绘制

由于暗梁是剪力墙顶的水平钢筋加强带，所以暗梁依附于剪力墙存在。与其他梁构件不同，暗梁绘制的时候采用"点"绘制的方式，只需在包含暗梁的剪力墙身上"点"绘制即可。上述剪力墙工程首层暗梁的位置在图纸上进行了简单标记，如图 1-115 所示。然后将暗梁布置在图示标记的剪力墙身上，绘制完成后暗梁如图 1-116 所示。

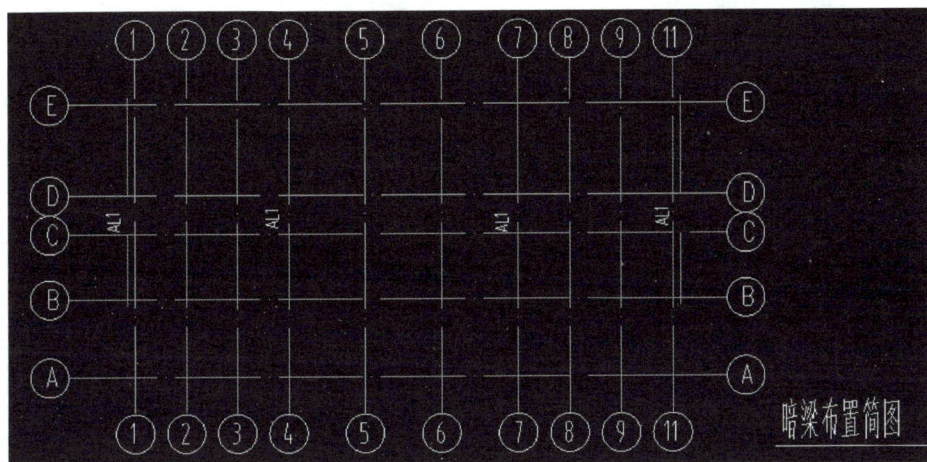

图 1-115　暗梁布置位置

4. 剪力墙的 CAD 识别

同样以上述工程首层剪力墙构件为例介绍剪力墙的 CAD 识别定义与绘制。

（1）识别定义剪力墙身

在"图纸管理"中双击分割好的首层剪力墙柱平面布置图，定位 CAD 图，检查图纸比例，删除无用的 CAD 底图信息后锁定。利用"识别剪力墙表"的方式来识别定义剪力墙墙身构件，具体步骤如下：

1）导航栏中选择"墙—剪力墙"，在"建模"菜单下"识别剪力墙"选项卡中单击"识别剪力墙表"命令，用左键拉框选择剪力墙墙身表，右键单击"确认"。

2）在弹出的剪力墙身识别表中检查表头是否对应，检查"所属楼层"是否准确，检查无误后单击"识别"，如图 1-117 所示。

3）在构件列表和属性列表中检查识别定义好的剪力墙构件名称和属性是否和剪力墙

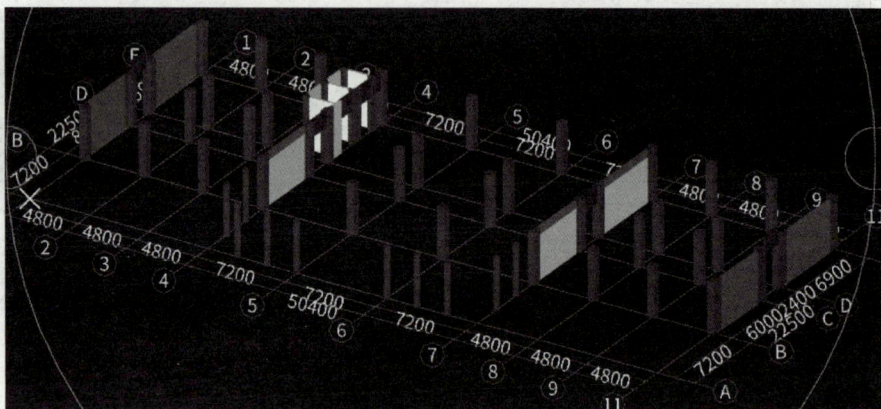

图 1-116　暗梁绘制完成

图 1-117　剪力墙墙身表识别

表一致，完成剪力墙身构件的识别定义，注意拉筋的布置方式需要在"节点设置"里修改。

（2）识别绘制剪力墙身

剪力墙墙身构件定义好后，利用 CAD 识别命令绘制剪力墙，具体步骤如下：

1）导航栏中选择"墙—剪力墙"，在"建模"菜单下"识别剪力墙"选项卡中单击"识别剪力墙"命令，弹出识别绘制剪力墙窗口，如图 1-118 所示。

2）以"左键选择，右键提取"的方式在 CAD 底图上依次完成"提取剪力墙边线、提取墙标识、提取门窗线、识别剪力墙"的操作。

3）在弹出的识别剪力墙窗口中检查是否为需要识别的剪力墙构件，单击"自动识别"。软件提示"识别墙之前请先绘好柱，此时识别的墙端头会自动延伸到柱内，是否继续"，因为在绘制剪力墙之前我们已经将柱绘制完成，这里点击"是"继续即可，如图 1-119 所示。

图 1-118　剪力墙识别绘制

4）识别完成后在三维状态下对照图纸检查剪力墙识别绘制的位置和高度是否准确，2D 平面状态下利用"Shift＋Q"显示出剪力墙构件名称，检查是否与图纸对应位置相一致，确保剪力墙绘制准确。

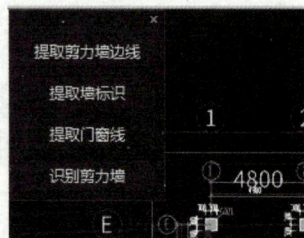

图 1-119　剪力墙

（3）识别定义剪力墙墙梁

剪力墙梁构件包括连梁、暗梁和边框梁。下面以上述剪力墙工程首层连梁为例介绍剪力墙墙梁构件的 CAD 识别定义，具体步骤如下：

1）双击定位到包含剪力墙连梁表的 CAD 图纸，导航栏中选择"梁—连梁"，在"建模"菜单下"识别梁"选项卡中，单击"识别连梁表"命令，按照状态栏提示用左键拉框选择连梁表，右键单击"确认"，弹出连梁识别窗口，如图 1-120 所示。

2）检查表头是否对应，检查"所属楼层"是否准确，修改错误后单击"识别"，这样连梁构件就识别定义完成，然后在构件列表中检查识别定义好的连梁构件名称和属性与连梁表是否一致。

图 1-120　识别连梁表窗口

（4）识别绘制剪力墙梁

下面以上述剪力墙工程首层连梁为例介绍剪力墙墙梁构件的 CAD 识别绘制，具体步骤如下：

1）导航栏中选择"梁—连梁"，在"建模"菜单下"识别梁"选项卡中，单击"识别梁"命令，弹出"识别梁"窗口，如图 1-121 所示。

2）以"左键选择，右键提取"的方式在 CAD 底图上依次完成"提取边线—提取标注—自动识别"的操作，软件弹出识别连梁窗口，如图 1-122 所示。检查表格里连梁属性是否正确，确认无误后，单击"继续"，连梁识别绘制完成。

3）三维状态下检查绘制好的连梁图元标高、位置是否准确，2D 平面状态下利用"Shift＋G"命令显示连梁名称，检查与对应图纸是否一致，检查无误后完成连梁绘制。

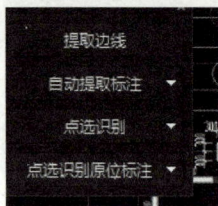

图 1-121　识别梁

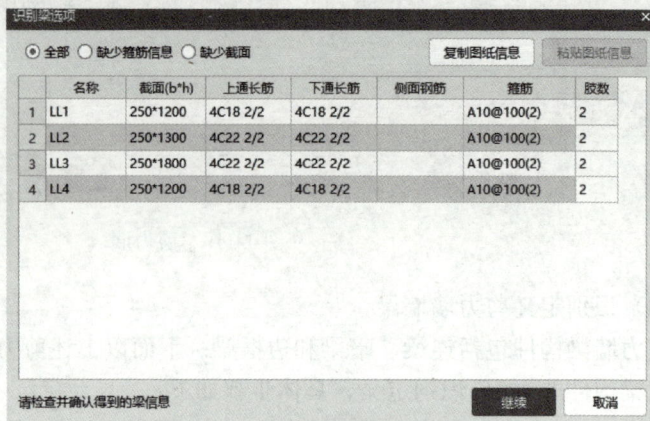

图 1-122　识别梁窗口

任务总结

1. 剪力墙构件可以手动建立也可以 CAD 识别，都是要先定义构件，再绘制图元。

2. 手动建立剪力墙模型首先要准确识读剪力墙结构施工图，根据施工图中剪力墙构件信息来定义墙身或墙梁，然后再根据剪力墙平面布置图对剪力墙墙身及墙梁进行绘制。

3. CAD 识别的方式建立剪力构件模型，可以通过识别剪力墙身表和梁表的方式对剪力墙墙身和墙梁构件进行定义，再利用 CAD 底图通过识别墙和识别梁的方式进行识别绘制。

复习思考题

1. 剪力墙构件的绘制顺序是什么？

2. 剪力墙身绘制要求是什么？

3. 剪力墙连梁定义与绘制时需要注意什么？

4. 剪力墙约束边缘非阴影区如何处理？

5. 剪力墙竖向分布筋在基础内满足"隔二下一"构造时，如何进行设置？

6. 电梯井壁墙是否需要单独定义，为什么？

7. 剪力墙遇到洞口时该如何绘制？

8. 剪力墙内外侧水平分布筋不同时该如何处理？

9. 剪力墙拉筋有几种形式，如何进行设置？

10. CAD 识别绘制剪力墙构件后，剪力墙身的绘制方向是否需要修改？

1.3.3　梁建模

梁建模

任务工单

利用 GTJ2025，完成给定案例工程梁的模型建立工作。

任务说明

根据厂区办公楼结构施工图，对本工程 3.57m 梁进行定义和绘制。

任务分析

1. 本工程所包含的梁的种类有哪些？
2. 梁的平法施工图有几种表达方式？
3. 如何手动定义和绘制梁？
4. 如何利用 CAD 识别的方式定义和绘制梁？

任务实施

1. 分析图纸

梁平法施工图有两种表达方式：一种是平面注写方式，另一种是截面注写方式。梁的平面注写方式包括集中标注和原位标注，集中标注表达的是整道梁的通用数值，原位标注表达的是某跨梁的特殊数值，施工时原位标注取值优先。

厂区办公楼 3.57m 处的梁即为一层层顶的梁，采用平面注写方式，具体详见结施 08 图纸。经分析可知，3.57m 处框架梁共有 7 种，分别为 KL1～KL7，非框架梁有 3 种、分别为 L1～L3，梁顶标高均为 3.57m。

2. 梁的定义

根据梁的集中标注信息来定义梁。以厂区办公楼 3.57m 处 KL1 为例，介绍框架梁的定义方法，具体步骤如下：

（1）导航栏选择"梁—梁"构件，在构件列表中单击"新建矩形梁"，如图 1-123 所示。

（2）在属性列表窗口中根据 KL1 集中标注的信息修改梁的属性信息。根据 KL1（7）集中标注（图 1-124）进行输入，输入完成后属性信息如图 1-125所示，其中：

1）名称：与图纸中集中标注信息一致，输入"KL1（7）"。

2）结构类别：结构类别会根据构件的名称中的代号自动生成，例如当名称输入 KL 时结构类别软件自动匹配为"楼层框架梁"，也可以根据实际情况进行选择，梁的结构类别下拉框中有 8 种备选，按

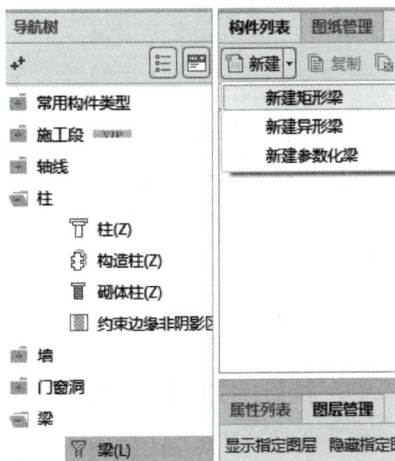

图 1-123　定义框架梁

照图纸情况选择"楼层框架梁"，如图 1-126 所示。利用 GTJ2025 的梁构件我们可以创建结构当中的楼层框架梁、屋面框架梁、楼层框架扁梁、非框架梁、受扭非框架梁、框支梁、井字梁以及基础联系梁。

图 1-124　KL1 集中标注

3）跨数量：按照集中标注的信息进行输入即可，这里是 7 跨。

4）截面尺寸：集中标注中梁截面信息 300mm×600mm，对应软件截面宽度和高度分别输入"300"和"600"。

5）轴线距梁左边线距离：按照软件默认，保留"(150)"，此设置用来控制绘制梁构件时梁的中心线相对于轴线的偏移距离。这个信息可以在绘制的时候进行调整，所以此处保持默认即可。

6）箍筋：按照梁集中标注的箍筋信息进行输入，此处输入："C8-100/200"。"@"符号用"-"代替，软件默认是 2 肢箍（软件中 A/C 分别代表 HPB300/HRB400 级钢筋，不区分大小写）。

7）肢数：箍筋信息中输入"(2)"时，软件已自动提取，也可以在此处直接输入。

8）上部通长筋：按照梁集中标注中上部通长筋信息进行输入，此处输入"2C22"。

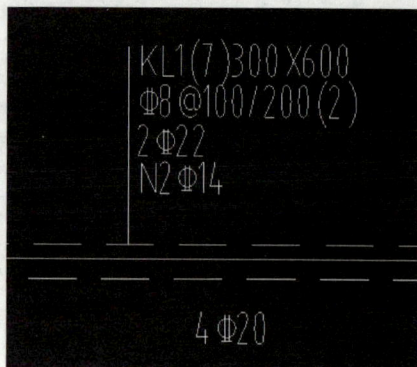

图 1-125　KL1 属性定义

图 1-126　梁的结构类别

9）下部通长筋：与集中标注保持一致，KL1 集中标注中没有标注下部通长筋，无须输入。

10）侧面构造或受扭纵筋：注写总配筋值，格式为 G 或 N＋侧面纵筋信息，默认为构造配置，当侧面为受扭筋时 N 不能省略。此处与集中标注保持一致，输入"N2C14"。

11）拉筋：软件中拉筋信息随侧面纵筋自动生成。如图纸有特殊标明，则按图纸信息输入，此处按 22G101-1 图集生成，无须修改。

12）起点顶标高～终点顶标高：分别表示在绘制梁的过程中，梁起点的顶标高和梁终点的顶标高。本工程梁顶标高均为 3.57m，即为当前层层顶标高。

其他梁构件可以通过"复制"的方式建立，构件编号会自动排序，只需根据图示信息进行修改即可，如图 1-127 所示。同样的方式，继续建立首层余下的梁构件（包括非框架梁）。

3. 梁的绘制

在绘制梁时，遵循先绘制框架梁再绘制非框架梁的顺序。绘制时，可以按照从上往下、从左到右的方向来绘制，以确保不重不漏。

（1）直线绘制

梁为线式构件，因而采用"直线"绘制的方式进行绘制。下面以首层 KL1 为例介绍梁的直线绘制，具体步骤如下：

1）导航栏中选择"梁—梁"，在构件列表中选择"KL1"，"建模"菜单下"绘图"选项卡中选择"直线"命令，如图 1-128 所示，单击"确定"。

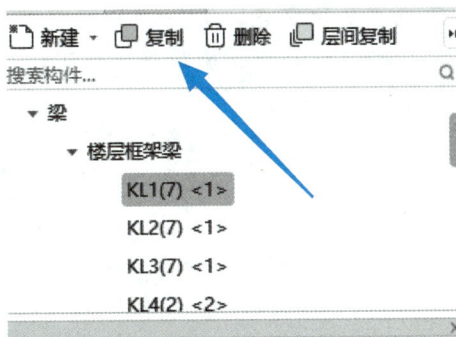

图 1-127　完成其他梁构件建立

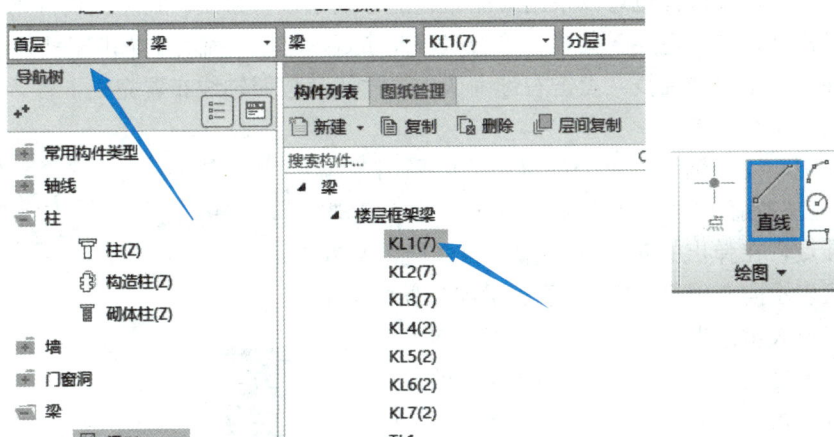

图 1-128　直线绘制梁构件

2）根据状态栏的提示，捕捉起点和终点进行绘制即可。起点和终点可以通过捕捉轴网的交点来进行绘制。例如厂区办公楼首层Ⓐ轴上的 KL1（7）的绘制：依次捕捉①轴与Ⓐ轴的交点和⑫轴与Ⓐ轴的交点，完成直线绘制，如图 1-129 所示。

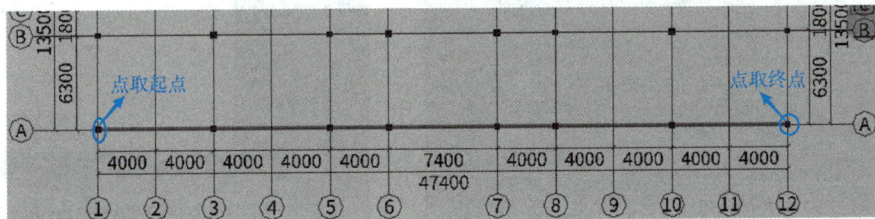

图 1-129　直线绘制 KL1（7）

> **注意**
>
> 在绘制梁的时候起点是第一跨的起点，终点是最后一跨的终点，中间不能再点击其他交点，否则梁的跨数就会出现错误，后期对梁进行原位标注的时候，软件就会提示梁跨信息错误，如图1-130所示。
>
>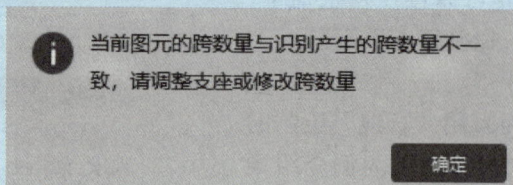
>
> 图1-130　梁跨错误提示

（2）智能布置

与柱子相似，梁构件也可以采用智能布置的方式来进行绘制。在左侧构件列表中选择要绘制的梁构件，在"建模"菜单下单击"智能布置—轴线"命令，如图1-131所示，使用左键选择要布置梁的轴线，点击右键确认，这样梁就按照轴线布置完成了。

（3）偏移绘制

对于梁中心线与轴线不重合的梁，可以采用"偏移绘制"。方法是按住"Shift"键，单击鼠标左键选择偏移基准点，在弹出的对话框中输入偏移值，X方向"＋"值表示向右偏移，"－"值表示向左偏移；Y方向"＋"值表示向上偏移，"－"值表示向下偏移。

例如厂区办公楼15.9m处的L1构件，如图1-132所示。绘制时可以按住"Shift"并左键单击⑥轴与Ⓐ轴的交点，这时就会出现偏移绘制对话框，Y方向输入"4100"，这样第一点就捕捉成功了，第二点向右捕捉垂点即可，如图1-133所示。

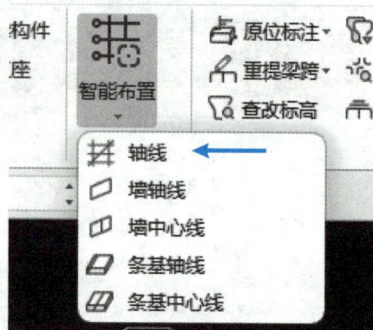

图1-131　梁的智能布置

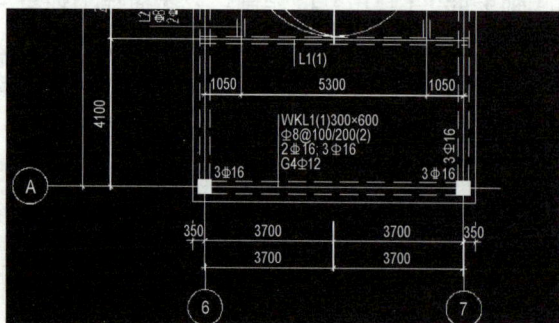

图1-132　L1布置图

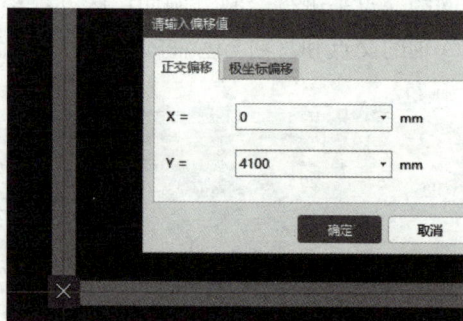

图1-133　偏移绘制梁

（4）利用辅助轴线绘制

对于不在轴线交点上的梁，也可以利用辅助轴线来进行绘制。方法是先做出用于定位的辅助轴线，再捕捉交点进行绘制。例如要绘制 15.9m 处⑥～⑦轴之间的 L2 构件，如图 1-134 所示，具体步骤如下：

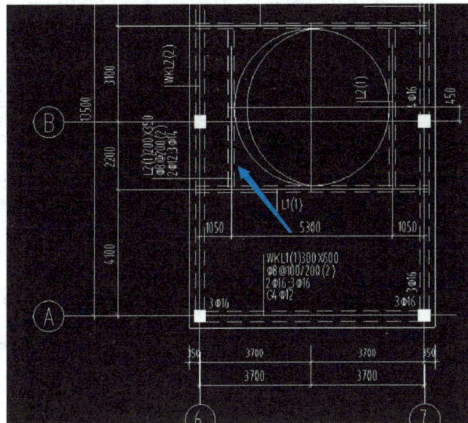

图 1-134　L2 布置图

1）在"建模"菜单下"通用操作"选项卡中选择"平行辅轴"命令，如图 1-135 所示。

2）以⑥轴为参考轴线，单击⑥轴，在对话框中偏移距离输入"1050"，如图 1-136 所示，完成辅助轴线绘制。

3）左键点击捕捉辅助轴线与 L1 的交点即可完成 L2 绘制。

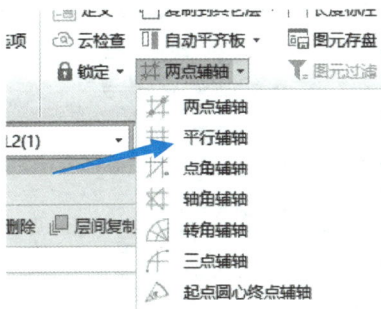

图 1-135　平行辅轴

图 1-136　生成辅助轴线

4. 梁的检查与修改

梁图元绘制完成后，需要对照图纸检查绘制的准确性。

（1）梁编号的检查与修改

检查绘图区域中绘制的梁图元编号是否与图纸一致，检查方法为利用"Shift＋L"命令，显示出梁名称，对照图纸进行检查，检查完毕后可以再次用"Shift＋L"命令隐藏梁图元名称。

（2）梁平面位置的检查与修改

对照图纸检查已绘制梁图元平面位置是否与图纸一致。如果通过比对图纸发现，个别梁的中心线并不与轴线重合，如厂区办公楼 3.57m 外围梁的外边线与柱外边线平齐，如图 1-137 所示，此时可通过"对齐"命令，使梁边与柱边平齐。方法是选中要对齐的梁图元，点击鼠标右键在快捷菜单中选择"对齐"命令，根据状态栏的提示，单击鼠标左键选择需要对齐的柱的目标线，然后选择需要对齐的梁外边线，点击右键确认，如图1-138所示。

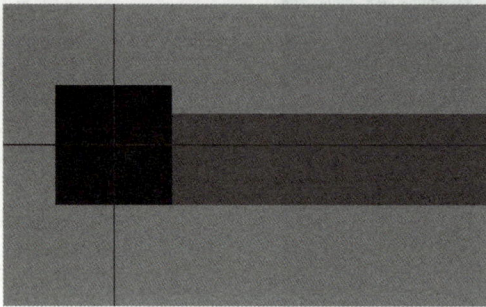

图 1-137　梁边与柱边平齐　　　　图 1-138　对齐梁边与柱边

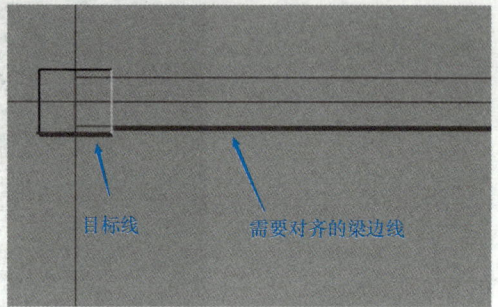

5. 梁的原位标注

绘制完成后的梁呈现粉红色，接下来需要对梁进行原位标注。每道梁的原位标注是分跨进行的，每一跨可进行原位标注的位置有四个，分别位于左支座、跨中、右支座上部和跨中下部，黄色的三角代表梁跨的支座，如图 1-139 所示。如果梁绘制完成后梁跨有问题，可以通过"梁二次编辑"选项卡下"重提梁跨、设置支座、删除支座"等命令来进行修改，如图 1-140 所示。梁原位标注信息的输入方式有两种：平法表格输入和原位输入。

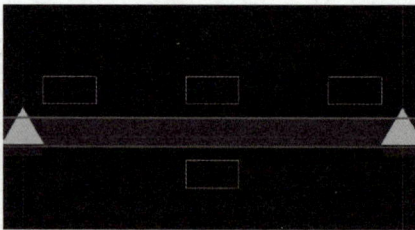

图 1-139　梁的原位标注　　　　图 1-140　梁支座修改命令

（1）平法表格输入

平法表格输入是利用梁的平法表格来进行原位标注的信息输入，操作步骤如下：

1）左键单击选择要进行原位标注的梁，点击"梁二次编辑"选项卡下的"原位标注"命令，如图 1-141 所示。

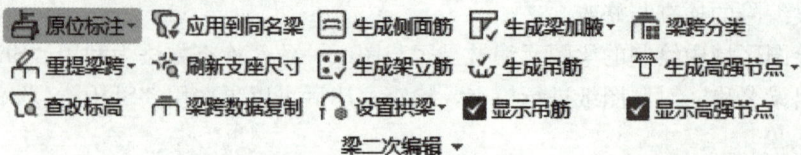

图 1-141　梁的原位标注

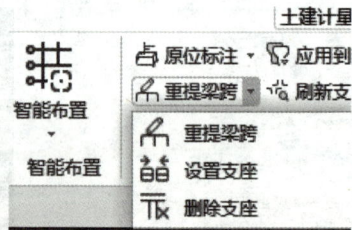

2）这时在软件绘图区域的底部就会显示出该道梁的平法表格，如图 1-142 所示。在平法表格中按照梁的跨号，分别输入对应位置的原位标注数值。在平法表格中还可以分跨修改梁的标高，修改梁跨轴线"距左边线距离"和"调换起始跨"，处理梁的竖向加腋以及查看悬臂梁钢筋代号等。

梁平法表格

复制跨数据　粘贴跨数据　输入当前列数据　删除当前列数据　页面设置　调换起始跨　悬臂钢筋代号

位置	名称	跨号	标高		构件尺寸(mm)							上通长筋
			起点标高	终点标高	A1	A2	A3	A4	跨长	截面(B*H)	距左边线距离	
1		1	3.57	3.57	300	300	100	0	(8000)	(300*600)	150	2Φ22
2		2	3.57	3.57		(200)	(200)		(8000)	(300*600)	(150)	
3 <1,A-50;	KL3(7)	3	3.57	3.57		(200)	(200)		(4000)	(300*600)	(150)	
4 10,A-50>		4	3.57	3.57		(200)	(200)		(7400)	(300*600)	(150)	

图 1-142　梁的平法表格

（2）原位输入

在原位输入中，梁原位标注就是一个"抄图"的过程，只需将图纸上梁的原位标注信息输入到对应位置即可。这种原位输入方式较平法表格输入较为形象直观，适合初学者使用。下面以厂区办公楼 3.57m 梁平法施工图Ⓐ轴上的 KL1 为例，介绍梁原位输入的方法，步骤如下：

1）单击"梁二次编辑"选项卡下的"原位标注"命令，选择 KL1，此时 KL1 被亮显，如图 1-143 所示。

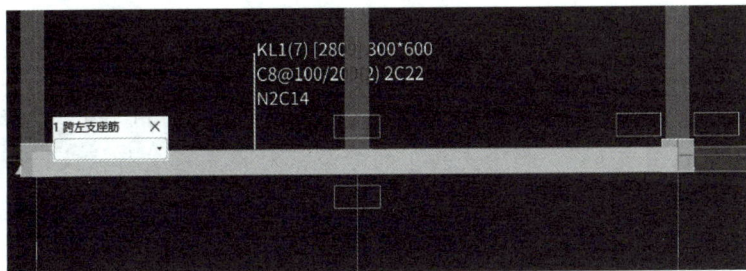

图 1-143　梁的原位标注

2）在图中对应的框中按照 KL1 的原位标注输入对应的信息，如图 1-144 所示。一处原位标注输入完毕后，按"Enter"键跳转到下一处输入位置，如果此处没有原位标注，则继续按"Enter"键跳转即可。软件默认的跳转顺序是左支座筋、跨中筋、右支座筋、下部钢筋，然后再继续下一跨左支座筋、跨中筋、右支座筋、下部钢筋。如果想要自己指定输入的位置，可用鼠标左键单击指定位置即可。输入完成并对照图纸检查确定准确无误后，点击右键确定。

在进行原位标注的时候，还需要注意以下几点：

① 钢筋分排布置时，比如 6Φ25　4/2，输入"6C25 空格 4/2"。

② 当梁某跨存在变截面、箍筋或梁侧面纵筋信息与集中标注信息不同时，需要在梁跨下部的原位标注位置进行输入，方法是点击"下部钢筋"右侧的下拉箭头，这时会弹出输入梁跨中下部原位标注的对话框，在对话框中输入对应的信息即可，如图 1-145 所示。

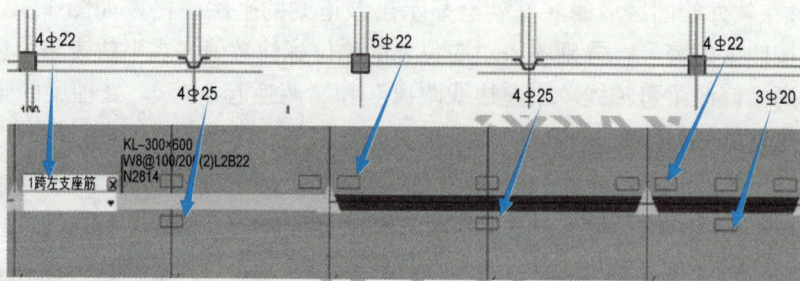

图 1-144　对应输入原位标注信息

图 1-145　跨下部原位标注

> **注 意**
>
> A. 当梁的实际跨数与集中标注跨数不同时，可以利用"梁二次编辑"选项卡当中的"设置支座""删除支座"的命令来对梁支座进行修改，如图 1-146 所示。
>
> B. 原位标注时，Y 向的梁构件不方便标注，可以通过"视图—屏幕旋转"方式使绘图区域旋转 90°后进行操作，如图 1-147 所示。
>
>
>
> 图 1-146　梁支座的修改　　　　图 1-147　旋转屏幕
>
> C. 对于没有原位标注信息的梁，也需要进行原位标注。原位标注后，软件才能对梁的钢筋进行汇总计算。
>
> D. 如果已绘制完成的梁的支座位置发生了变化，则需要用"重提梁跨"命令或"刷新支座尺寸"命令来重新定位支座。

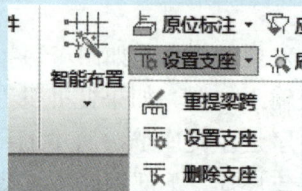

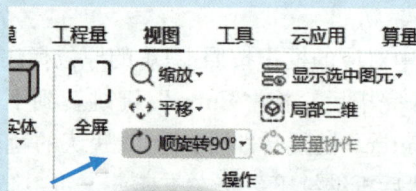

（3）梁原位标注的数据复制

当图纸中相同名称的梁存在多个构件时，不需要重复地对每道梁再进行原位标注，软件提供了两种快捷处理的方式。

1）信息传递

例如同名称梁有多道，标注完一道梁后，再标注其他同名称梁时，已标注的梁的原位标注信息就会被"传递"过去，软件对当前层同名称梁原位标注具有"记忆"功能。例如厂区办公楼首层中有多道梁（如 KL4、KL5、KL6、KL7、L2、L3 等）存在不止一道的情况，这时不需要对每道梁都进行原位标注，相同编号梁只需对其中一道进行原位标注即可。在原位标注其他同名称梁时，已经标注的原位标注信息就会传递到下一道同名称梁上，但是梁变截面的信息是传递不过去的。

需要注意，此处的原位标注的"传递"是一种简单的平移，当同名称的梁构件处于结构水平对称位置的时候，往往其原位标注也是水平对称的，而非简单的"平移"。此时，可以利用梁平法表格中"调换起始跨"命令进行调整，如图 1-148 所示。

位置	名称	跨号	标高		A1	A2	A3	A4	构件尺寸(mm)
			起点标高	终点标高					跨长
		1	3.57	3.57	(150)	(250)	(200)		(8050)
		2	3.57	3.57		(200)	(200)		(8000)
-50,A-		3	3.57	3.57		(200)	(200)		(4000)

图 1-148　"调换起始跨"

2）应用到同名梁

同名称梁构件在标记完一道之后，也可以利用"梁二次编辑"选项卡中"应用到同名梁"命令来进行原位标注。与原位标注信息传递不同，"应用到同名梁"命令可以将梁变截面信息一并传递过去，如图 1-149 所示。

图 1-149　"应用到同名梁"

例如厂区办公楼 3.57m 处 KL4 构件，点击其中一道 KL4 进行原位标注，原位标注完成后单击"梁二次编辑"选项卡下"应用到同名梁"命令，选择 KL4，这时应用规则有三个选项，分别为"同名称未提取跨梁""同名称已提取跨梁""所有同名称梁"，如果选择"所有同名称梁"则会覆盖掉已经进行过原位标注的同名称梁，这里选择"所有同名称梁"即可。同样，对于水平对称的梁在"应用到同名梁"的时候也会存在上述原位标注不对称问题，解决方法同前。

6. 梁的吊筋及附加箍筋

主次梁相交接的位置可能会存在吊筋或附加箍筋。其中，吊筋和附加箍筋的信息可以在梁平面图上进行标注，亦可以在图纸设计说明中用文字统一描述。例如厂区办公楼结构设计说明中描述如下（结施 02.5.3）："主梁内在次梁作用处，箍筋应贯通布置，凡未在次梁两侧注明箍筋者，均在次梁两侧各设 3 组箍筋，箍筋直径、肢数同主梁箍筋"，而在梁结构图上（结施 08）可见主次梁交接的部位均有吊筋，如图 1-150 所示，而下方设计说明中标注吊筋信息为 2 根直径为 18mm 的 HRB400 级钢筋。

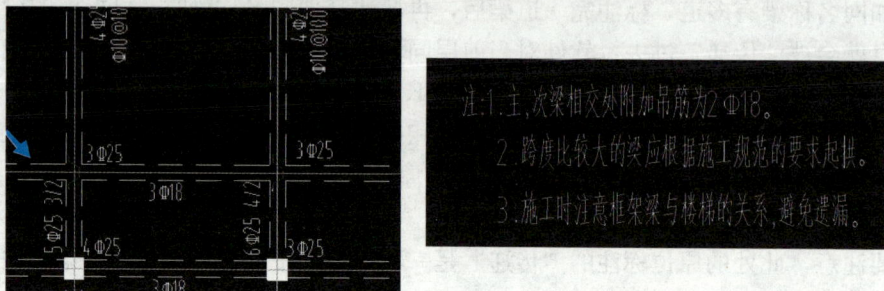

图 1-150　吊筋图纸说明

在梁绘制完成后，需要对主次梁交接处的吊筋和附加箍筋进行布置，具体步骤如下：

（1）在"梁二次编辑"选项卡中选择"生成吊筋"命令，在弹出的对话框中，根据图纸信息输入吊筋和附加箍筋的信息，如图 1-151 所示。

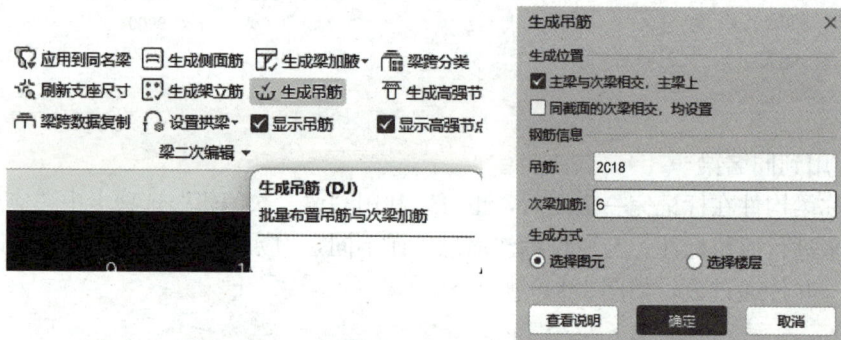

图 1-151　生成吊筋

（2）选择生成方式，可以选择图元生成也可以选择楼层生成。选择按图元生成，使用左键拉框选择吊筋和附加箍筋布置的位置，点击右键确认即可。

> **注意**
>
> 1）吊筋信息在图纸上原位标注或在设计说明里会明确，按说明输入。
>
> 2）如果附加箍筋的信息同主梁箍筋，则只需要输入次梁两侧共增加的附加箍筋数量即可。如果附加箍筋的信息和主梁箍筋不一致，在这个地方应该输入附加箍筋的具体信息。
>
> 3）选择图元生成一般用于在本楼层上选择特定位置来生成，而选择楼层生成则会在所选楼层的所有满足生成条件的位置上均生成吊筋和附加箍筋。

7. 梁的 CAD 识别

梁除了可以用手动的方式定义和绘制外，也可以通过 CAD 识别的方式进行定义和绘制。下面以厂区办公楼 3.57m 梁构件为例，介绍梁的 CAD 识别方法。在"图纸管理"中定位到 3.57～10.77m 梁平法施工图，导航栏切换到"梁—梁"，在"建模"菜单下单击"识别梁"选项卡中的"识别梁"命令，如图 1-152 所示，弹出识别梁对话框，如图 1-153 所示。按照软件提示依次"提取边线、自动提取标注、点选识别梁、编辑支座、点选识别原位标注"，完成梁的 CAD 识别定义与绘制，具体操作如下：

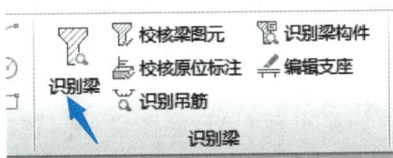

图 1-152　识别梁

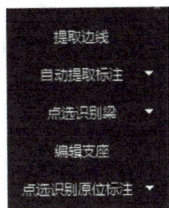

图 1-153　识别梁过程

（1）提取边线

点击"提取边线"，将鼠标放在任意梁边线上，此时鼠标变成"回"字形，左键选择，右键提取，此时梁边线消失，说明梁的边线已提取成功。此时图纸上如果还存在梁边线没有被提取，则重复"提取边线"的操作，直到所有梁边线都被提取，可以在"图层管理—已提取的 CAD 图层"中查看已提取的梁边线是否完整、准确，如图 1-154 所示。

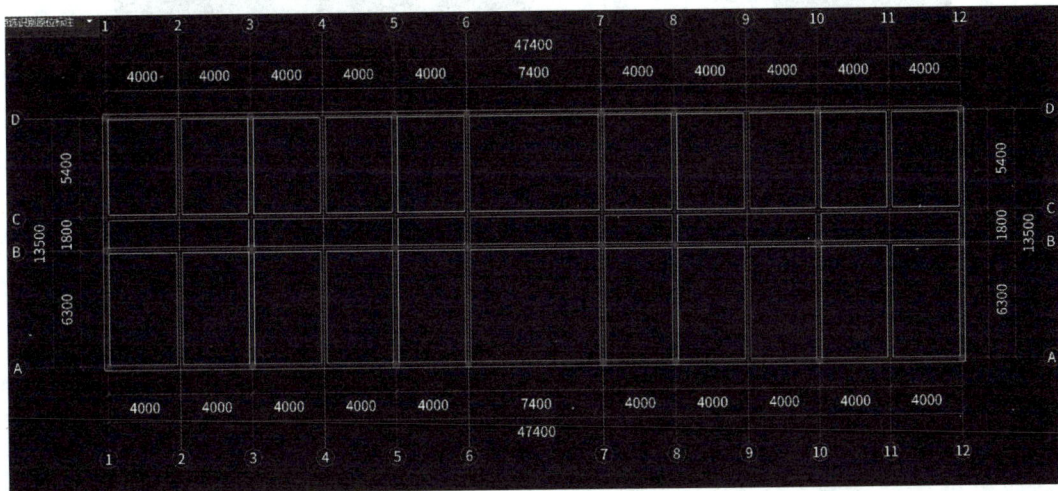

图 1-154　已提取的梁边线

（2）自动提取标注

点击"自动提取标注"提取梁图中所有标注，包括集中标注和原位标注，如果集中标注和原位标注不在一个图层上，则都要进行选择，同样是左键选择、右键提取。检查图纸是否还有标注没有被提取，如果有，则重复这个操作，直到所有标注均被提取。

（3）点选识别梁

识别梁操作包含点选识别梁、自动识别梁和框选识别梁 3 种方法。

1）点选识别梁。"点选识别梁"可以通过选择梁的集中标注和梁边线的方法来对梁进行识别，具体步骤如下：

① 左键单击拟识别梁的集中标注，弹出窗口来检查梁集中标注是否准确，检查无误后点击右键确认。

② 使用左键选择梁边线，当梁存在多跨时，选择首跨和末跨即可，点击右键确认，完成梁的绘制，如图 1-155 所示。点选识别时，先识别能够确定支座的梁，检查框架梁平面位置是否准确，不准确的可以利用"对齐"等命令进行调整。点选识别梁时还应注意以下问题：

A. 识别顺序：识别时先识别框架梁，再识别非框架梁；识别框架梁时，先识别有集中标注的框架梁，再识别仅标注编号的框架梁。当梁某跨存在偏心时，要逐一选择所有梁跨进行识别。

B. CAD 图纸问题的处理：识别过程中如果出现 CAD 底图设计问题，例如梁线不完整，可以利用软件自带的 CAD 图纸工具补画梁线后再进行识别，或者通过"识别梁构件"定义后再手动绘制。

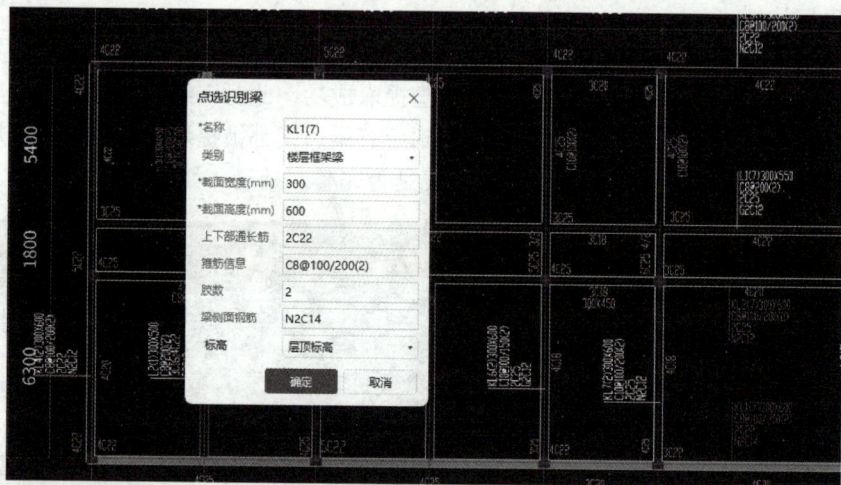

图 1-155　点选识别梁

2）自动识别梁。"自动识别梁"是软件自动判断所提取的梁边线和标注信息，一次性将所有梁都识别出来。

3）框选识别梁。"框选识别梁"与"自动识别梁"类似，可以满足分区域识别的要求。

本工程用"自动识别梁"的方法进行识别，单击"自动识别梁"，弹出集中标注校核窗口，如图 1-156 所示，这里展示的是软件通过提取边线和提取标注后所识别出来的梁构件，检查无误后，点击"继续"。

识别后会弹出"校核梁图元"窗口，如图 1-157 所示。检查需要校核的内容，包括"梁跨不匹配、未使用的梁线、未使用的标注、缺少截面"等错误信息，在软件提示错误的信息上双击校核内容，软件可以直接定位到该问题存在的绘图区域，经检查如果确实存在问题，则进行修改，没有问题，忽略即可。

图 1-156　集中标注校核窗口

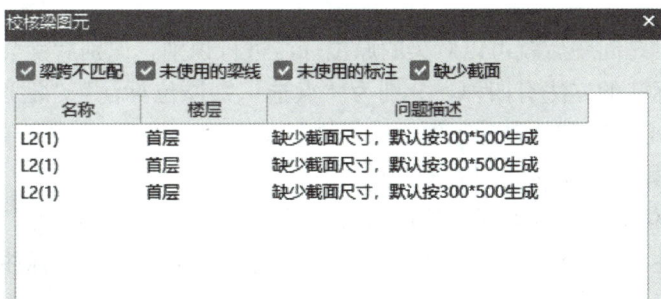

图 1-157　校核梁图元

厂区办公楼 3.57m 处的梁识别完成如图 1-158 所示。

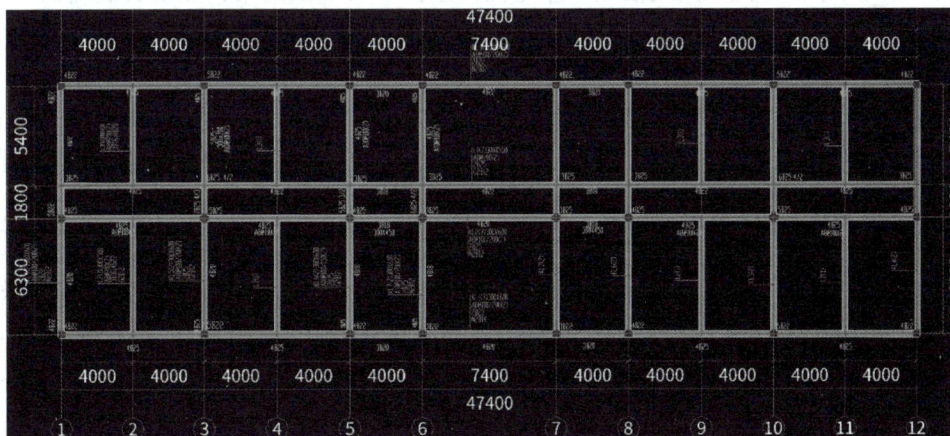

图 1-158　3.57m 梁识别绘制完成

（4）编辑支座

"编辑支座"的命令相当于前面介绍的"设置支座"和"删除支座"。在识别原位标注之前，可以利用这个命令来处理梁跨的错误，存在梁跨错误的梁在软件中会以红色显示。

具体操作方法是单击"编辑支座"命令，左键单击选择需要编辑支座的梁图元，在需要删除支座的地方点击黄色三角支座符号，该支座即删除，在需要添加支座的地方单击作为支座的图元出现黄色三角支座符号，修改完成之后点击右键确认即可，如图1-159所示。

图1-159　编辑支座

（5）识别原位标注

处理好所有梁跨问题后就可以对梁的原位标注进行识别，识别后梁会变为绿色。软件提供的识别原位标注的方法有四种，分别为"点选识别原位标注""框选识别原位标注""单构件识别原位标注"和"自动识别原位标注"。

1）点选识别原位标注

"点选识别原位标注"一般用来处理个别识别错误的部位，因为"点选识别原位标注"可以指定原位标注的识别位置。其使用方法是用左键点选要识别原位标注的梁图元，点选需要识别的原位标注，点击右键确认；继续点选剩余的原位标注信息，直到这道梁的原位标注信息都被识别完整。

2）框选识别原位标注

"框选识别原位标注"的用法是用左键拉框选择需要识别的梁，点击右键确认，则被框选的梁的原位标注均被识别，这种方法适合于某个区域的梁识别。

3）单构件识别原位标注

"单构件识别原位标注"就是以单根梁为单位进行的识别，用左键选择需要识别的梁构件，点击右键确认，则该梁的原位标注即被识别。继续用左键选择其他梁构件，点击右键确认，直到所有梁都被识别后再次单击鼠标右键退出命令。

4）自动识别原位标注

"自动识别原位标注"是将所有梁的原位标注一起识别的方法，这种方法效率最高，但是受限于图纸设计质量和软件的识别能力，容易出现问题。例如厂区办公楼3.57m梁绘制完成后采用"自动识别原位标注"后弹出如图1-160所示对话框，逐一双击定位，查找是否存在问题，如果没有问题就忽略提示。

经检查以上提示均不存在问题，原位标注识别后所有梁变成绿色，所有原位标注信息变成蓝色，如果此时有未识别的原位标注，则可以利用"手动识别"或是手动原位标注的方式进行补充。

（6）识别吊筋和次梁加筋

如果图纸中有吊筋和次梁加筋，吊筋和次梁加筋除了可以手动建立外，也可以利用

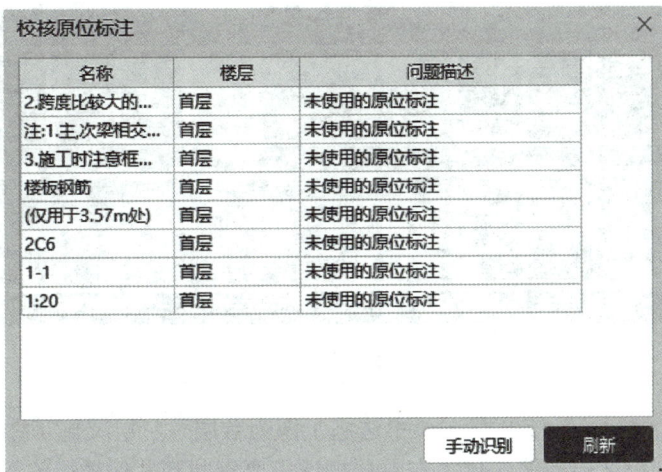

图 1-160　校核原位标注

CAD识别的方法进行生成。具体操作方法是单击"识别梁"选项卡下的"识别吊筋"，弹出识别吊筋窗口，如图 1-161 所示。按照软件提示依次提取吊筋和附加箍筋的钢筋线和标注，自动识别即可，具体步骤如下：

1）提取吊筋或附加箍筋钢筋线及标注

选择吊筋和附加箍筋的钢筋线及标注（无标注可不选），点击右键确认。软件弹出识别吊筋对话框，在对话框中根据图纸信息进行检查和修改，无误后，单击"确定"，如图 1-161所示。

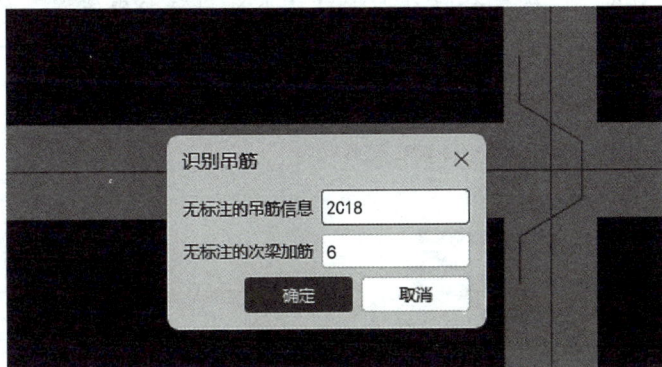

图 1-161　识别吊筋窗口

2）识别吊筋或附加箍筋

在"提取吊筋标注"后，通过"点选识别""框选识别"或"自动识别"的方式生成吊筋和附加箍筋，如图 1-162 所示。

8. 其他楼层梁的绘制方法

在绘制完首层 3.57m 梁之后，可以通过"复制到其它层"或"从其它层复制"的方式将绘制完成的梁图元复制到其他楼层。但是复制到其他楼层的前提是目标楼层梁的信息与源楼层梁信息必须完全一致，否则复制完成后需要进行修改。

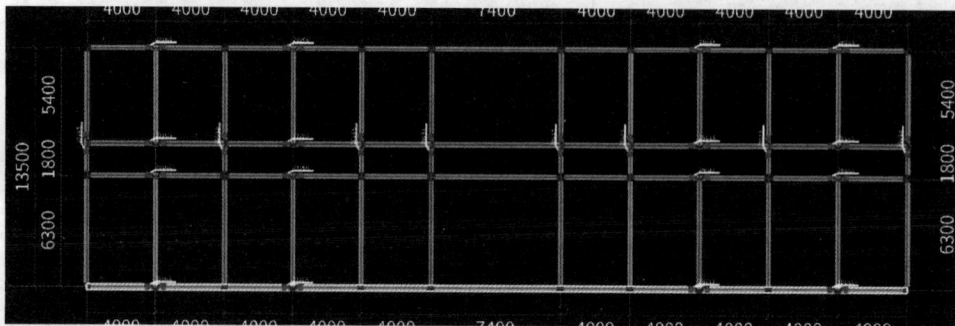

图 1-162　吊筋和次梁加筋绘制完成

例如厂区办公楼 3.57～10.77m 梁平法施工图为首层～三层梁施工图，所以可以将首层的梁直接复制到第 2 层和第 3 层。在首层框选需要复制到其他楼层的梁图元，点击"通用操作"选项卡下的"复制到其它层"命令，在弹出的对话框中选择目标层为第 2、3 层，单击"确定"。这样选定的首层的梁图元就复制到第 2 层和第 3 层了。

> **注 意**
>
> （1）一般来说，只有在同一张结构图上的梁才可以通过复制的方式进行建立。厂区办公楼顶层 14.37m 处单独有一张梁图，所以对于顶层的梁要单独进行创建。
>
> （2）在处理顶层梁时，由于顶层的框架梁是屋面框架梁，因此在定义时，名称修改为"WKL"，软件会自动匹配结构类别为屋面框架梁，如图 1-163 所示。当然顶层的梁也可以通过识别的方式进行处理，读者可以自行尝试。

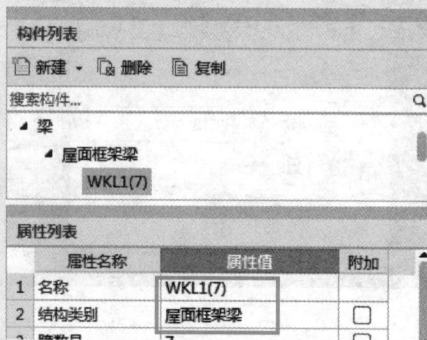

图 1-163　屋面框架梁的定义

（3）楼梯连接梁的处理

楼梯连接梁即为楼梯梯板与楼板相连接的梁，根据山东 2016 版定额楼梯连接梁在楼梯提量时要并入楼梯水平投影面积进行计算，所以这部分梁在提取梁的工程量时不能考虑，将楼梯连接梁工程量单列出来可以对这一跨的梁跨类别进行修改，其方法是在"梁二次编辑"选项卡下单击"梁跨分类"命令，选择要单列的梁跨，点击右键确认，修改完成如图1-164所示。

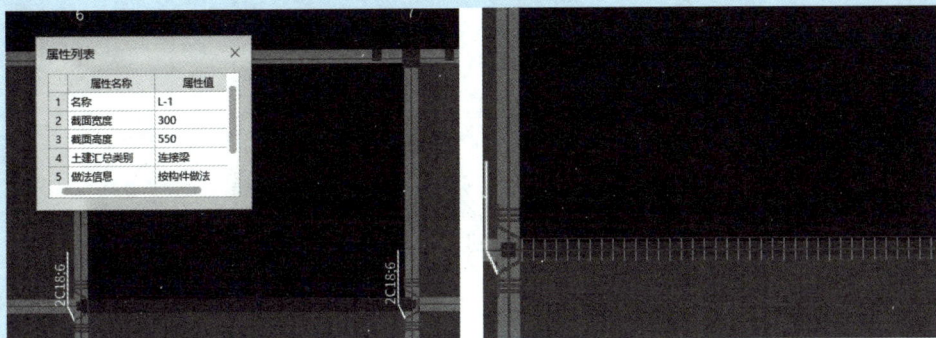

图1-164　梁跨分类处理

任务总结

1. 梁构件模型可以手动建立也可以CAD识别建立。

2. 手动建立梁构件模型首先要准确识读梁结构施工图，根据梁构件集中标注信息来定义梁，然后再根据梁平面布置图对梁进行绘制，最后进行原位标注。

3. CAD识别的方式建立梁模型，分为识别梁和识别原位标注两个过程，识别原位标注之前要检查梁跨的准确性。

4. 梁的吊筋和附加箍筋可以通过手动建立，也可以通过CAD识别的方式创建。

复习思考题

1. 梁以平行相交的墙为支座是否需要设置？

2. 不伸入支座的梁的下部纵筋该如何处理？

3. 加腋梁该如何处理？

4. 如何修改梁悬挑端钢筋的弯起形式？

5. 梁某跨变截面时如何处理？

6. 如果梁某跨箍筋加密区和非加密区设计不按规范标注如何处理？

7. 屋面框架梁与楼层框架梁有何区别，定义时需要注意什么？

8. 梁的直线布置和智能布置方式有何不同？

1.3.4　板建模

任务工单

利用GTJ2025，完成给定案例工程板模型的建立工作。

板建模

任务说明

根据厂区办公楼结构施工图，对本工程 3.57m 现浇板进行定义和绘制。

任务分析

1. 现浇板所包含的板筋的种类有哪些？
2. 如何手动定义和绘制现浇板？
3. 板筋的绘制方法有哪些，需要注意什么问题？
4. 如何利用 CAD 识别的方式定义和绘制板筋？

任务实施

1. 分析图纸

识读厂区办公楼 3.57m 板平法施工图（结施 10）可知，当前层有两种厚度的板，分别是 100mm 厚和 120mm 厚，板的混凝土强度等级均为 C30，板顶标高除卫生间处降低 −0.05m 外其余均为层顶标高，未标注现浇板分布筋为 Φ 6@200。

2. 现浇板的定义

GTJ2025 把工程中常见的板按照形状分为两类，现浇板和螺旋板。现浇板即各种平面形状的板，螺旋板即为螺旋形状的板。根据现浇板的平法施工图获取与现浇板有关的信息，具体包括：板的名称、类型、厚度、顶标高及马凳筋等。下面以厂区办公楼 3.57m 板为例，介绍板构件的定义。

由图纸可知，首层板根据板厚分为 100mm、120mm 两种，按照位置不同分为现浇板和雨篷板两种。定义板时，要区分类别和厚度，所以需要定义三种类型板：B-100、B-120、雨篷板-120。具体操作步骤如下：

（1）导航栏选择"板—现浇板"，在构件列表中单击"新建—现浇板"，分别定义上述三种类型的板。

（2）在属性列表中修改板的属性信息，例如 B-120 修改完成如图 1-165 所示。

1）名称

板在命名时为了方便后期提量，可以根据板的位置和厚度进行区分。比如将楼面板、屋面板和其他类型的板区分定义，根据厚度不同可以定义为 B-100、B-120，其他位置的板可以定义为雨篷板、空调板、阳台板等。

2）厚度

根据图纸上的具体信息进行修改，单位为 mm。

3）类别

类别包含有梁板、无梁板、平板等

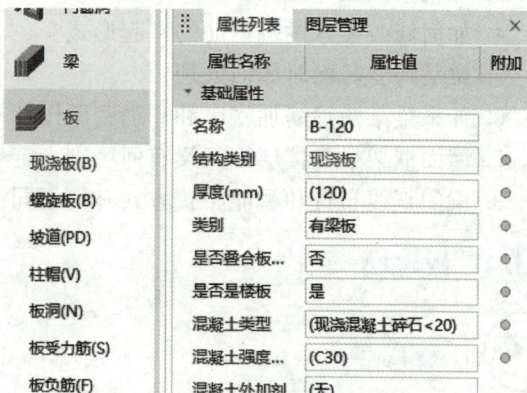

图 1-165　现浇板的定义

类型，此处类别的划分将会影响到后期定额的套取，根据板的具体类型进行修改，本工程根据结构特征均为有梁板。

4）顶标高

软件默认的板顶标高即为层顶标高，定义时可根据板顶具体位置进行调整，可以以绝对标高表示，也可以以相对标高表示，例如根据设计说明可知首层板板顶标高为 3.57m，如图 1-166 所示。

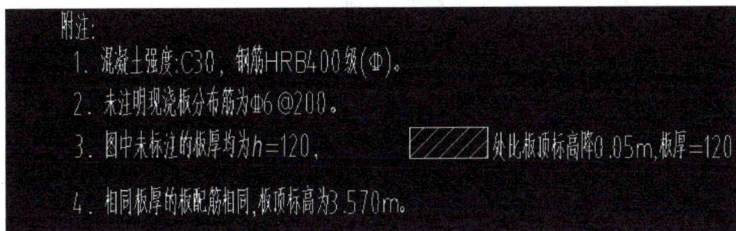

图 1-166　首层板附注信息

5）板的钢筋业务属性

① 马凳筋信息

山东 2016 版定额"第五章 钢筋及混凝土工程"中规定：马凳筋按设计图纸规定或已审批的施工方案计算，设计无规定时，马凳的材料应比底板钢筋降低一个规格（底板钢筋规格不同时，按其中大的钢筋降低一个规格），长度按底板厚度的 2 倍加 200mm 计算，按 1 个/m^2 计入马凳筋工程量。

软件上给出了三种马凳筋的形式，计算时我们一般考虑"几"字形的马凳筋，实际施工中马凳筋信息由现场确定。例如 B-100 板构件的马凳筋信息设定如图 1-167 所示，马凳筋选择"几"字形，长度为 2 倍板厚+200mm，每平方米布置 1 个。

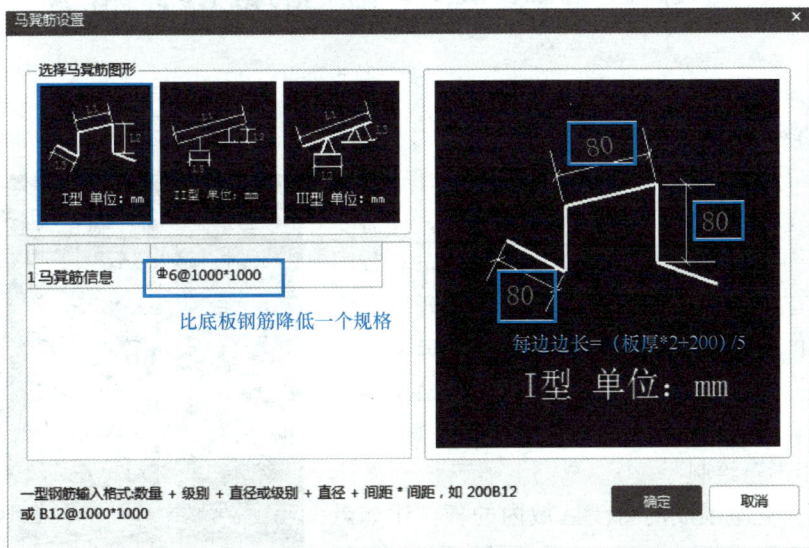

图 1-167　马凳筋信息修改

② 拉筋

图纸中如有拉筋的配置时需输入拉筋信息，没有说明则不需要输入，拉筋在人防底板或顶板中较广泛存在。B-100 现浇板的信息修改完成，如图 1-168 所示。

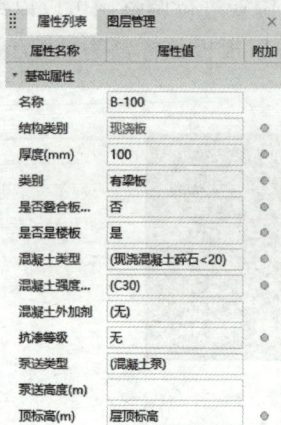

图 1-168　B-100 现浇板的
属性定义

3. 现浇板的绘制

现浇板的绘制方式可以采用"点"绘制、"直线"绘制、"矩形"绘制等方式。

（1）"点"绘制

现浇板可以"点"绘制在一个封闭的区域内，在绘制前需要检查现浇板四周支座的封闭性。单击键盘"Z"键，隐藏掉已绘制的柱图元，观察板周围支座是否封闭，如不封闭可以利用"延伸""闭合"等命令进行封闭。封闭完成后，再按一次"Z"键恢复柱图元显示。

例如绘制厂区办公楼 3.57m 处 B-100 板图元，此时梁已经绘制完毕，在梁形成的封闭区域里"点"绘制即可。操作方法是在构件列表中选择定义好的 B-100 板构件，在"绘图"选项卡下选择"点"绘制命令，在梁围成的封闭区域内单击鼠标左键，完成绘制，如图 1-169 所示。

图 1-169　"点"画现浇板

（2）"直线"绘制

"直线"绘制与"点"绘制板不同之处在于，所绘制的板不需要在支座围成的封闭区域内，只需要用"直线"命令沿着板的边界绘制出板的布置范围即可。仍然以 B-100 板构件为例，在构件列表当中选择定义好的 B-100 板构件，在"绘图"选项卡下选择"直线"命令，捕捉板的各个顶点以绘制其实际布置范围，如图 1-170 所示。

（3）"矩形"绘制

对于不在支座围成的封闭区域内的板，比如悬挑板，如果绘制的范围是矩形的除了可以用"直线"绘制，也可以直接用"矩形"绘制，只需要点击板

图 1-170　"直线"绘制现浇板

矩形范围内的对角线上两个顶点即可绘制出板的矩形形状。

（4）雨篷板的绘制

有些工程中存在雨篷板或空调板，它们都属于悬挑板的范畴，对于此类构件，在定义时注意标高的确定，因为悬挑板的板顶标高可能与层顶标高不同。例如厂区办公楼 3.57m 处雨篷板经计算实际标高为 3.57－0.48＝3.09m，在定义时需要在雨篷板"属性列表"当中修改板顶标高为 3.09m，如图 1-171 所示。

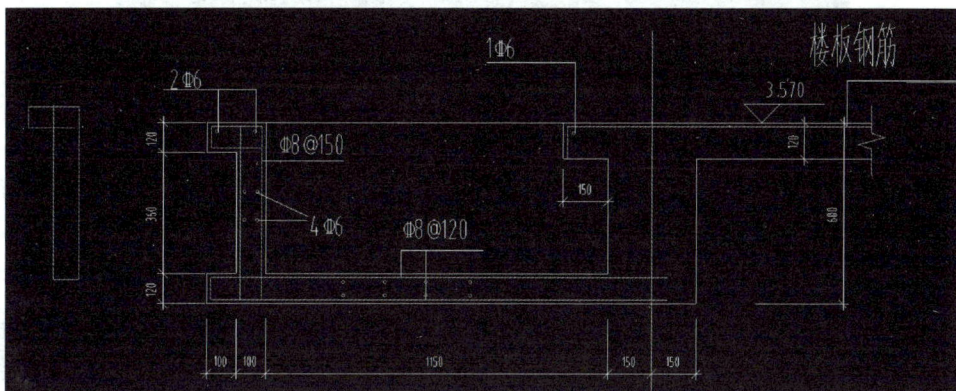

图 1-171　雨篷板详图

在绘制雨篷板时，由于没有封闭区域，可以使用"矩形"或"直线"布置的方式来完成绘制。根据雨篷板平面布置图，分析出雨篷板四个顶点的具体位置进行绘制，绘制完成后可以通过"动态观察"在三维下查看位置是否准确，如图 1-172 所示。

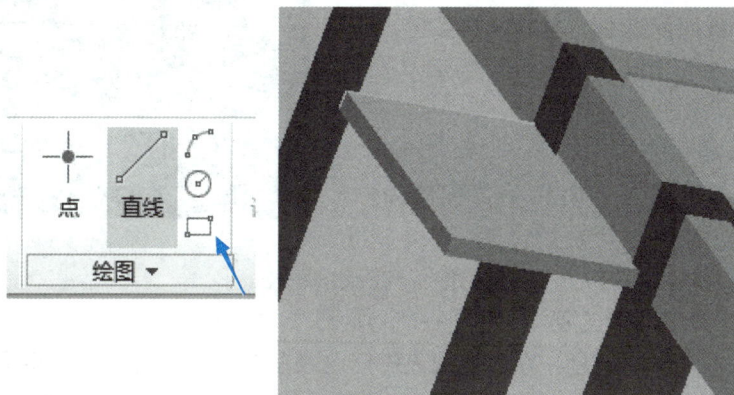

图 1-172　雨篷板的绘制

需要注意，在绘制雨篷板时要从梁外边开始，方便后期准确提量。厂区办公楼 3.57m 板绘制完成后动态观察，检查板的空间位置和布置是否准确，如图 1-173 所示。

4. 板贯通筋的定义与绘制

板图元绘制完成之后，就可以在板中布筋。板中的钢筋分为贯通筋和非贯通筋。贯通钢筋指的是板的下部贯通纵筋和上部贯通纵筋，在板的集中标注中表达；非贯通筋指的是板的边支座负筋、中间支座负筋及跨板负筋。跨板负筋在 GTJ2025 中归为板受力筋，与

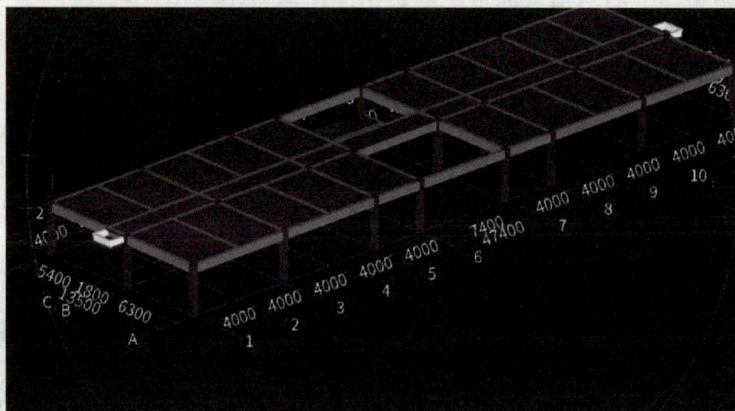

图 1-173　首层板绘制完成

板的贯通钢筋使用相同板筋构件进行定义和绘制。

板贯通筋布置有两种方式，第一种是把要布置的板筋先定义出来，然后再进行布置；第二种是直接在板上布置板的贯通钢筋（底筋和面筋），然后在板受力筋构件列表里软件会反建出相应的钢筋构件。以厂区办公楼 3.57m 处①～②轴交Ⓐ～Ⓑ轴处的现浇板 B-100 为例，介绍板的贯通筋的定义与绘制方法，如图 1-174 所示。通过图纸分析，我们可以看到这块板板厚是 100mm，板底配置双向贯通纵筋Φ8@150。

（1）板筋布置第一种方式：先定义，再绘制

1）定义板筋构件

上述板下部纵筋 X 方向和 Y 方向均为Φ8@150，定义方法如下：

① 导航栏中选择"板—板受力筋"，在构件列表中单击"新建板受力筋"，如图 1-175 所示。

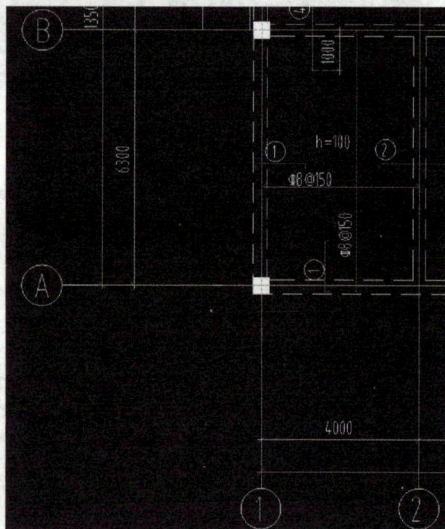

图 1-174　①～②轴交Ⓐ～Ⓑ轴处的 B-100

② 根据板下部纵筋信息，在属性列表中修改相应的属性信息，定义钢筋时不区分 X、Y 方向，只需根据钢筋位置、品种、规格、间距等信息进行定义即可，如图 1-175 所示。

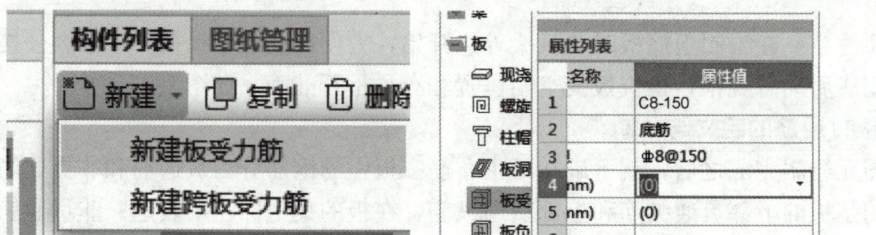

图 1-175　板受力筋的定义

A. 名称：为方便绘图，钢筋名称宜体现出钢筋的具体信息，如：$\Phi 8@150$、$\Phi 8@120$ 等，此处按图纸中钢筋信息输入"C8-150、C8-120"。

B. 类别：此处要定义的是板的下部纵筋即 B-100 板的底筋，所以类别选择"底筋"，余下信息不作调整，按软件默认。

2）绘制板筋图元

布置板的贯通筋要确定两个因素：布筋范围和布筋方向。根据板贯通筋起止符号判断板筋是"单板"布置还是"多板"布置，范围要遵循板的边界线与同方向纵筋不能重叠（附加筋除外）的原则；布筋方向包括水平方向、垂直方向、平行边和 XY 方向等。板筋的布置方法为选择板筋构件，根据布筋范围和布筋方向，在绘图区域中选择要布置钢筋的板图元即可。例如厂区办公楼 3.57m 处 B-100 的板，经图纸分析可知 B-100 的下部纵筋为双向底筋$\Phi 8@150$，可以用"单板＋水平"和"单板＋垂直"布置的方式进行布置，具体步骤如下：

① 导航栏选择"板—板受力筋"，选择定义好的板受力筋构件"C8-150"，布置方式选择"单板—水平"，在绘图区域中左键单击 B-100 的板完成 X 向板底筋布置。

② 同样方式，选择"单板—垂直"，点击此板，完成 Y 向板底筋布置。底筋显示为黄色，布置完成如图 1-176 所示。

（2）板筋布置第二种方式：XY 方向布置

这种方式不需要先定义板筋构件，而是直接在绘图界面布置板筋，布置的板筋会自动在构件列表中进行反建。同样还是以厂区办公楼 3.57m 处Ⓐ轴～Ⓑ轴交①轴～②轴处 B-100 板构件为例进行介绍，具体步骤如下：

1）导航栏选择"板—板受力筋"，在"板的二次编辑"选项卡下选择"布置受力筋"命令，选择布筋范围为"单板"，布置方向为"XY 方向"，弹出板筋布置对话框，如图 1-177 所示。

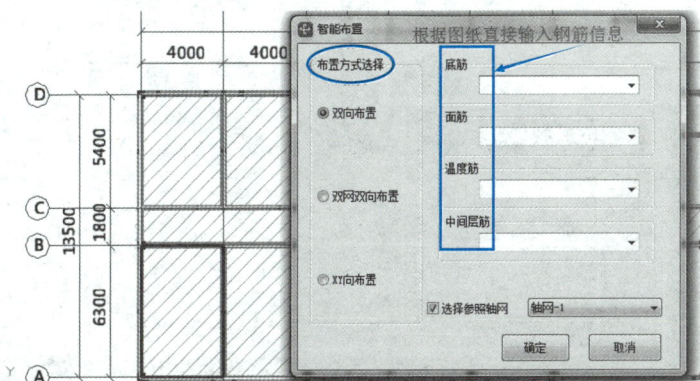

图 1-176　B-100 底筋布置

图 1-177　板筋的 XY 方向布置

2）由于 B-100 板受力筋只有底筋，且两个方向上布筋信息相同，因此选择"双向布置"，在"钢筋信息—底筋"中输入 C8-150，然后在绘图区域中选择Ⓐ轴～Ⓑ轴交①轴～②轴处 B-100 板即可完成底筋布置。

> 📝 **说 明**

① 双向布置：适用于在 X 和 Y 两个方向上布筋信息相同的情况，包括底筋、面筋、温度筋和中间层筋四种类型，如图 1-177 所示。

② 双网双向布置：适用于底筋或面筋在 X 和 Y 两个方向上钢筋信息全部相同的情况。

③ XY 向布置：适用于底筋或面筋的 X 方向和 Y 方向配筋信息不同的情况。

④ 选择参照轴网：可以选择以选中轴网的水平和竖直方向为基准进行布置，XY 默认方向为已建立轴网的相应方向。

（3）应用同名板

如果相同名称的板构件的贯通钢筋（底筋或面筋）配置相同，在布置完一块板之后，则可以利用"应用同名板"命令快速完成其他板的贯通钢筋布置。例如前面已经完成厂区办公楼Ⓐ轴～Ⓑ轴交①轴～②轴处 B-100 的板底筋布置，可以利用"应用同名板"来布置其他同名称板的底筋，具体步骤如下：

1）在"板受力筋二次编辑"选项卡中点击"应用同名板"命令，如图 1-178 所示。

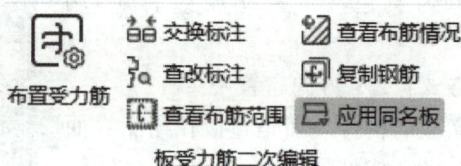

图 1-178　应用同名板

2）在绘图区域当中左键单击选择已经布置底筋的Ⓐ轴～Ⓑ轴交①轴～②轴处的 B-100 板图元，点击右键确定即可，布置完成如图 1-179 所示。

图 1-179　100mm 厚的板底筋布置完成

注意

①使用"单板＋XY方向"布置钢筋时，注意板筋X方向和Y方向具体配筋信息。

②"应用同名板"布筋的前提是同名称板贯通钢筋配置完全相同，如果不同则不能用此命令进行绘制。

（4）跨板受力筋的定义与绘制

跨板受力筋即跨板负筋，对于所跨板来说是贯通钢筋，在GTJ2025中也是利用"板受力筋"构件进行定义与绘制。与板的底筋和面筋不同，跨板受力筋布置主要是采用"先定义构件，再绘制图元"的方式进行。下面以厂区办公楼结施10图纸中Ⓑ轴～Ⓒ轴与①～②轴相交处的4号板跨板受力筋⨁8@150为例来介绍跨板受力筋的定义与绘制。

1）跨板受力筋的定义

① 在导航栏中选择"板—板受力筋"，在构件列表中单击"新建跨板受力筋"，如图1-180所示。

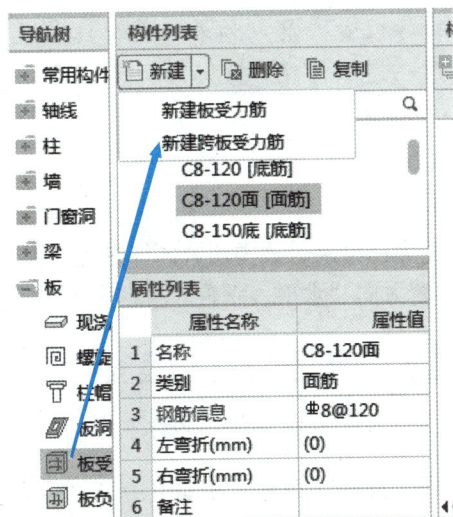

图1-180　定义跨板受力筋

② 在属性列表中根据图纸信息，修改跨板受力筋各项属性信息。

A. 名称：为了方便绘图，需体现出钢筋类型规格及间距，如：跨⨁8-150。

B. 钢筋信息：与名称中的钢筋信息保持一致，如：⨁8@150。

C. 左、右标注：指的是跨板受力筋两侧标注长度，根据图纸输入。

D. 标注长度位置：指的是跨板受力筋两侧标注的开始位置，可以选择支座中心线、支座内边线、支座外边线等，根据图纸标注进行选择。

E. 分布钢筋：指的是跨板受力筋下的分布钢筋信息。可以在属性里进行修改，也可以在"工程设置—钢筋设置—计算设置—计算规则"里进行统一修改，如图1-181所示。

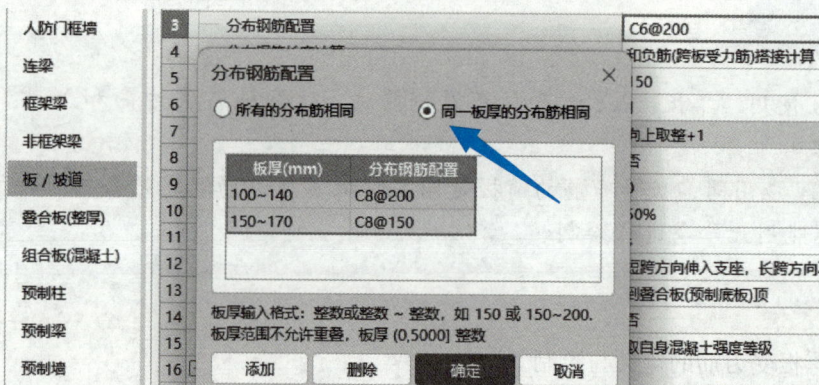

图 1-181　板分布筋的修改

注意

A. 负筋中的"标注长度位置""分布钢筋"如在计算设置中进行修改，则适用于本工程所有构件，如果只适用于某部位，可以选中该构件后修改其私有属性。

B. 相同配筋信息的跨板受力筋，如果仅是标注长度不同，可以不单独再进行"新建"，只需利用已建立构件修改标注长度后再绘制即可。

2）跨板受力筋的绘制

跨板受力筋的绘制与板受力筋绘制方式类似，同样是先选择布筋范围，如"单板、多板或自定义等"，再选择钢筋布置方向"水平、垂直、平行边等"进行布置，如图 1-182 所示。

图 1-182　跨板受力筋布置

例如图 1-183 跨板受力筋，使用"单板＋垂直"方式来进行布置。跨板受力筋在软件中默认的颜色是紫色，与面筋相同。

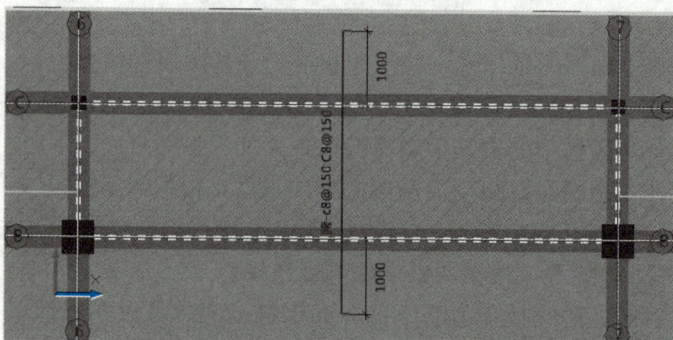

图 1-183　布置跨板受力筋

注意

跨板受力筋绘制完成后，需选中绘制好的跨板受力筋，查看其布筋范围，如果布筋范围与图纸不符，可以选中后移动其四周边界点至正确的位置。如果布筋范围并不是矩形，则可以在确定布筋范围时选择"自定义"，利用"直线"或其他绘制方式描绘出具体的布筋范围进行布置。

5. 支座负筋的定义与绘制

板上部非贯通钢筋即板的支座负筋，包括边支座负筋和中间支座负筋。板支座负筋的布置方式和跨板受力筋类似，也是"先定义构件，再绘制图元"。下面以厂区办公楼结施10图纸中Ⓒ轴～Ⓓ轴交①轴～②轴处的板上①号边支座负筋为例，介绍板支座负筋的定义和绘制方法，如图 1-184 所示。

（1）负筋的定义

1）边支座负筋

① 在导航栏中选择"板—板负筋"，在构件列表中单击"新建板负筋"。

② 根据图纸信息在属性列表中修改边支座负筋各项属性信息，修改完成如图 1-185 所示。

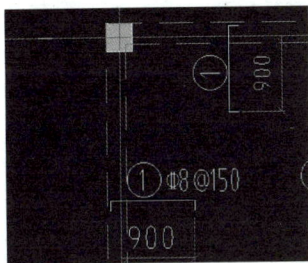

图 1-184　板负筋

属性列表	图层管理		
	属性名称	属性值	附加
1	名称	1-C8-150	
2	钢筋信息	Φ8@150	☐
3	左标注(mm)	900	☐
4	右标注(mm)	0	☐
5	马凳筋排数	1/1	☐
6	单边标注位置	支座内边线	☐
7	左弯折(mm)	(0)	☐
8	右弯折(mm)	(0)	☐
9	分布钢筋	(Φ8@200)	☐
10	备注		☐

图 1-185　定义板负筋

A. "名称"：为了便于绘图，名称尽量详细，如：1-C8-150，（1-负筋编号，C8-150-钢筋信息）。

B. "钢筋信息"：与名称上的钢筋信息保持一致。

C. 左、右标注：通过图纸分析，①号负筋一端标注长度为 900mm。

D. "单边标注位置"：根据图示信息选择"支座内边线"。

> **注意**
>
> 　　标注长度输入在左标注、右标注都可以。在绘制端支座负筋时左方向与左标注的方向一致即可。即便方向不对，可以在绘制时通过鼠标控制负筋方向，或者绘制完成后通过"板负筋二次编辑"选项卡下"交换标注"命令进行调整，如图 1-186 所示。
>
> 图 1-186　交换标注

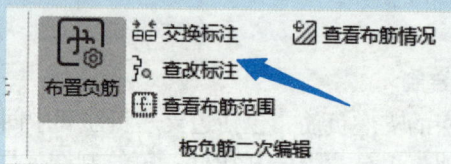

2）中间支座负筋

中间支座负筋的定义和边支座负筋类似，只需要在左右标注中准确填写中间支座负筋的标注长度即可，同时也要注意"非单边标注含支座宽"的选择。例如图 1-187 所示②号中间支座负筋，标注长度是包含支座宽度的，定义完成后的属性信息如图 1-188 所示。

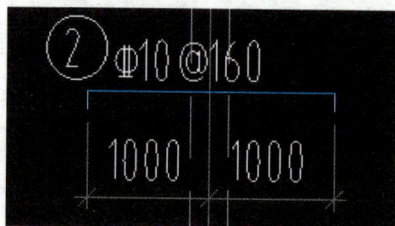

	属性名称	属性值
1	名称	2-c10-160
2	钢筋信息	Φ10@160
3	左标注(mm)	1000
4	右标注(mm)	1000
5	马凳筋排数	1/1
6	非单边标注含…	(是) ▼
7	左弯折(mm)	(0)
8	右弯折(mm)	(0)
9	分布钢筋	(Φ8@200)

图 1-187　定义中间支座负筋　　　　　图 1-188　中间支座负筋

（2）负筋的绘制

负筋定义完毕后，回到绘图区域内布置负筋，负筋布置有"按梁布置、按圈梁布置、按连梁布置、按墙布置、按板边布置、画线布置"六种布置方式，绘制时可以根据图纸特点选择适合的布置方式，本工程选择"按板边布置"，如图 1-189 所示。

○ 按梁布置　○ 按圈梁布置　○ 按连梁布置　○ 按墙布置　● 按板边布置　○ 画线布置　不偏移 ▼

图 1-189　负筋布置方式

1）边支座负筋绘制

以厂区办公楼结施 10 图纸中①～②轴交Ⓒ～Ⓓ轴之间的板边支座负筋为例介绍负筋的手动绘制方式，具体步骤如下：

① 在导航栏选择"板—板负筋"，在构件列表中选择定义好的边支座负筋 1-C8-150，单击"板负筋二次编辑"面板上的"布置负筋"。

② 选择"按板边布置"，绘图区域中将鼠标放在①轴与Ⓒ、Ⓓ轴之间的板边线上，按照图纸信息指定负筋布置方向单击鼠标左键，①轴上的边支座负筋即绘制完成。

2）中间支座负筋绘制

与边支座负筋绘制方法相同，中间支座绘制只需要选择中间板边或支座即可，绘制完成后要检查负筋标注的起始位置和数值是否准确，如不准确则需按照图纸进行调整。负筋布置完成如图 1-190 所示。

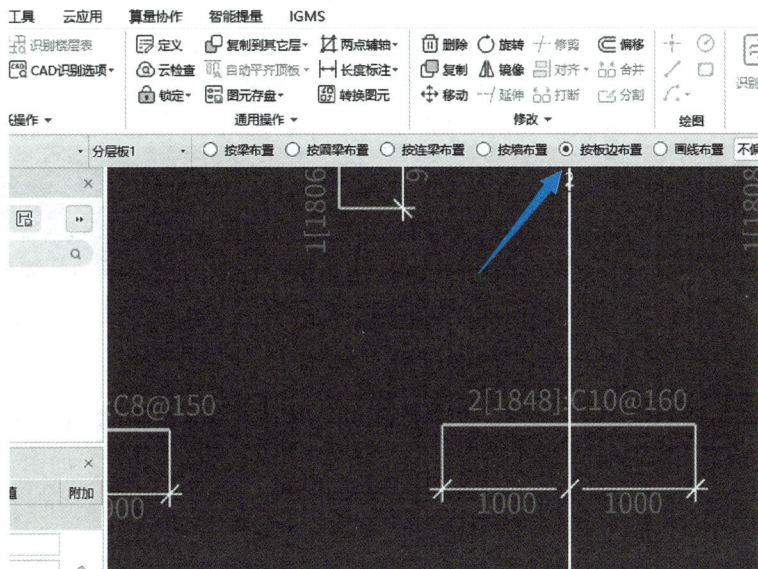

图 1-190　中间支座负筋

（3）负筋长度标注位置的修改

负筋长度的标注位置可以在定义负筋的时候进行修改，也可以在"工程设置"中统一修改。根据厂区办公楼板负筋标注信息可知，边支座负筋标注位置为"支座内边线"，中间支座负筋标注"包含支座宽"，跨板受力筋标注位置为"支座中心线"，如图 1-191 所示。

修改方法是在"工程设置"选项卡下选择"钢筋设置—计算设置"，弹出"计算设置"窗口，选择"计算规则—板"，根据图纸信息，对照修改第 26、30、31条，修改完成如图 1-192 所示。

（4）板分布筋信息的修改

板的负筋或跨板受力筋下的分布钢筋信息要根据图纸信息进行修改。例如厂区办公楼在结构设计说明中对于板分布筋描述如图 1-193 所示，根据信息修改

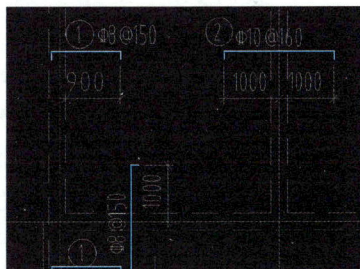

图 1-191　负筋标注的起始位置

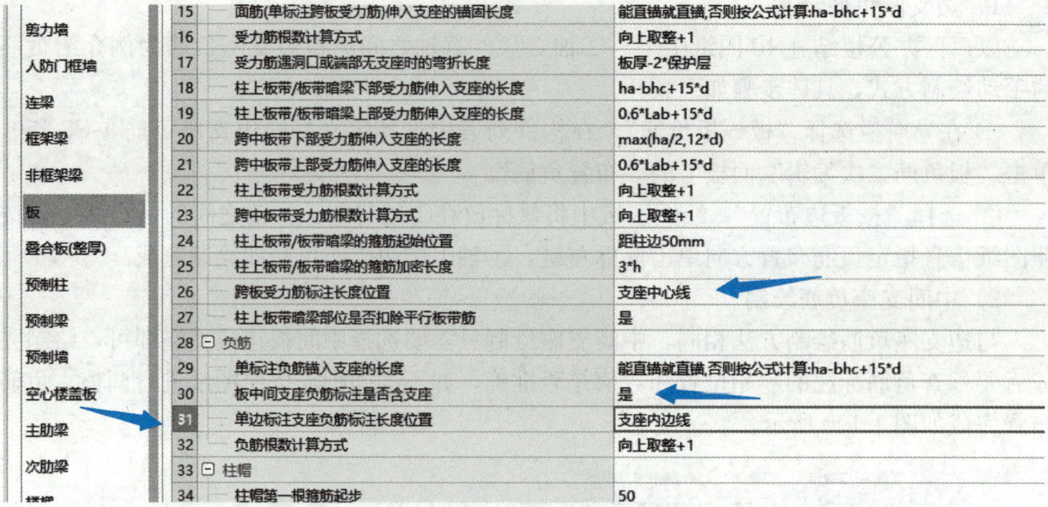
剪力墙
人防门框墙
连梁
框架梁
非框架梁
板
叠合板(整厚)
预制柱
预制梁
预制墙
空心楼盖板
主肋梁
次肋梁
15 面筋(单标注跨板受力筋)伸入支座的锚固长度 能直锚就直锚,否则按公式计算:ha-bhc+15*d
16 受力筋根数计算方式 向上取整+1
17 受力筋遇洞口或端部无支座时的弯折长度 板厚-2*保护层
18 柱上板带/板带暗梁下部受力筋伸入支座的长度 ha-bhc+15*d
19 柱上板带/板带暗梁上部受力筋伸入支座的长度 0.6*Lab+15*d
20 跨中板带下部受力筋伸入支座的长度 max(ha/2,12*d)
21 跨中板带上部受力筋伸入支座的长度 0.6*Lab+15*d
22 柱上板带受力筋根数计算方式 向上取整+1
23 跨中板带受力筋根数计算方式 向上取整+1
24 柱上板带/板带暗梁的箍筋起始位置 距柱边50mm
25 柱上板带/板带暗梁的箍筋加密长度 3*h
26 跨板受力筋标注长度位置 支座中心线
27 柱上板带暗梁部位是否扣除平行板带筋 是
28 负筋
29 单标注负筋锚入支座的长度 能直锚就直锚,否则按公式计算:ha-bhc+15*d
30 板中间支座负筋标注是否含支座 是
31 单边标注支座负筋标注长度位置 支座内边线
32 负筋根数计算方式 向上取整+1
33 柱帽
34 柱帽第一根箍筋起步 50

图 1-192　修改负筋标注信息

(7)板内分布钢筋,除注明者外见下表:

楼板厚度	100~140	150~170	180~200	200~220	230~250
分布钢筋	Φ8@200	Φ8@150	Φ10@250	Φ10@200	Φ12@200

图 1-193　分布筋信息

工程设置，方法如下：

1）在“工程设置”菜单下，选择“钢筋设置”选项卡下的“计算设置”，在“计算规则”窗口中找到板，修改第 3 项“分布钢筋配置”，点击右侧的“…”，如图 1-194 所示。

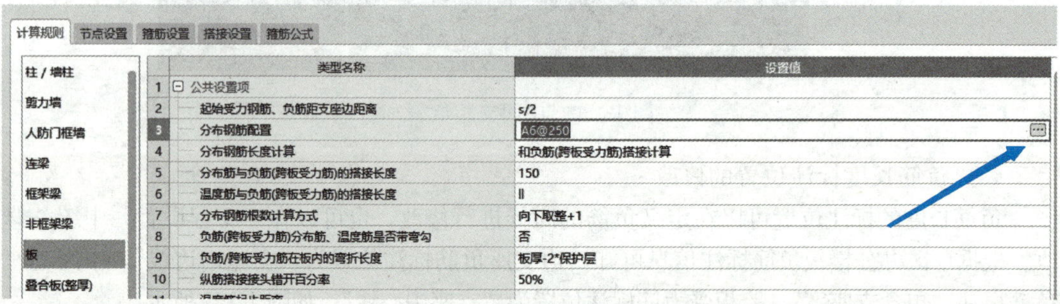
计算规则
节点设置
箍筋设置
搭接设置
箍筋公式
柱 / 墙柱
剪力墙
人防门框墙
连梁
框架梁
非框架梁
板
叠合板(整厚)
类型名称
设置值
1 公共设置项
2 起始受力钢筋、负筋距支座边距离 s/2
3 分布钢筋配置 A6@250
4 分布钢筋长度计算 和负筋(跨板受力筋)搭接计算
5 分布筋与负筋(跨板受力筋)的搭接长度 150
6 温度筋与负筋(跨板受力筋)的搭接长度 ll
7 分布钢筋根数计算方式 向下取整+1
8 负筋(跨板受力筋)分布筋、温度筋是否带弯勾 否
9 负筋/跨板受力筋在板内的弯折长度 板厚-2*保护层
10 纵筋搭接接头错开百分率 50%

图 1-194　修改分布筋配置

2）在弹出的窗口中进行分布钢筋的设置，如果所有板分布筋均相同，则选择“所有的分布筋相同”进行设置；如果不同板厚分布筋不同，则选择“同一板厚的分布筋相同”进行设置，按照图纸要求进行修改即可。厂区办公楼中涉及的板厚包括 110mm、120mm、140mm 和 160mm，所以只需设置 170mm 范围之内的即可，设置完成后点击“确定”，如图 1-195 所示。

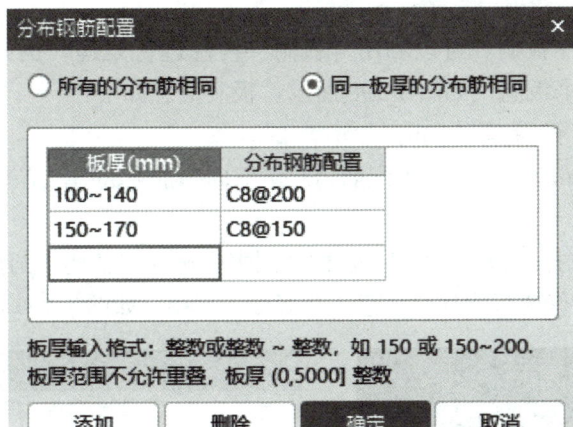

图 1-195　分布筋设置完成

6. 板内其他钢筋的处理

（1）温度筋

有些建筑物在屋面板加设温度筋，温度筋作用是抵抗热胀冷缩带来的温度应力。温度筋定义与布置同板的贯通筋，可以"先定义，再绘制"，也可以用"反建构件"的方式定义和绘制。例如厂区办公楼结施 12 图纸附注中注明"屋面板加设温度筋Φ 8@150"，所以在顶层需要布置温度筋。布置方法如下：

1）在导航栏中选择"板—板受力筋"，在"板二次编辑"选项卡下选择"布置受力筋"命令，布置方式选择"单板"，布置方向选择"XY 方向"。

2）出现如图 1-196 所示窗口，选择"双向布置"，输入温度筋信息 C8-150，绘图区域中单击需要布置温度筋的板图元，完成温度筋布置。温度筋颜色为黄色，布置完成如图 1-197 所示。

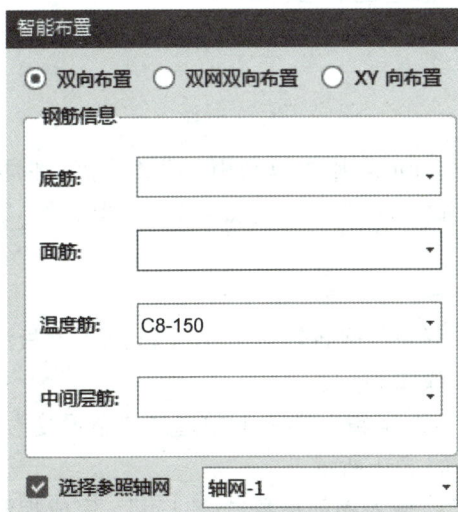

图 1-196　温度筋设置

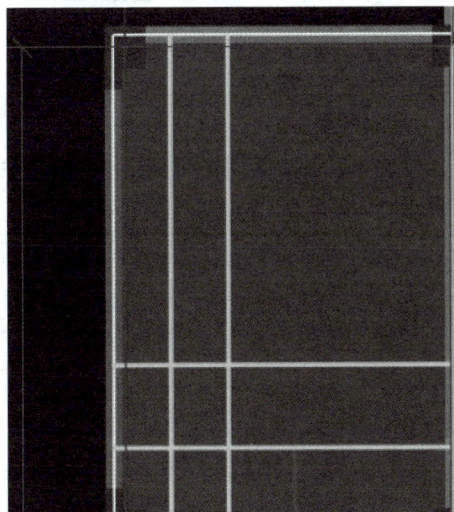

图 1-197　布置温度筋

（2）板洞的定义与绘制

如果现浇板上存在板洞，可以利用"板洞"构件进行处理。例如厂区办公楼15.9m处大屋面板上存在一个板洞，如图1-198所示，板洞信息如下：

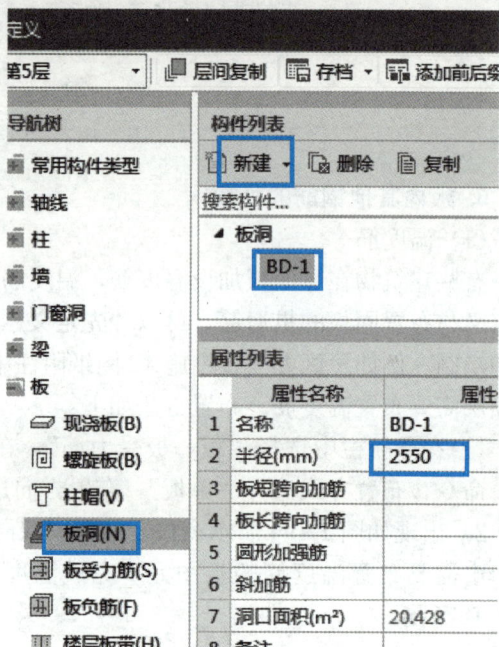

1）中间板洞的半径为2550mm。

2）板厚均为120mm，未注明板配筋为双层双向钢筋Φ8@150，板顶标高15.9m。

① 板洞的定义

A. 在导航栏中选择"板—板洞"，在构件列表中选择"新建—圆形板洞"。

B. 在属性列表中修改板洞属性信息，半径2550mm，如图1-199所示。

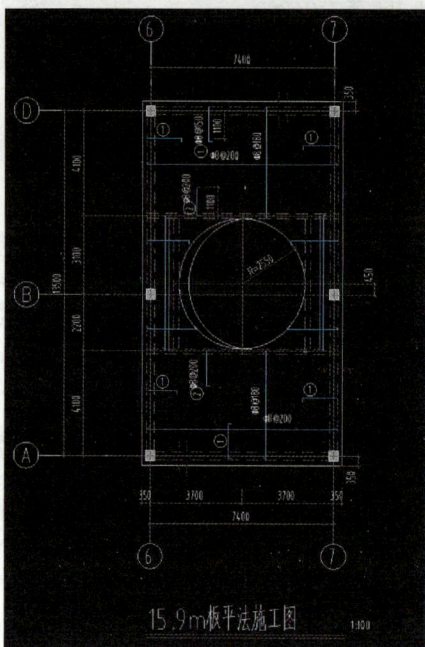

图1-198　板洞信息

图1-199　板洞定义

② 板洞的绘制

分析图纸可知，板洞中心距⑧轴向上偏移450mm，则可以利用"Shift＋点"偏移绘制的方式来捕捉圆心，按住"Shift"点击⑥轴～⑦轴的中心点，输入偏移值：Y＝450mm，如图1-200所示，完成板洞的布置。

③ 板洞处钢筋的布置

根据图纸信息，板洞两侧板布置的是"双层双向"钢筋Φ8@150，因此板洞及板洞两侧位置的板筋采用"多板"配置的方式。具体步骤如下：

A. 导航栏选择"板—板受力筋"，在"板二次编辑"选项卡中选择"布置受力筋"命令，布置方式中选择"多板—XY方向"，如图1-201所示。

B. 在弹出的对话框中选择"双网双向布置"，输入钢筋信息"C8-150"，完成板洞周围钢筋的布置，如图1-202所示。板洞位置会自动扣除钢筋，可以利用"钢筋三维"来观察布置后钢筋的情况，如图1-203所示。

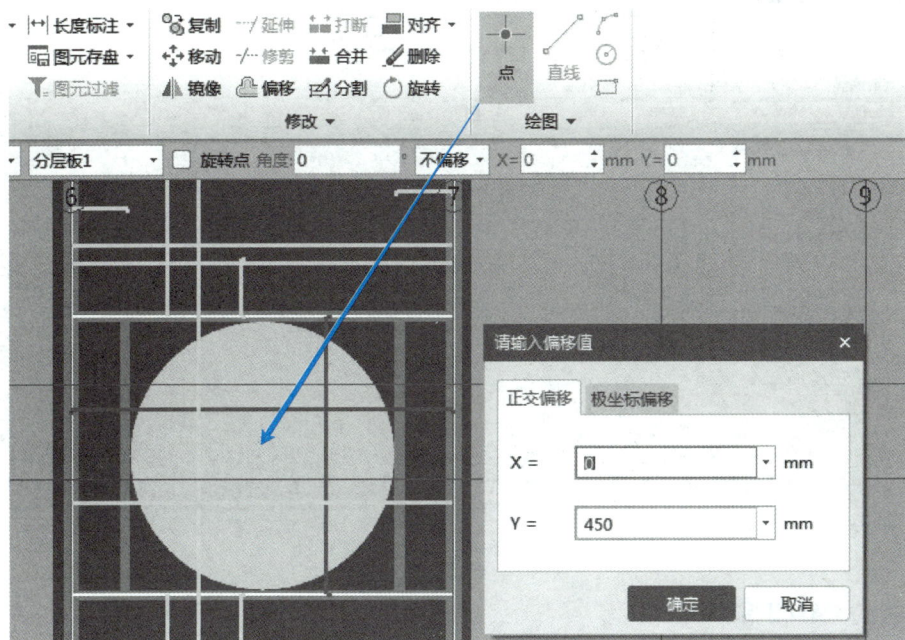

图 1-200　板洞的绘制

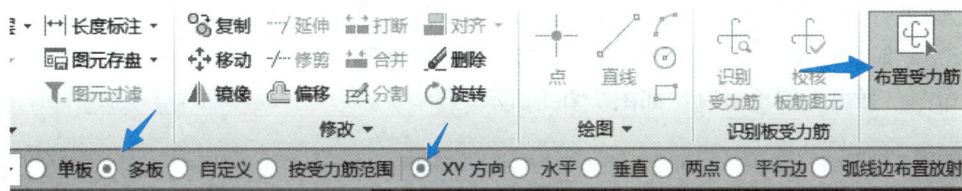

图 1-201　多板配筋

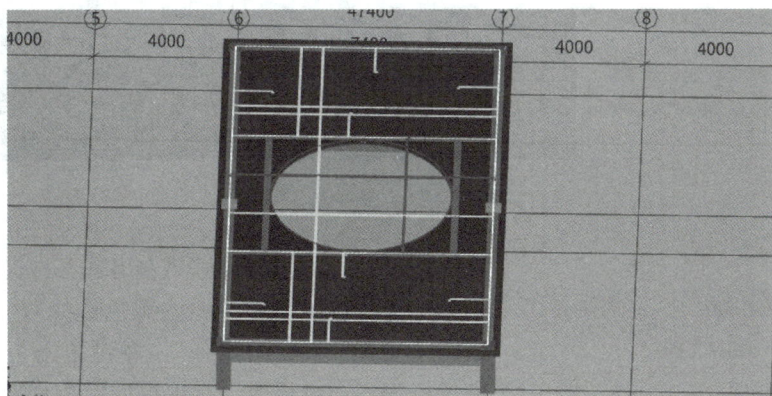

图 1-202　多板配筋布置

图 1-203　板洞周围钢筋三维显示

7. 板的 CAD 识别

板及板筋除了可以手动定义和绘制以外，也可以利用 CAD 识别的方式进行。下面以厂区办公楼结施 10 图纸中 3.57m 处的板及板筋为例介绍 CAD 识别板及板筋的方法。

（1）CAD 识别板

"图纸管理"里双击图纸定位到 3.57m 板平法施工图，识别步骤如下：

1）导航栏选择"板—现浇板"，在"建模"菜单下"识别板"选项卡中单击"识别板"命令，弹出识别板窗口，如图 1-204 所示。

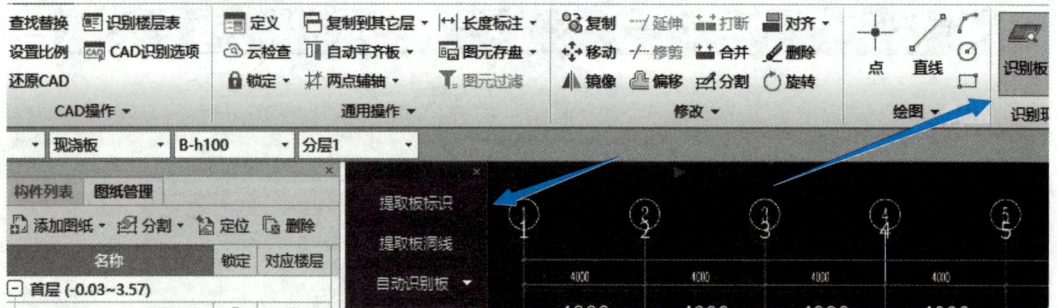

图 1-204　识别板

图 1-205　观察已提取图层信息

2）单击"提取板标识"，出现三种提取方式"单图元选择、按图层选择、按颜色选择"，这里根据图纸特征选择"按图层选择"。左键单击板的名称、厚度等标识，右键提取。标识提取后会自动消失，并存放在"已提取的 CAD 图层"中，如果要观察已提取信息，也可以通过"图层管理"选择"已提取的CAD 图层"进行观察，如图 1-205 所示。

3）单击识别面板上的"提取板洞线"，同样有三种识别方式，这里选择"按颜色选择"（因为板编号外轮廓和板洞线在同一图层上，如果选择"按图层选择"容易误选），左键选择楼梯间、大厅上空的 CAD 板洞线，右键提取。同样，板洞线信息被提走后会自动消失，并存放在"已提取的 CAD 图层"中。

注意

如果工程不存在板洞线，或是板洞线图层有问题，或板洞较少时，也可以跳过该步骤，后面直接补画板洞即可。

4）单击识别面板上的"自动识别板"，弹出"识别板选项"对话框，选择板支座的图元范围，如图 1-206 所示，单击"确定"进行识别。弹出识别到的板的信息，将"无标注板"名称修改为"B-h120"，单击"确定"，如图 1-207 所示。

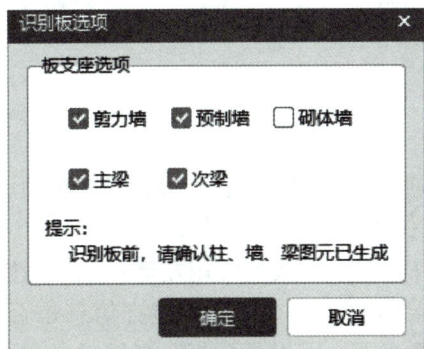

图 1-206　选取板支座　　　　　　　　　　图 1-207　无标注板的修改

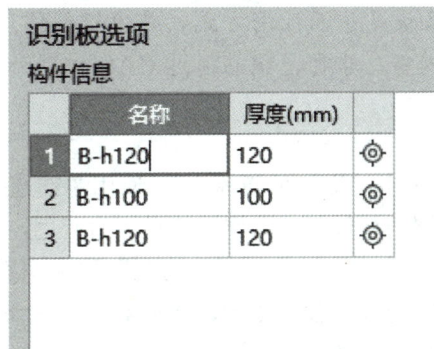

5）修改识别错误，对照 3.57m 板平法施工图，检查板识别错误，包括板厚、板类型和板顶标高等信息。这里将Ⓒ轴～Ⓓ轴交⑥轴～⑦轴处的板删掉，将Ⓒ轴～Ⓓ轴交⑪轴～⑫轴处的板顶标高降低 0.05m。

（2）CAD 识别板筋

由于在识别板的过程中有部分板筋信息被一并提走，在识别板筋之前要先将这部分板筋信息还原回来。在"图层管理"当中选择"已提取的 CAD 图层"，在"建模"菜单下"CAD 操作"选项卡中选择"还原 CAD"命令，用左键拉框选择已提取的 CAD 图元，右键还原，如图 1-208 所示。在识别板筋之前，先检查板筋标注是否规范，如果 CAD 图纸中板筋标注信息不规范，可以利用"图纸操作"选项卡下"查找替换"命令，先对不规范的标注信息进行统一修改，修改好后再进行板筋识别，以提升板筋识别的成功率和准确度。板筋识别的步骤如下：

1）识别板受力筋

① 在"图层管理"中切换至"CAD 原始图层"，导航栏选择"板—板受力筋"，在"建模"菜单下"识别板受力筋"选项卡中单击"识别受力筋"命令，弹出识别板受力筋窗口，依次是"提取板筋线、提取板筋标注和点选识别受力筋"，如图 1-209 所示。

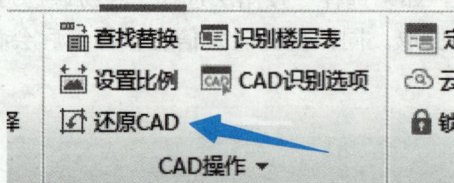

图 1-208　还原 CAD 图层　　　　　　　　　图 1-209　识别受力筋

② 单击"提取板筋线"，用左键选择 CAD 图纸中原位标注的钢筋线，右键提取，板筋线被提取后自动消失，并存放在"已提取的 CAD 图层"中。

> **注 意**
>
> 　　板筋线包括贯通钢筋和非贯通钢筋的钢筋线，同时提取不影响钢筋识别；如果板是平面注写方式，贯通钢筋信息是集中标注，可以利用手动方式处理贯通钢筋，非贯通钢筋通过 CAD 识别处理即可。

③ 单击"提取板筋标注"，使用左键选择贯通钢筋的标注信息，包括尺寸标注、钢筋信息和钢筋编号等，选择后信息变为蓝色，点击右键提取。

④ 单击"点选识别板受力筋"弹出识别窗口，在绘图区域中用左键点选要识别的贯通钢筋钢筋线（包括底筋、面筋和跨板受力筋），如图 1-210 所示，检查信息是否准确，无误后点击"确定"。然后用左键选择受力筋布置范围，可以是单板、多板或自定义范围等，在自定义绘制板筋的布置范围时，"Ctrl＋左键"可以撤销上一步绘制，绘制完成后点击右键确认，完成板筋布置。

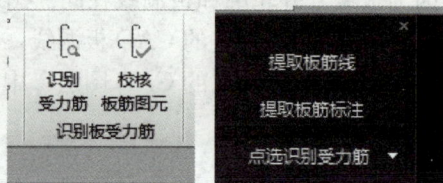

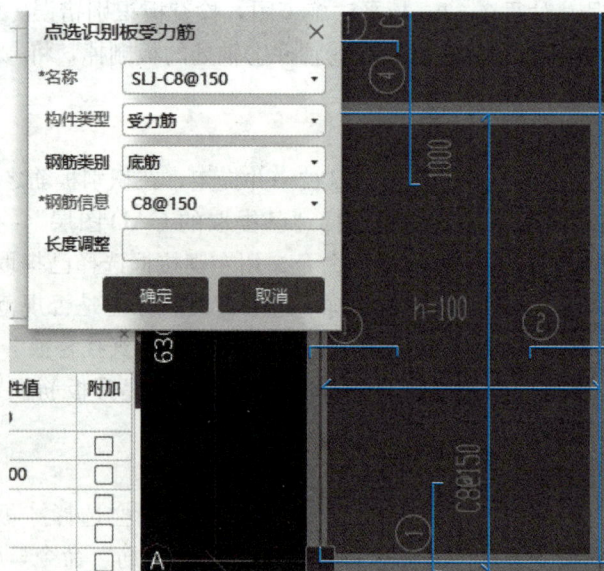

图 1-210　点选识别受力筋

注意

A. 如果贯通钢筋的分布范围不是规则的矩形，则可以先利用"自定义"功能绘制出板筋布置范围再进行布置。初学者在识别板筋时建议使用"点选识别受力筋"方式按照先识别板受力筋，再识别板负筋进行，这样可以边识别，边检查，保证绘制的准确率。后期熟练之后也可以利用"自动识别"功能将板的受力筋和负筋一起识别，然后检查修改。

B. 对于没有标注的同名称板的底筋或者面筋可以利用"应用同名板"命令快速进行处理，方法与"应用到同名梁"类似，左键单击选择这个命令，在绘图区域中选择要应用的板，点击右键确认，则该板上的贯通钢筋就应用到全部同名称板上。应用这个功能也可以快速对同名称板的底筋或面筋进行修改，只需要修改一块板，然后利用该命令应用到其他同名板上即可，只不过此时软件会提示是"覆盖"还是"追加"，这里选择"覆盖"即可，如图 1-211 所示。

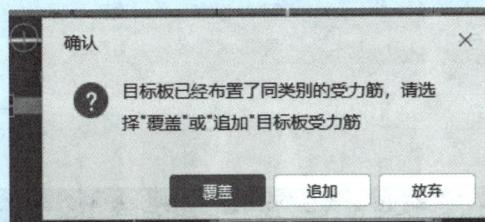

图 1-211　同名称板板筋修改

2）识别板负筋

导航栏切换到"板—板负筋"，单击"点选识别板负筋"命令，依次"提取负筋线、提取标注、点选识别负筋"。左键单击要识别的负筋，弹出窗口中检查信息是否准确，检查无误后，点击"确定"，完成负筋的识别定义。然后在构件列表中选择负筋，用合适的布置方式对负筋进行布置即可，如图 1-212 所示。

图 1-212　识别定义板负筋

3）自动识别板筋

在提取完板筋线、板筋标注后，也可以利用"自动识别板筋"方式识别板筋。这里将无标注的钢筋信息删除，点击"确定"，弹出识别板筋窗口，根据图纸信息完善后，点击"确定"进行识别，如图 1-213 所示。识别完成后校核非贯通钢筋的标注位置以及尺寸的准确性，必要时修改计算设置。板筋识别完成如图 1-214 所示。

	名称	钢筋信息	钢筋类别	
1	FJ-C10@160	C10@160	负筋	◈
2	1_C8@150	C8@150	负筋	◈
3	2	请输入钢筋信息	负筋	◈
4	3_C8@120	C8@120	负筋	◈
5	4_C8@150	C8@150	跨板受力筋	◈
6	SLJ-C8@150	C8@150	底筋	◈
7	SLJ-C8@200	C8@200	底筋	◈
8	5	请输入钢筋信息	面筋	◈
9		请输入钢筋信息	下拉选择	◈

图 1-213　完善识别板筋构件信息

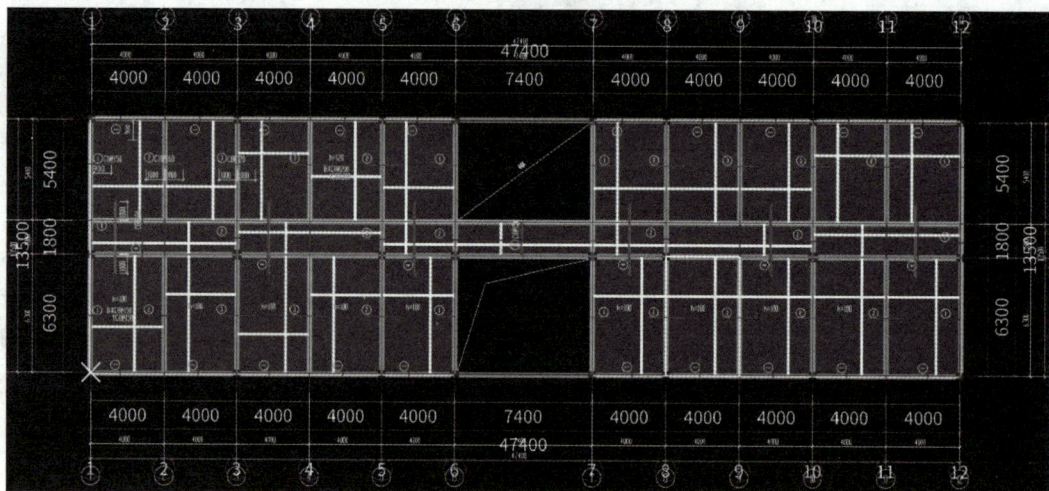

图 1-214　板筋识别完成

"自动识别板筋"相较"点选识别板筋"最大的区别是软件对于板筋的定义和绘制是自动完成的，缺少校核的过程，因而识别完成后对于软件提示的问题要逐一进行核对，对于确实存在问题的地方要手动进行调整。

4）板筋识别完成后，进行分布钢筋设置，方式同板的手动布筋，这里不再赘述。

8. 板筋的检查与修改

在板筋绘制完成之后，可以通过"查看布筋范围"和"校核板筋图元"命令，检查板筋绘制的准确性和完整性。对于提示"布筋范围重叠"的板筋，要结合图纸实际情况调整板筋的布置范围。尤其当板支座处存在附加钢筋时，软件仍然会提示"布筋范围重叠"，此时并非错误，无须进行修改。

任务总结

1. 板的建模包括板构件和板筋建模两部分，可以手动建立也可以 CAD 识别建立。

2. 手动建立板模型首先要准确识读板结构施工图，根据板的类别和厚度信息定义板，根据板平面布置图对板进行布置；然后再绘制板筋构件，贯通钢筋和非贯通钢筋应分别进行绘制。

3. CAD 识别的方式建立板模型，包括 CAD 识别板和 CAD 识别板筋两个过程，CAD 识别板筋时要注意板筋的信息和标注位置，识别后进行检查和修改。

4. 板的分布筋和标注位置可以在工程设置中进行统一修改，也可以在构件属性中输入，根据图纸要求和规定修改。

复习思考题

1. 哪些板需要布置温度筋？

2. 板绘制完成后是否需要延伸至墙梁边，这个操作会影响什么？

3. 如果板上存在洞口，洞口加强筋如何处理？

4. 坡屋面斜板如何绘制？

5. CAD 识别板筋时需要注意什么？

6. 板定义时不同板区分的依据是什么？

7. 如何快速布置同名称板的贯通钢筋？

1.3.5　基础建模

任务工单

利用 GTJ2025，完成给定案例工程基础模型的建立工作。

基础建模

任务说明

根据厂区办公楼结构施工图，对本工程的基础模型进行定义和绘制。

任务分析

1. 独立基础包括哪些类型？

2. 独立基础结构施工图的注写方式有几种？

3. 如何手动定义和绘制独立基础？

4. 如何利用 CAD 识别的方式定义和绘制独立基础？

5. 如何绘制基础联系梁？

1. 分析图纸

本工程的基础形式为柱下独立基础。由厂区办公楼结施03和结施04图纸可知，本工程基础为锥形独立基础，共有9种不同尺寸和配筋的基础，独立基础尺寸及配筋信息如图1-215所示。

基础号	基础尺寸						配筋	柱断面
	a1	A	b1	B	h1	h2		
DJ-1	1050	2600	1050	2600	300	200	Φ12@140	400*400
DJ-2	1150	2800	1150	2800	300	300	Φ14@160	400*400
DJ-3	1250	3000	1250	3000	300	300	Φ14@160	400*400
DJ-4	1350	3200	1350	3200	400	300	Φ14@130	400*400
DJ-5	1450	3400	1450	3400	400	300	Φ14@130	400*400
DJ-6	1550	3600	1550	3600	400	400	Φ16@150	400*400
DJ-7	1650	3800	2050	4600	400	400	Φ16@150	400*400
DJ-8	2100	4800	2100	4800	500	400	Φ16@130	500*500
DJ-9	1625	3800	2025	4600	400	400	Φ16@150	450*450

图1-215 独立基础表格

普通型独立基础分为锥形独立基础和阶形独立基础。无论是哪种类型的独立基础，GTJ2025的处理思路都是一样的，在定义独立基础构件时采用的是"先建整体、再建单元"的方式。在独立基础的"整体"中主要确定的是基础的名称、标高以及保护层厚度等信息，在"单元"中设置独立基础的尺寸、形状和具体的配筋信息。下面以厂区办公楼结施03图纸中①轴与①轴交汇处的独立基础DJ-2为例，介绍独立基础的定义与绘制。

2. 独立基础的手动定义

通过分析图纸可知，①轴与①轴交汇处的独立基础名称为DJ-2，锥形独立基础，基础底面尺寸为2800mm×2800mm，基础底面设计标高为−1.75m，如图1-216所示。基础钢筋配置详见结施04图纸基础配筋表。

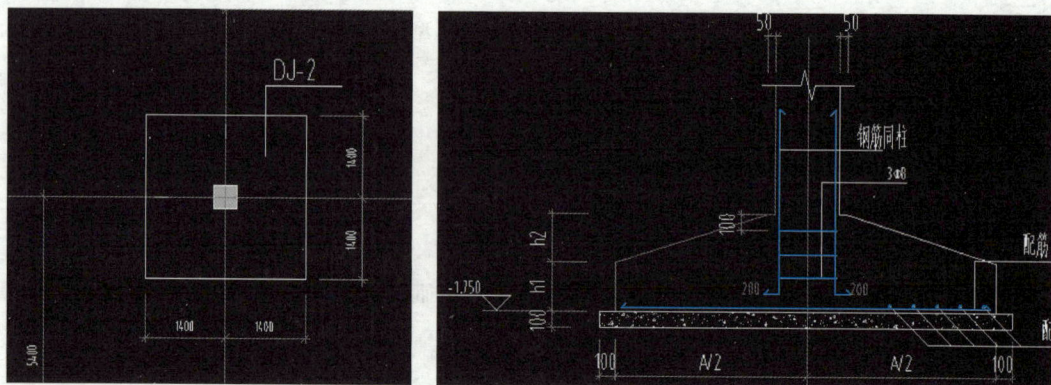

图1-216 独立基础剖面详图

结合独立基础详图，得到该基础的具体信息，其中包括基础底面的尺寸和顶面尺寸，基础的竖向高度信息 h_1、h_2，以及基础底板 X 方向和 Y 方向的配筋信息，手动定义独立基础构件，具体步骤如下：

（1）先建立独立基础整体，定位到基础层，在导航栏中选择"基础—独立基础"，在构件列表中单击"新建独立基础"。

（2）在属性列表中，修改独立基础整体信息：

1）名称：要求与图纸保持一致，这里改为"DJ-2"。

2）底标高：即基础底面设计标高信息，软件默认的基础底面的设计标高是基础层底标高，如果存在个别基础的底面设计标高与基础层底标高不同的情况，需要输入具体的标高数值，注意地面以下的标高要带上负号，如图 1-217 所示。

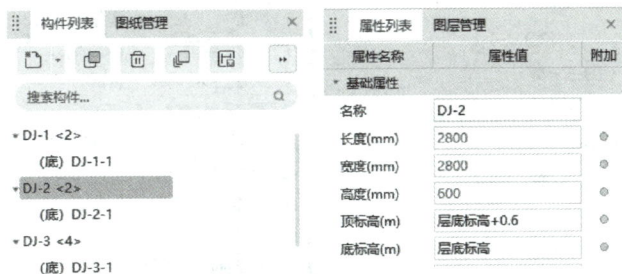

图 1-217　建立独立基础整体

（3）在"整体"下新建独立基础"单元"。软件提供的独立基础单元有"矩形独立基础单元、参数化独立基础单元、异形独立基础单元"三种建立方式。根据工程中独立基础的样式来选择适合的"单元"进行建立。因为"DJ-2"是四棱锥台形独立基础，因此选择"新建参数化独立基础单元"。软件弹出选择参数化图形的窗口，根据基础形状选择对应的样式后输入信息即可，这里选择四棱锥台形独立基础，信息输入完毕如图 1-218 所示。

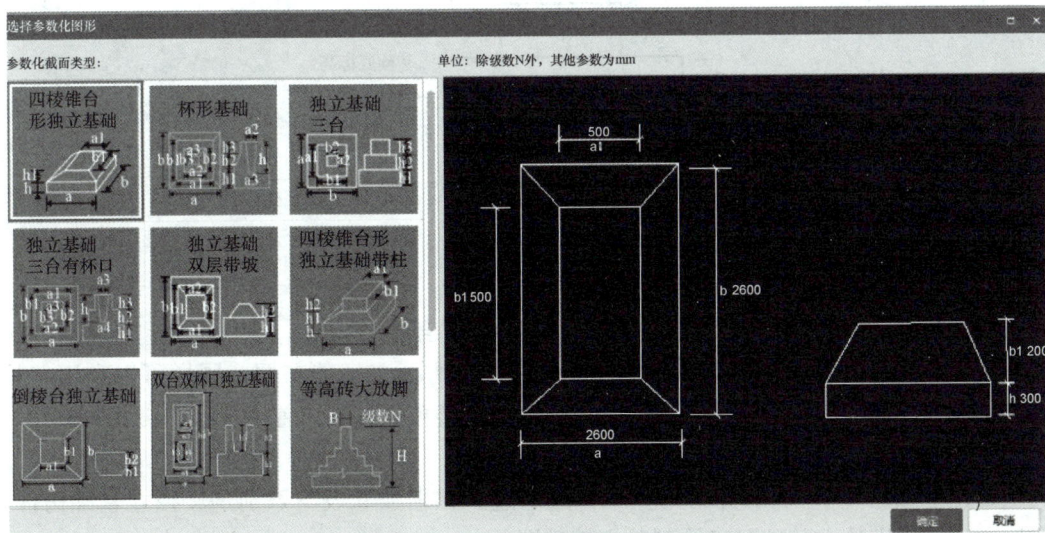

图 1-218　定义独立基础单元

（4）选择新建好的"DJ-2"单元，在属性列表中修改基础底板钢筋的信息，"横向受力筋"指的是图纸 X 方向的底部受力筋，"纵向受力筋"指的是图纸 Y 方向的底部受力筋，修改完成如图 1-219 所示。

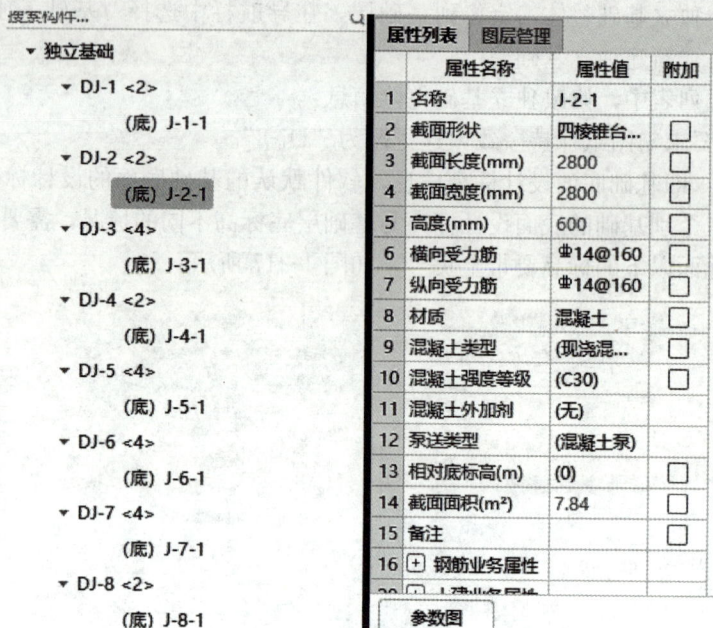

	属性名称	属性值	附加
1	名称	J-2-1	
2	截面形状	四棱锥台...	☐
3	截面长度(mm)	2800	☐
4	截面宽度(mm)	2800	☐
5	高度(mm)	600	☐
6	横向受力筋	Φ14@160	☐
7	纵向受力筋	Φ14@160	☐
8	材质	混凝土	
9	混凝土类型	(现浇混...	☐
10	混凝土强度等级	(C30)	☐
11	混凝土外加剂	(无)	
12	泵送类型	(混凝土泵)	
13	相对底标高(m)	(0)	☐
14	截面面积(m²)	7.84	☐
15	备注		☐
16	⊞ 钢筋业务属性		

图 1-219　修改独立基础单元属性信息

注意

相对底标高（m）指的是独基基础单元底相对于独基整体底标高的高度，如图 1-220 所示，软件会自动计算和叠加，无须修改。

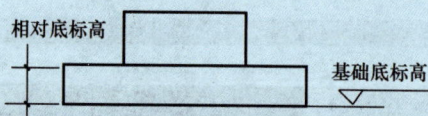

图 1-220　独立基础单元相对底标高

3. 独立基础的手动绘制

独立基础的绘制和柱子类似，主要是采用"点"绘制的方式，可以结合"旋转点"来配合使用，也可以采用"智能布置—柱或轴线"的方式来智能布置，同样可以利用"复制、镜像"等修改命令来快速完成绘制。厂区办公楼独立基础布置完成如图 1-221 所示。

4. 独立基础的 CAD 识别

独立基础的 CAD 识别分为两步，首先通过"识别独基表"识别定义独立基础构件，然后通过"识别独立基础"来绘制独立基础图元。

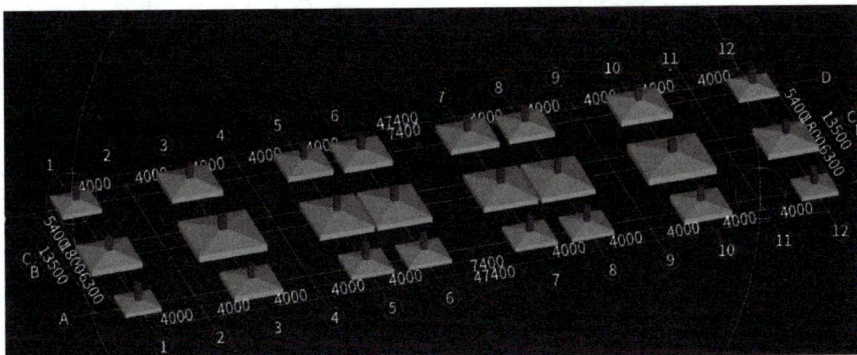

图 1-221　独立基础绘制完成

（1）识别独基表

如果 CAD 图纸中有独基表格，则可以利用软件的"识别独基表"命令快速识别定义独立基础。具体步骤如下：

1）导航栏选择"基础—独立基础"，在"建模"菜单下"识别独立基础"选项卡中单击"识别独基表"命令，使用左键拉框选择 CAD 图纸中的独基表，点击右键确认，弹出"识别独基表"窗口。

2）对照独基表修改基础形式为"对称锥形"，检查 A、B、a1、b1、h1、h2 具体尺寸是否与表头对应，以及底板钢筋信息，如图 1-222 所示。单击"确定"后独立基础构件即自动定义完成。

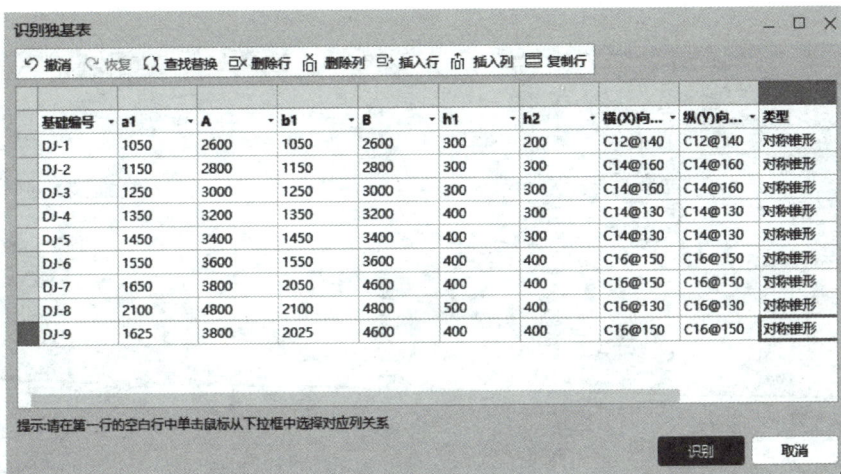

图 1-222　校核独立基础信息

注意

此处"A、B"指的是基础底面两个方向的尺寸；"a1、b1"指的是基础上顶面两个方向到基础边缘的尺寸。

（2）识别独立基础

定义好独立基础构件后，通过识别独立基础的方式完成独立基础的绘制，具体步骤如下：

1）导航栏选择"基础—独立基础"，在"建模"菜单下"识别独立基础"选项卡中单击"识别独立基础"命令，弹出识别独立基础窗口，如图 1-223 所示。

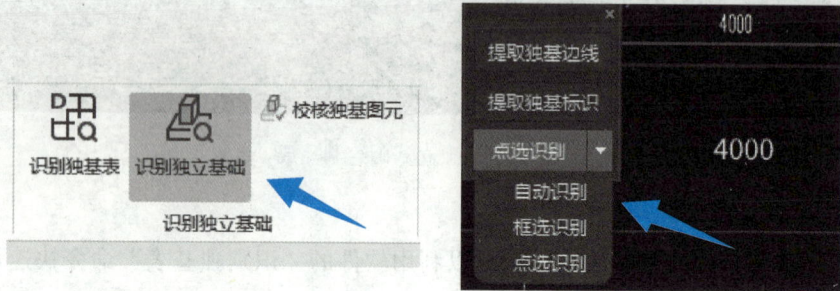

图 1-223　识别独立基础

2）根据软件提示，单击"提取独基边线"，鼠标选择任意独立基础边线，左键选择，右键提取。

3）单击"提取独基标识"，使用左键选择独基标注信息等标识。

4）单击"自动识别"，软件提示"校核通过"，动态观察有无识别错误，若有进行修正，识别完成如图 1-224 所示。

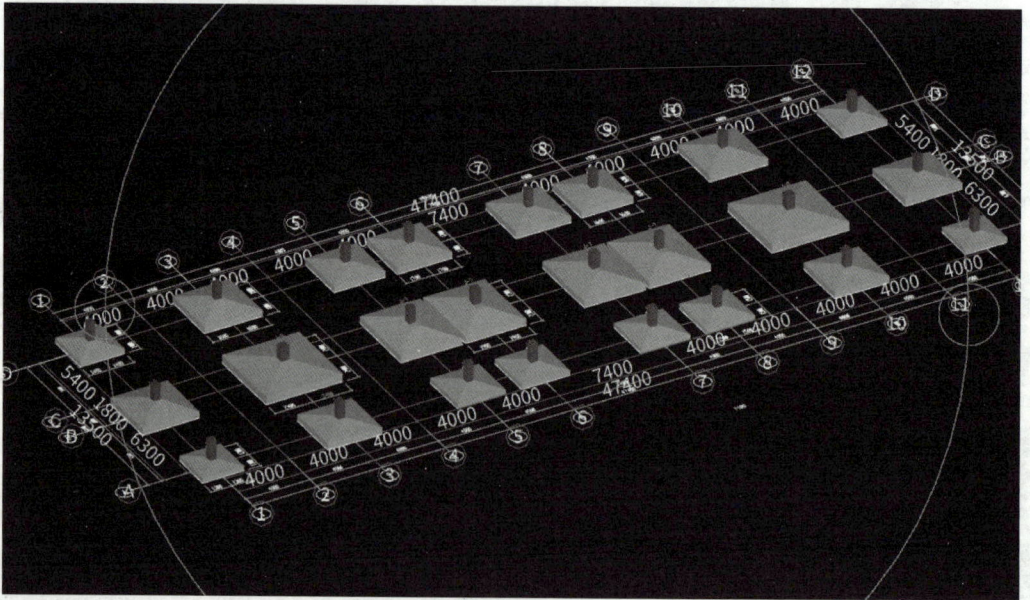

图 1-224　独立基础识别绘制完成

> **注意**
>
> 　　识别绘制独立基础结果与手动定义和绘制独立基础并无区别，如果工程 CAD 图纸并未给定独立基础表格，也可以利用手动方式对独立基础构件进行定义完成后，再通过"识别独立基础"命令进行识别绘制。

5. 基础联系梁的定义与绘制

　　根据厂区办公楼结施 05 图纸可知，本工程在地面以下布置有基础联系梁，基础联系梁共有 8 种不同尺寸和配筋，基础联系梁顶标高为 −0.7m，具体尺寸、配筋信息详见结施 04 基础联系梁截面配筋图，如图 1-225 所示。

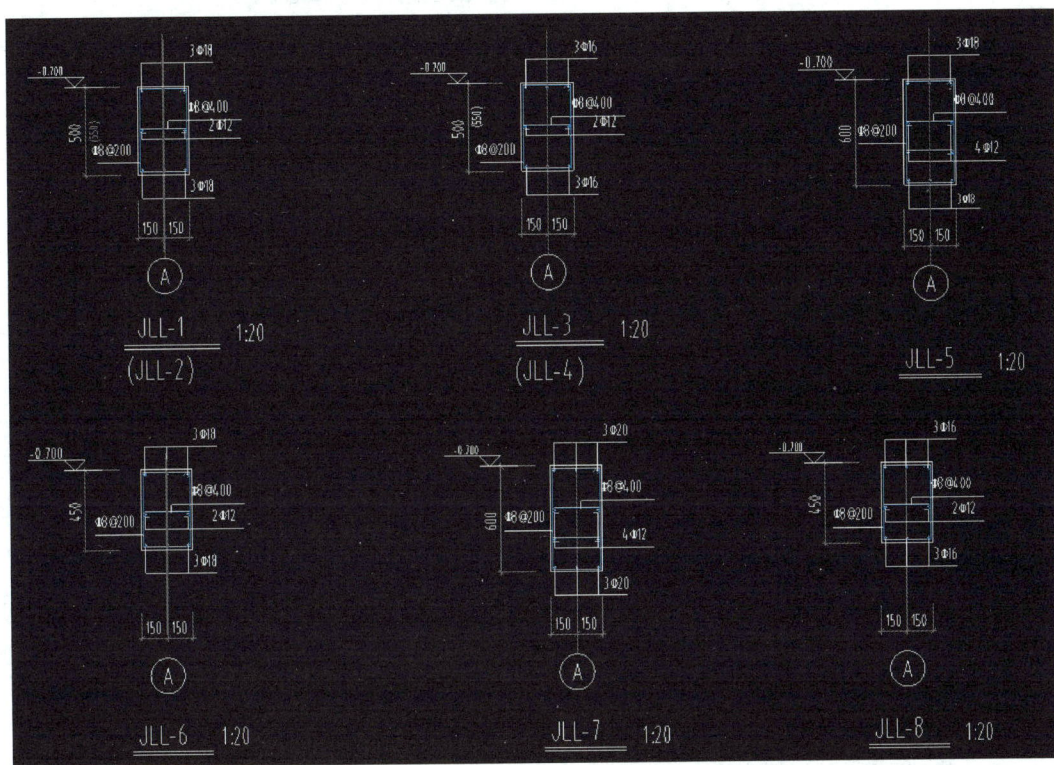

图 1-225　基础联系梁截面配筋

　　（1）基础联系梁的定义

　　下面以 JLL1 为例介绍基础联系梁的定义，具体步骤如下：

　　1）导航栏选择"梁—梁"构件，在构件列表中单击"新建矩形梁"，如图 1-226 所示。

　　2）在属性列表窗口中根据 JLL1 截面标注的信息进行修改，修改完成如图 1-226 所示，其中：

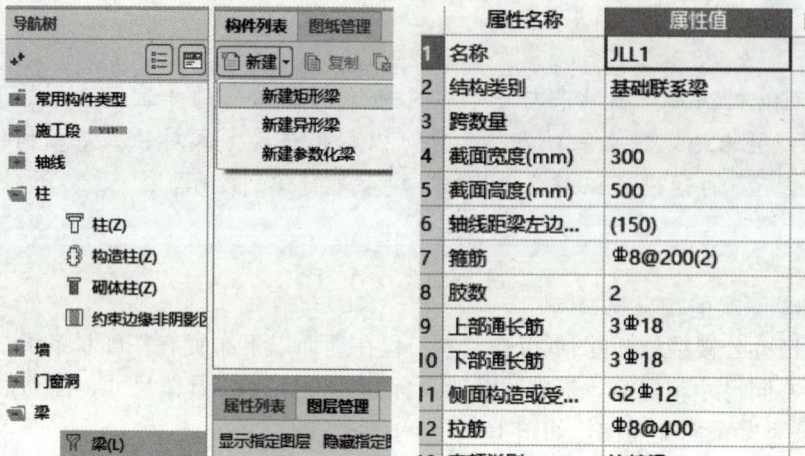

图 1-226　基础联系梁的定义

① 名称：与图中标注信息一致，输入"JLL1"。

② 结构类别：选择基础联系梁。

③ 跨数量：基础联系梁跨数量不用输入。

④ 截面尺寸：根据梁截面信息，在软件截面宽度和高度分别输入"300"和"500"。

⑤ 轴线距梁左边线距离：保持默认即可。

⑥ 箍筋：按照集中标注的箍筋信息进行输入，此处输入："C8-200"。

⑦ 肢数：箍筋属性值中输入"（2）"时，软件已自动提取，也可以在此处直接输入。

⑧ 上部通长筋：按照 JLL1 截面标注信息进行输入，此处输入"3C18"。

⑨ 下部通长筋：按照 JLL1 截面标注信息进行输入，此处输入"3C18"。

⑩ 侧面构造或受扭筋：注写总配筋值，格式为 G 或 N＋侧面纵筋信息，默认为构造配置，当侧面为受扭筋时 N 不能省略。此处输入"2C12"。

⑪ 拉筋：根据截面信息进行输入，此处输入"C8-400"。

⑫ 起点顶标高～终点顶标高：分别表示在绘制梁的过程中，梁起点的顶标高和梁终点的顶标高。本工程基础联系梁顶标高均为－0.7m，此处均修改为"－0.7"即可。

其他基础联系梁可以通过"复制"的方式建立，构件编号会自动排序，只需根据图示信息修改不同之处即可，继续建立基础层余下的基础联系梁构件。

（2）基础联系梁的绘制

基础联系梁的绘制与普通框架梁相同，可以选择"直线"绘制的方式捕捉轴线交点依次进行绘制。绘制的时候要注意基础联系梁的布置范围，按照范围逐道进行绘制，直到绘制完成，单击鼠标右键，退出绘制。绘制完成后要根据基础联系梁与周围框架柱的位置，采用"对齐"命令进行调整。由于基础联系梁没有原位标注的信息，但是仍要对其进行原位标注，这里我们可以用"刷新支座尺寸"命令快速对已经绘制的基础联系梁进行原位标注，单击"刷新支座尺寸"命令，使用左键拉框选择所有已经绘制的基础联系梁，点击右键确认。基础联系梁绘制完成如图 1-227 所示。

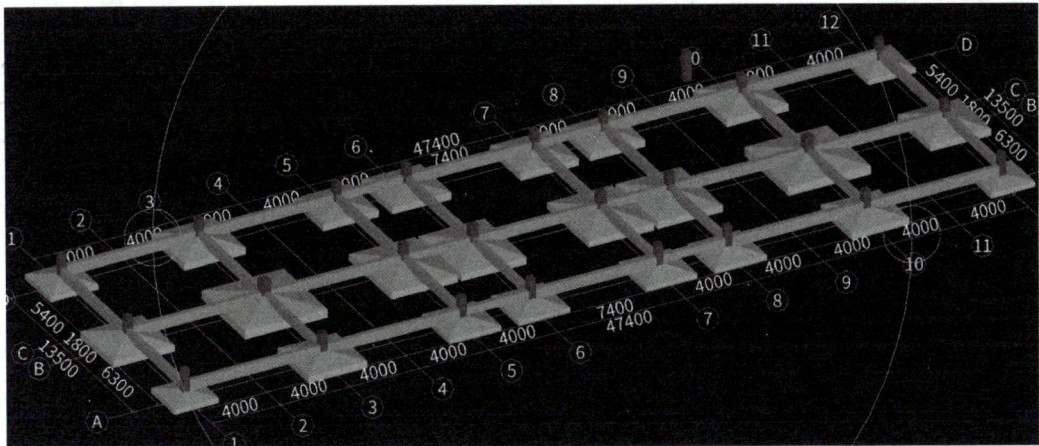

图 1-227　基础联系梁绘制完成

注 意

当基础联系梁既与基础相交同时又与柱子相交时，要按照先绘制基础联系梁再绘制基础的顺序进行建模，保证基础联系梁内钢筋计算结果的准确性。

任务总结

1. 独立基础的模型可以手动建立也可以 CAD 识别建立。

2. 手动建立独立基础模型首先要准确识读独立基础结构施工图，根据独立基础的类型，按照先定义整体再定义单元的顺序进行定义，再根据独立基础的平面布置图对独立基础进行布置。

3. 当有独立基础表格时可以利用识别独基表的方式定义独立基础构件，独立基础定义完成后可以利用识别独立基础的方式进行 CAD 识别绘制。

复习思考题

1. 独立基础建立"单元"时三种方式的区别。

2. 独立基础单元当中"横向受力筋"与"纵向受力筋"与图纸中独立基础的底板钢筋如何对应？

3. 独立基础识别定义的前提是什么？

4. 当某独立基础的底面标高与基础层底面标高不同时，如何处理？

5. 当独立基础存在顶部配筋时如何处理？

6. 基础联系梁与独立基础的绘制顺序有何要求？

1.3.6 楼梯建模

任务工单

利用 GTJ2025，完成给定案例工程楼梯模型的建立工作。

任务说明

根据厂区办公楼结构施工图，对本工程的楼梯进行定义和绘制。

任务分析

1. 楼梯由哪几部分组成，如何建立？
2. 本工程楼梯是何种形式，如何建立？
3. 如何手动定义和绘制梯柱？
4. 楼梯连接梁是否需要处理，若需要应如何处理？

任务实施

1. 分析图纸

由厂区办公楼结施 14 楼梯平面图及剖面图可知，本工程楼梯采用平行双分式楼梯，下梯板为 BT 型，上梯板为 CT 型，具体信息为：

梯板 BT1：梯板厚 120mm；楼梯竖向高度 1800mm，分 11 级；横向梯段长度 3000mm，分 10 级，每个踏步宽 300mm，踏步高 163.64mm，梯段板宽 2900mm，低端平板长度 150mm；梯板上部纵筋 Φ12@160，下部纵筋 Φ12@160，分布筋信息为 Φ8@200。

梯板 CT1：梯板厚 120mm；楼梯竖向高度 1800mm，分 11 级；横向梯段长度 3000mm，分 10 级，每个踏步宽 300mm，踏步高 163.64mm，梯板宽 2000mm，高端平板长度 150mm；梯板上部纵筋 Φ12@160，下部纵筋 Φ12@160，分布筋信息为 Φ8@200。

休息平台板 PTB1：休息平台板厚 180mm，底部双向配筋 Φ10@150，顶部双向配筋 Φ8@150，平台板宽度 2050mm，梯井宽度 150mm。

楼梯是一个组合构件，包含梯柱、梯梁、平台梁、梯板和平台板。在 GTJ2025 中，楼梯只能利用手动处理的方式进行定义和绘制。梯柱作为梯梁支座需要通过框架柱来进行定义与绘制，梯梁、梯板和平台板可以通过参数化楼梯构件进行定义与绘制。

2. 梯柱的定义与绘制

在结施 14 楼梯平面图、剖面图与梯柱截面配筋图上，可以获得梯柱的尺寸、配筋、平面位置及空间高度等信息，根据这些信息定义和绘制梯柱。梯柱采用框架柱构件定义，名称参照图纸标注，尤其注意本工程梯柱的顶标高与中间休息平台板的高度保持一致。下面以厂区办公楼首层的梯柱为例进行说明，梯柱平面布置图和梯柱截面配筋图如图 1-228 所示，具体步骤如下：

（1）楼层切换至首层，在导航栏中选择"柱—框架柱"，在构件列表中单击"新建矩形柱"。

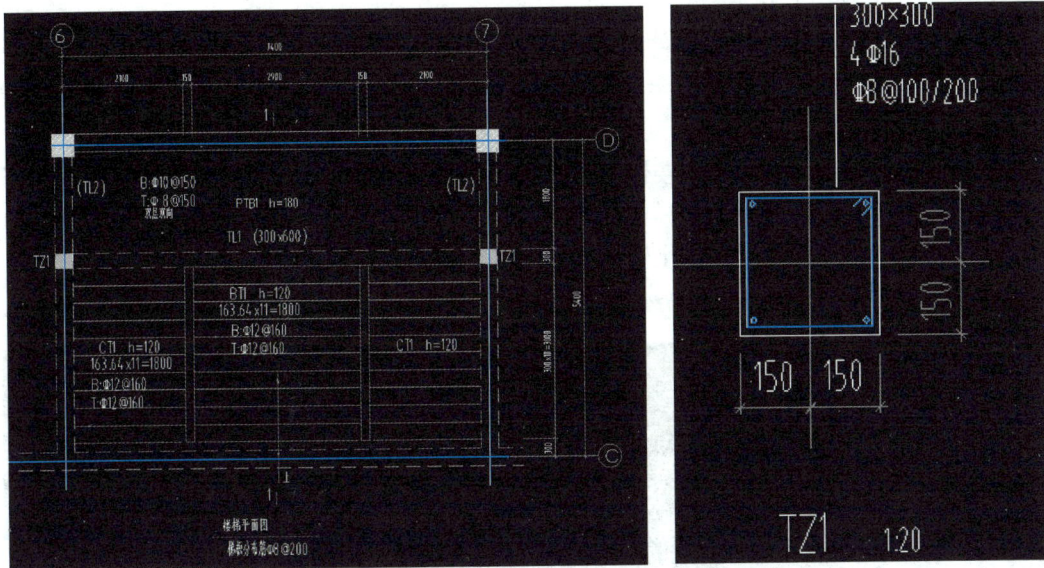

图 1-228　楼梯平面布置图和梯柱截面配筋图

（2）在属性列表窗口中修改梯柱信息：名称"TZ1"，尺寸"300×300"，角筋"4C16"，箍筋"C8-100/200"，顶标高为"层底标高＋1.8m"。

（3）在构件列表中选择定义好的"TZ1"构件，在绘图区域中采用"Shift＋鼠标左键"偏移绘制，按住"Shift"点击①轴与⑦轴的交点，向下偏移1950mm，如图 1-229 所示，绘制完成如图 1-230 所示。

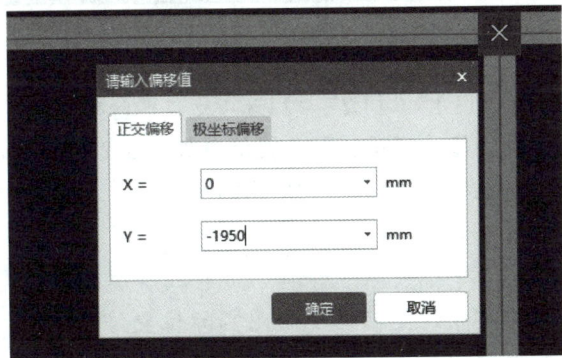

图 1-229　梯柱的偏移绘制

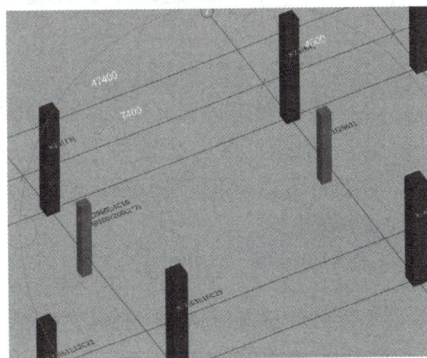

图 1-230　绘制完成的梯柱

注意

梯柱都是在梁上生根的梁上柱，对于首层的梯柱而言，其生根的位置是基础联系梁，因此要将首层梯柱的底标高改为－0.7m。

3. 参数化楼梯的定义与绘制

GTJ2025 中的参数化楼梯构件包含梯梁、平台梁、中间休息平台板和梯段板。下面以厂区办公楼首层楼梯为例介绍参数化楼梯的定义与绘制，首层的楼梯为平行双分式楼梯，绘制步骤如下：

（1）导航栏中选择"楼梯—楼梯"，在构件列表中单击"新建参数化楼梯"，弹出选择参数化图形对话框，根据图纸选择楼梯样式，这里选择"平行双分"式楼梯，如图 1-231 所示，根据图纸标注，修改参数化楼梯信息。

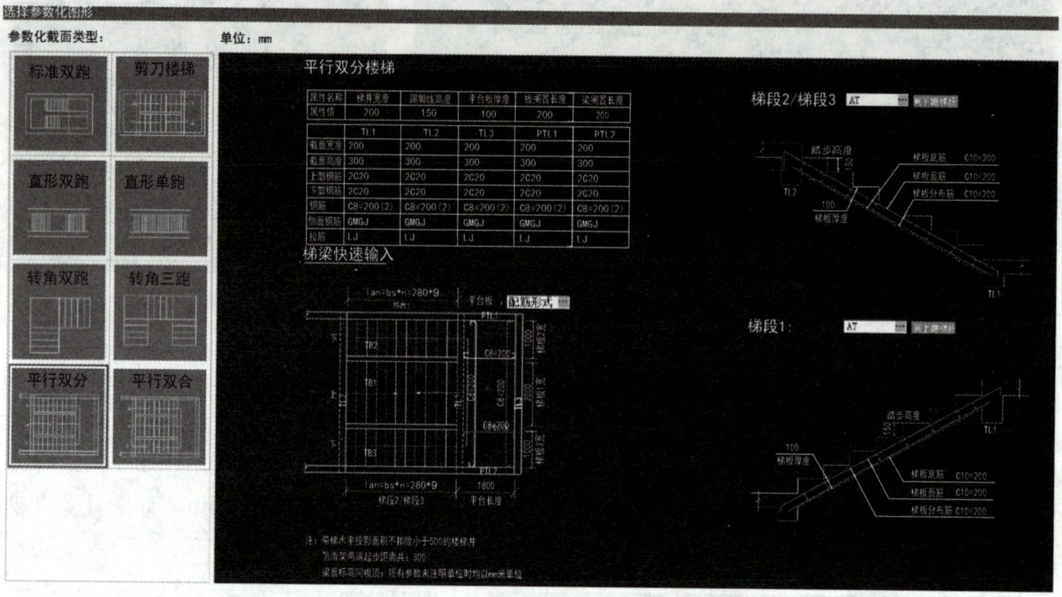

图 1-231　参数化楼梯的定义

（2）修改梯梁信息，GTJ2025 将梯梁分为"TL1""TL2""TL3"及"平台板两侧的平台梁"。根据厂区办公楼首层楼梯平法施工图，修改梯梁、平台梁信息如图 1-232 所示，输入梯梁时可以利用"梯梁快速输入"功能，在表格中完成梯梁信息的输入。

> **注意**
>
> 　　板的搁置长度会影响梁和休息平台的尺寸，要根据平面图实际位置修改平台板的搁置长度，一般来说取周围墙体厚度的一半。梁的搁置长度影响的是中间休息平台，梯梁搁置到两侧梯柱上的长度，一般来说取两侧梯柱宽度的一半即可。

（3）修改平台板信息，中间休息平台板长度 2050mm，厚度 180mm，平台板配置双层双向钢筋，面筋"Φ8@150"，底筋"Φ10@150"，修改完成如图 1-233 所示。

（4）修改梯板信息。首层楼梯为平行双分式楼梯，下部梯板为 BT 型，上部两个梯板为 CT 型，梯板受力筋均为"Φ12@160"，分布筋为"Φ8@200"，梯段板厚度均为 120mm，梯井宽度 150mm。BT 型梯板宽度 2900mm，低端平板长度 150mm，踏步尺寸

图 1-232　梯梁、平台梁信息修改

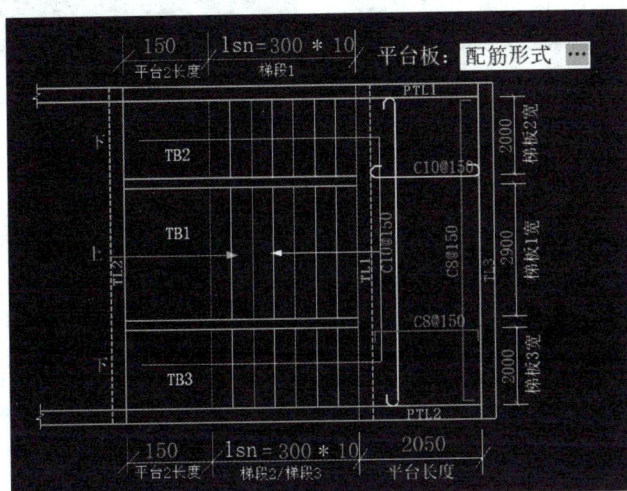

图 1-233　休息平台板配筋修改完成

300mm×163.64mm，个数为 10 个。CT 型梯板宽度 2000mm，高端平台长度 150mm，踏步尺寸 300mm×163.64mm，个数为 10 个。梯板信息修改完成如图 1-234 所示。

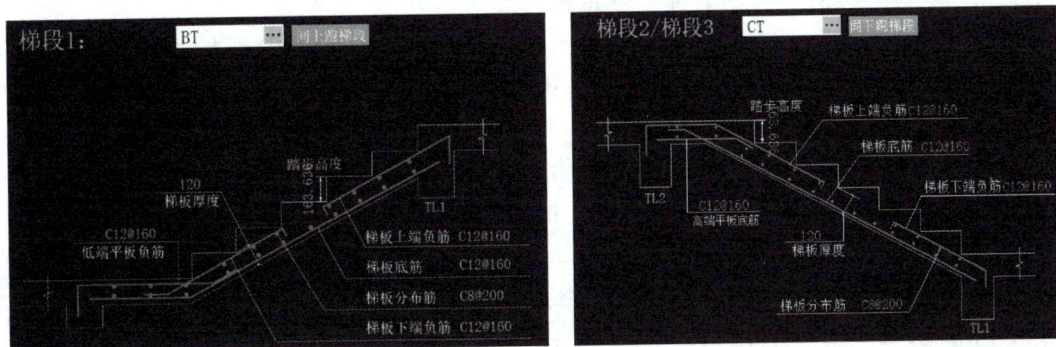

图 1-234　梯板信息修改完成

（5）绘制楼梯。楼梯插入点的位置默认是梯板与楼梯连接梁的交点，楼梯要布置在靠近砌体墙的位置，因此可以采用偏移绘制的方式，捕捉连接梁与砌体墙交点。具体方法是在构件列表中选择定义好的"LT1"构件，在绘图区域中按住"Shift"捕捉ⓒ轴与⑦轴的交点，在弹出的窗口中输入偏移距离，如图 1-235 所示。绘制完成后，动态观察楼梯空间位置是否存在问题，完成楼梯的绘制，如图 1-236 所示。

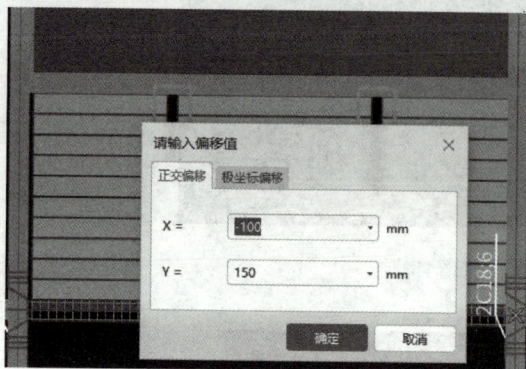

图 1-235　楼梯的绘制

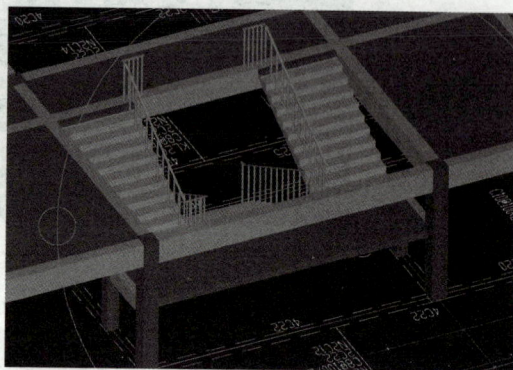

图 1-236　楼梯绘制完成

> **注意**
>
> 　　一般来说，对于楼梯的混凝土和模板的工程量我们提取的是楼梯的水平投影面积。建立楼梯模型的意义在于计算梯板、休息平台和梯梁当中的钢筋，而对于中间休息平台两侧的平台梁，由于其是嵌入到两侧的砌体墙中的，所以其混凝土和模板工程量并未包含在楼梯的水平投影面积中，要单独建立模型进行提取。尤其当休息平台板厚度与梯段板厚度不同时，楼梯的水平投影面积要以梯梁外边缘为界分别进行提取，便于后期进行定额组价。

4. 楼梯垫梁的定义与绘制

首层楼梯梯板的底端要布置楼梯的基础，即图 1-237 所示的楼梯垫梁，楼梯垫梁采用梁式配筋，由于类似于基础梁构件，因而可以用"基础梁"构件来进行定义与绘制，垫梁的具体信息如图 1-237 所示。具体步骤如下：

（1）定位到首层，导航栏选择"基础—基础梁"，在构件列表中单击"新建矩形基础梁"，根据图纸信息在属性列表中修改构件属性，注意修改垫梁顶标高为"层底标高"，修改完成如图 1-238 所示。

（2）利用"Shift＋鼠标左键"偏移绘制，第一点从ⓒ轴与⑥轴的交点向右偏移 2250mm，第二点从ⓒ轴与⑦轴的交点向左偏移 2250mm，绘制完成如图 1-239 所示。

5. 梁跨类别的修改

在提取楼梯混凝土和模板工程量的时候，楼层连接梁是算到楼梯中的，因而要将 L1 与楼梯相连的这一跨调整跨类别。点击"梁二次编辑"中选择"梁跨分类"命令，左键单击选择需要分类的梁跨，单击右键确定，在弹出的"属性列表"中修改土建汇总类别为

"连接梁",如图 1-240 所示。修改完成后,按"Esc"键退出即可,修改完成后梁跨被网格显示,如图 1-241 所示。

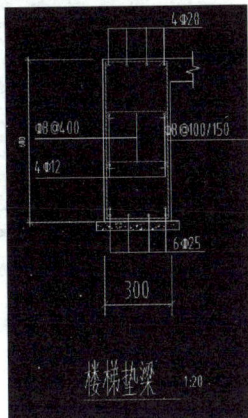

图 1-237　楼梯垫梁信息

	属性名称	属性值
1	名称	JZL2
2	类别	基础主梁
3	截面宽度(mm)	300
4	截面高度(mm)	600
5	轴线距梁左边...	(150)
6	跨数量	
7	箍筋	Φ8@100/150(
8	肢数	2
9	下部通长筋	4Φ25
10	上部通长筋	6Φ25 2/4
11	侧面构造或受...	G4Φ12
12	拉筋	Φ8@400
13	材质	混凝土
14	混凝土类型	(现浇混凝土...

图 1-238　楼梯垫梁的定义

图 1-239　楼梯绘制完成

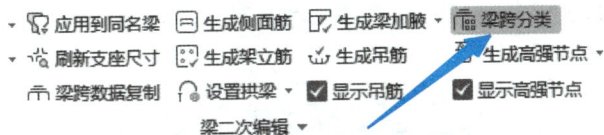

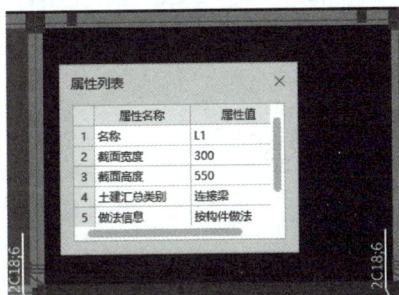

图 1-240　修改梁跨类别

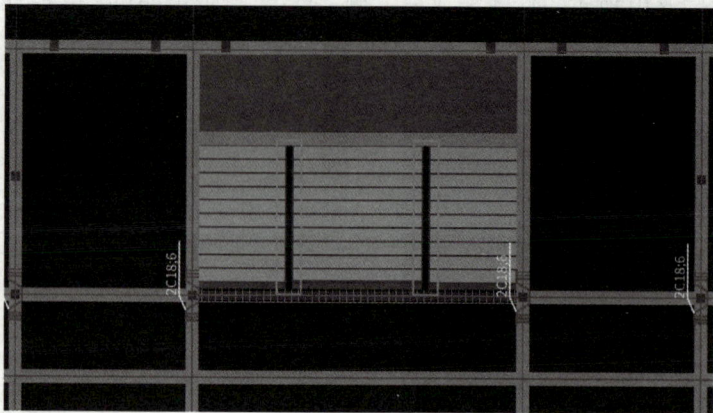

图 1-241　梁跨修改完成

任务总结

1. 楼梯的参数化建模包括梯板、梯梁、平台梁和中间休息平台板。

2. 建立楼梯模型首先要准确识读楼梯结构施工图，根据梯梁、平台梁、休息平台板和梯板的信息定义楼梯，根据楼梯的平面布置图对楼梯进行布置。

3. 梯柱采用框架柱进行定义和绘制，注意梯柱的高度和中间休息平台保持一致。

4. 观察楼梯连接梁是否需要进行梁跨类别的调整。

5. 楼梯基础可以采用基础梁构件进行处理。

复习思考题

1. 梯柱在定义的时候需要注意什么？

2. 楼梯构件在定义时梯梁和平台梁位置有何区别？

3. 如何确定平台梁或梯梁、板的搁置长度？

4. 楼梯定位点在哪里？如何将楼梯准确布置在图上？

5. 什么情况下需要调整楼梯连接梁的梁跨类别？

6. 楼梯基础如何绘制？

1.4　钢筋工程量的查看与提取

知识目标

1. 掌握钢筋工程量汇总与查看的方法。

2. 熟悉钢筋报表的分类和作用。

能力目标

1. 能够利用软件分构件查看并提取钢筋工程量。

2. 能够利用软件分构件查看并提取钢筋计算明细。
3. 能够利用软件导出所需要的钢筋表格。

素养目标

1. 培养敢于实践、勇于创新的意识和能力。
2. 养成对工作认真负责的高度责任感。

钢筋工程量的
汇总与查看

1.4.1　钢筋工程量的汇总与查看

任务工单

对厂区办公楼工程主体结构构件的钢筋进行汇总计算，并查看钢筋计算结果。

任务说明

根据厂区办公楼结构施工图，对本工程的主体结构钢筋进行汇总计算和查看。

任务分析

1. 如何对钢筋进行汇总计算?
2. 查看钢筋量的方法有哪些?
3. 如何查看某个具体构件的钢筋计算明细?
4. 如何查看某个具体构件的钢筋三维?

任务实施

1. 分析图纸

根据《动态调整汇编》，钢筋工程量按设计长度乘以单位理论重量，以质量计算。此处设计长度按照钢筋中轴线计算，按间距计算分布钢筋根数时，应按向上取整加 1，以保证钢筋间距符合规范和设计要求；钢筋定尺长度引起的搭接不单独计算费用；除定额设置的接头子目可以单独计算外（如套筒连接、电渣压力焊等），普通焊接的接头不单独计算费用。据此确定钢筋的汇总方式为“按中心线汇总”，定尺长度修改如图 1-242 所示。

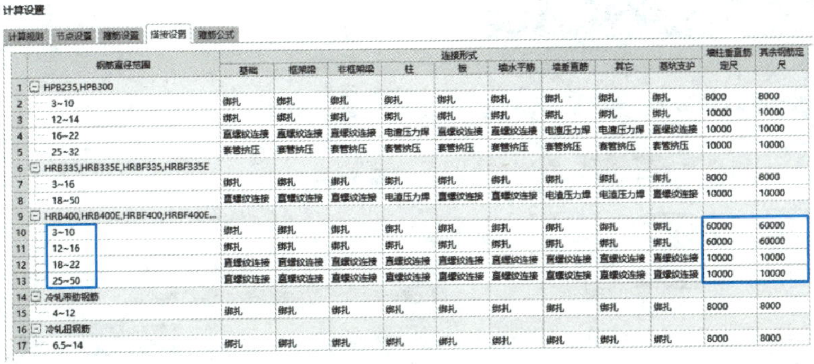
计算设置

计算规则　节点设置　箍筋设置　搭接设置　箍筋公式

	钢筋直径范围	连接形式									墙柱垂直筋定尺	其余钢筋定尺
		基础	框架梁	非框架梁	柱	板	墙水平筋	墙垂直筋	其它	基坑支护		
1	HPB235,HPB300											
2	3~10	绑扎	绑扎	绑扎	绑扎	绑扎	绑扎	绑扎	绑扎	绑扎	8000	8000
3	12~14	绑扎	绑扎	绑扎	绑扎	绑扎	绑扎	绑扎	绑扎	绑扎	10000	10000
4	16~22	直螺纹连接	直螺纹连接	直螺纹连接	电渣压力焊	直螺纹连接	直螺纹连接	电渣压力焊	电渣压力焊	直螺纹连接	10000	10000
5	25~32	套管挤压	套管挤压	套管挤压	套管挤压	套管挤压	套管挤压	套管挤压	套管挤压	套管挤压	10000	10000
6	HRB335,HRB335E,HRBF335,HRBF335E											
7	3~16	绑扎	绑扎	绑扎	绑扎	绑扎	绑扎	绑扎	绑扎	绑扎	8000	8000
8	18~50	直螺纹连接	直螺纹连接	直螺纹连接	电渣压力焊	直螺纹连接	直螺纹连接	电渣压力焊	电渣压力焊	直螺纹连接	10000	10000
9	HRB400,HRB400E,HRBF400,HRBF400E...											
10	3~10	绑扎	绑扎	绑扎	绑扎	绑扎	绑扎	绑扎	绑扎	绑扎	60000	60000
11	12~16	绑扎	绑扎	绑扎	绑扎	绑扎	绑扎	绑扎	绑扎	绑扎	60000	60000
12	18~22	直螺纹连接	直螺纹连接	直螺纹连接	直螺纹连接	直螺纹连接	直螺纹连接	直螺纹连接	直螺纹连接	直螺纹连接	10000	10000
13	25~50	直螺纹连接	直螺纹连接	直螺纹连接	直螺纹连接	直螺纹连接	直螺纹连接	直螺纹连接	直螺纹连接	直螺纹连接	10000	10000
14	冷轧带肋钢筋											
15	4~12	绑扎	绑扎	绑扎	绑扎	绑扎	绑扎	绑扎	绑扎	绑扎	8000	8000
16	冷轧扭钢筋											
17	6.5~14	绑扎	绑扎	绑扎	绑扎	绑扎	绑扎	绑扎	绑扎	绑扎	8000	8000

图 1-242　搭接设置

建筑物的主体结构模型建立完成之后，对模型进行汇总计算，就可以查看主体结构构件中所包含的钢筋工程量。通过汇总计算和查看钢筋量我们可以快速获取基于某个楼层、某个构件、某种钢筋规格或直径的钢筋工程量信息，并可以将这些信息作为钢筋工程量计算的结果进行汇总和导出。

2. 合法性检查

在汇总计算之前需要对所建模型进行合法性检查，单击工程量菜单下"合法性检查"命令，软件会自动对模型进行合法性检查，弹出检查结果窗口，如图 1-243 所示。根据软件提示，双击提示定位到模型中检查是否存在问题，如果检查无误则无须处理。本工程警告提示均为 TZ 高度不连续，经检查符合图纸设计，并非错误。

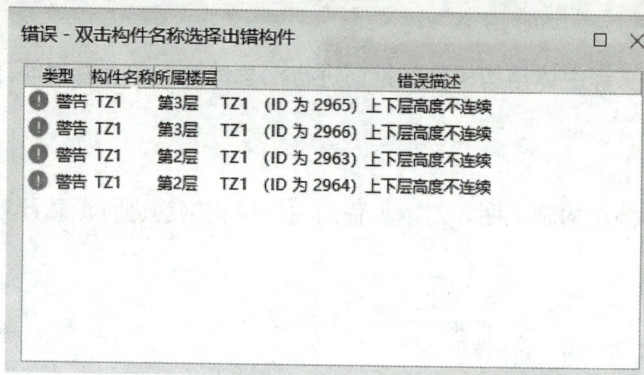

图 1-243　合法性检查

3. 汇总计算

合法性检查完成后，需要进行"汇总计算"软件才能够计算出主体结构构件包含的钢筋工程量，方法是在功能区选项卡中切换到"工程量"菜单，点击"汇总"选项卡下的"汇总计算"命令，如图 1-244 所示，在弹出的窗口中选择需要计算的楼层及构件范围，

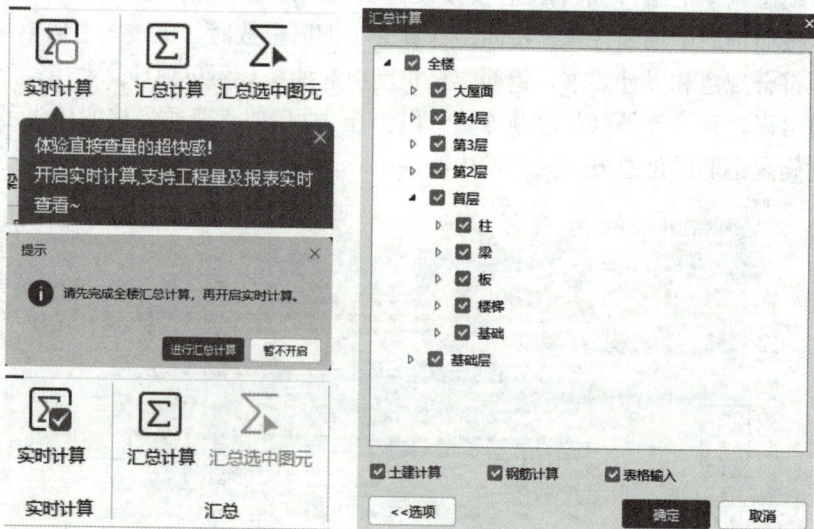

图 1-244　汇总计算与实时计算

这里选择"全楼"进行计算。GTJ2025 软件还提供了实时计算功能（默认是勾选的状态，此时合法性检查也是实时的），在进行了全楼汇总计算之后，可以开启实时计算功能，开启后后续无需再进行汇总计算，当存在改变计算结果的操作时，软件会实时计算工程量，如图 1-244 所示。之前版本的软件当汇总计算后又发生影响工程量的操作时，需要重新进行汇总计算，否则计算结果将不会改变。

也可以通过选中特定图元的方式进行汇总计算，例如"建模"菜单下，切换到首层，在导航栏中选择"柱—框架柱"，在绘图区域中拉框选中首层所有框架柱，右键选择"汇总选中图元"，即可单独计算首层框架柱的钢筋工程量，如图 1-245 所示。如果只需计算某种具体构件（例如首层 KZ3）的钢筋工程量，也可以利用"F3 批量选择"命令，快速选择首层所有 KZ3 之后再进行汇总计算，计算完毕就可以查看首层所有 KZ3 的钢筋工程量。当开启"实时计算"功能后，无需此操作，可以随时查看所选择构件的工程量信息。

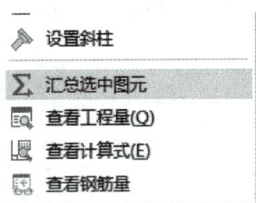

图 1-245　汇总选中图元

4. 查看钢筋工程量

查看钢筋工程量有三种方式，分别是"查看钢筋量、编辑钢筋和钢筋三维"，这三种查看方式对于钢筋工程量的展示侧重点有所不同，可以根据需要选择合适的查看方式。

（1）查看钢筋量

"查看钢筋量"命令主要是用来查看某种构件或某些特定构件的钢筋工程量，查看的方式是在"工程量"菜单下的"钢筋计算结果"选项卡中单击"查看钢筋量"命令，然后选择要查看钢筋工程量的构件图元，即可查看构件的钢筋总重量，以及不同级别、不同直径钢筋的总重量。例如查看厂区办公楼首层 KZ1 钢筋工程量，点击"查看钢筋量"选择首层 KZ1，弹出查看钢筋量窗口，如图 1-246 所示，结果还可以导出到 Excel 文件。

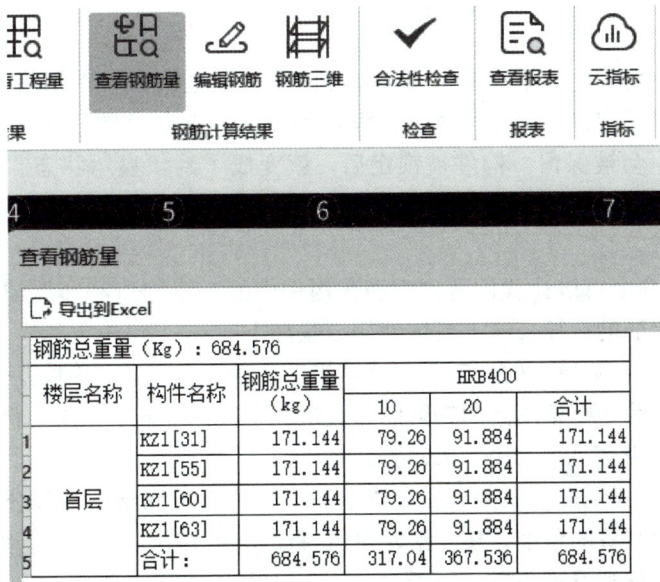

查看钢筋量

钢筋总重量（Kg）：684.576

楼层名称	构件名称	钢筋总重量(kg)	HRB400		
			10	20	合计
首层	KZ1[31]	171.144	79.26	91.884	171.144
	KZ1[55]	171.144	79.26	91.884	171.144
	KZ1[60]	171.144	79.26	91.884	171.144
	KZ1[63]	171.144	79.26	91.884	171.144
	合计：	684.576	317.04	367.536	684.576

图 1-246　KZ1 钢筋工程量的查看

（2）编辑钢筋

"编辑钢筋"命令主要是用来查看某构件图元的钢筋计算明细，也可以对构件中某种钢筋的计算结果进行编辑和修改。使用的方法是在"工程量"菜单下的"钢筋计算结果"选项卡中单击"编辑钢筋"命令，然后选中需要编辑钢筋的构件图元，即可查看该图元内钢筋的计算明细。例如查看厂区办公楼首层 KL3 钢筋计算明细，如图 1-247 所示，在"编辑钢筋"窗口中可以查看该构件钢筋种类、计算公式、单根长度、根数、接头个数等信息，并且可以对这些结果进行修改。

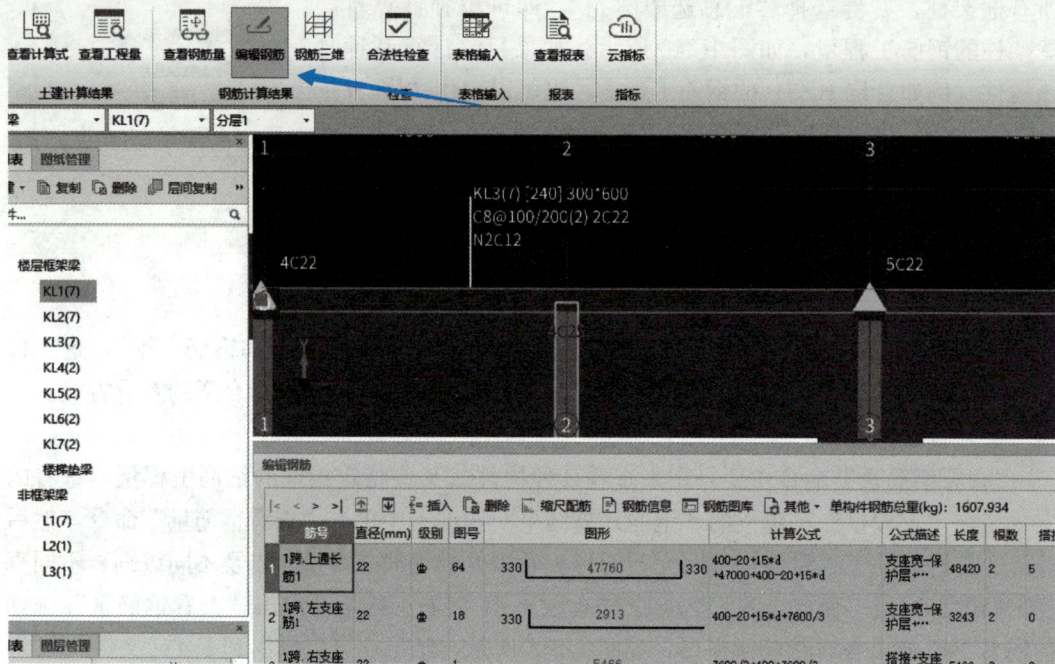

图 1-247　KL3 钢筋计算明细

如果需要对钢筋的计算结果进行编辑和修改，可以直接在编辑钢筋表格内进行修改，修改完成后软件自动弹出对钢筋计算结果锁定的窗口，点击"是"进行锁定，点击"否"则修改的结果将不会被保留。构件被锁定后，就变成了网状显示状态。锁定后的构件图元，还可以单击"解锁"命令，解除锁定。锁定后的柱构件如图 1-248 所示。

（3）钢筋三维

"钢筋三维"命令可以让我们看到钢筋在构件中的三维构造和布置情况，选中某种钢筋也可以查看该钢筋的计算公式。具体使用方法如下：

1）在"工程量"菜单下的"钢筋计算结果"选项卡中单击"钢筋三维"命令，选择需要查看的构件图元，则该图元内钢筋的布置情况就被三维显示出来，例如查看厂区办公楼首层 KZ1 钢筋三维情况，如图 1-249 所示。

2）此时选中单根钢筋，软件会亮显该钢筋总长度以及详细的计算公式和描述，按住鼠标左键可以调整观看的角度，按住滚轮可以挪动构件位置，滑动鼠标滚轮可以放大和缩小显示以调整到最佳观看视角进行查看。

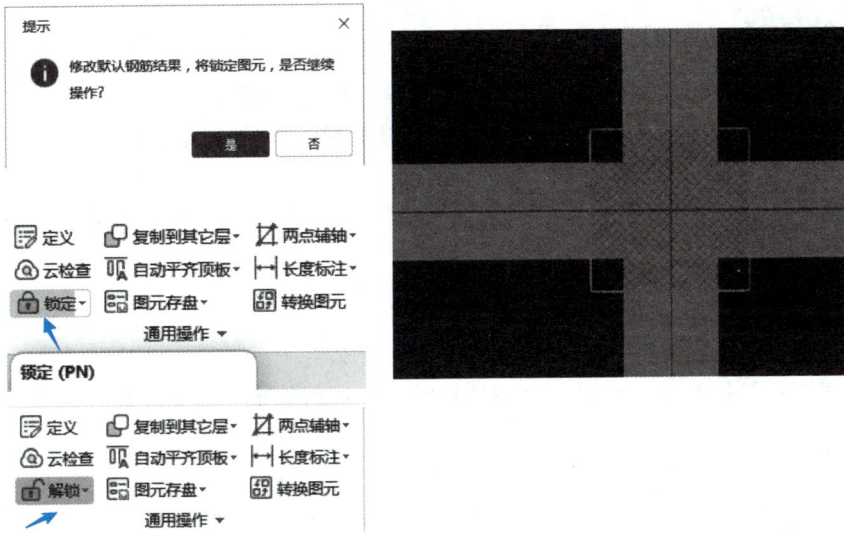

图 1-248　构件的锁定与解锁

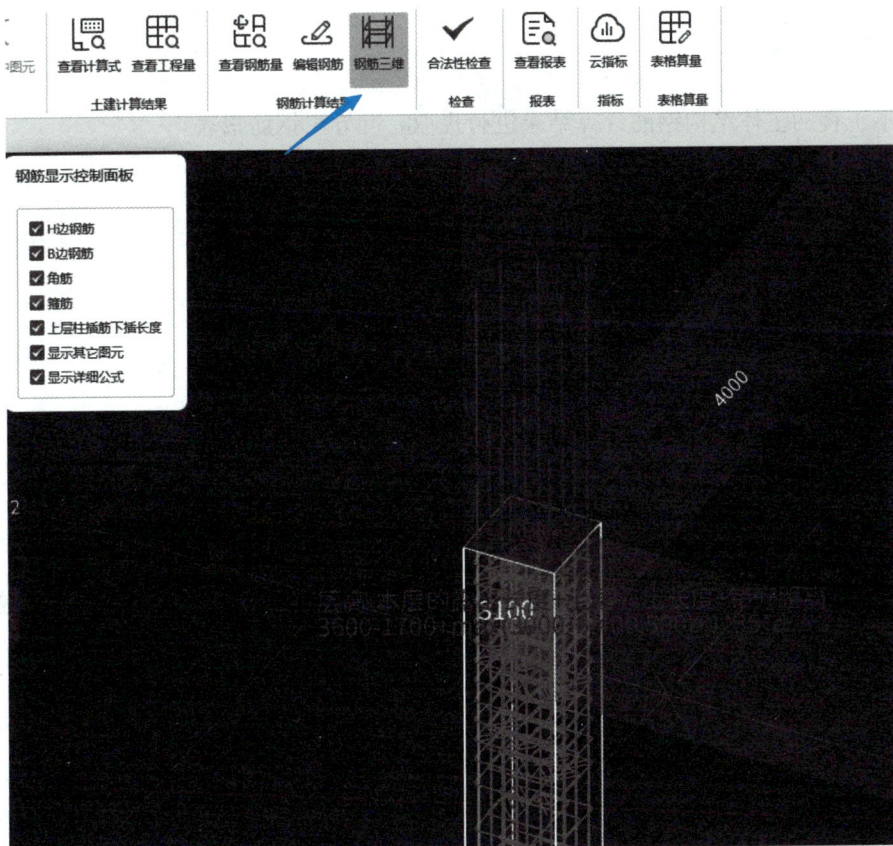

图 1-249　KZ1 钢筋三维展示

任务总结

1. 汇总计算后开启实时计算功能可以对计算结果进行实时计算。

2. 查看钢筋工程量有三种方法，使用时可以根据需要选择特定的方法查看钢筋的计算结果。

3. 在"编辑钢筋"中对计算结果进行修改后通过"锁定"功能保留修改结果。

复习思考题

1. 查看钢筋量有哪几种方式，它们的区别是什么？

2. 如果对构件钢筋计算结果在"编辑钢筋"中进行编辑，需要注意什么？

1.4.2 钢筋工程量的提取

任务工单

对厂区办公楼主体结构钢筋计算结果进行提取，导出钢筋报表。

任务说明

对本工程的主体结构钢筋计算结果进行提取，并导出钢筋报表。

任务分析

(1) 查看钢筋工程量的方法有哪些？

(2) 如何对钢筋的计算结果进行报表输出？

任务实施

1. 提取钢筋量

在"工程量"菜单下，单击"查看报表"命令可以查看钢筋工程量计算结果，可以查看钢筋定额表、接头定额表、钢筋明细表等，通过"设置报表范围"可以查看基于不同汇总条件的钢筋工程量，方便使用者快速提取所需的钢筋工程量。例如查看第 2 层柱和梁的钢筋工程量，可以通过设置报表范围选择第 2 层的柱和梁构件来进行查看，如图 1-250所示。

2. 导出钢筋报表

在获得所需的报表后可以将报表导出至 Excel 或者 Excel 文件，例如将首层主体结构构件钢筋计算结果导出，在报表范围中选择首层，导出至 Excel 文件，如图 1-251 所示，导出结果见表 1-1。

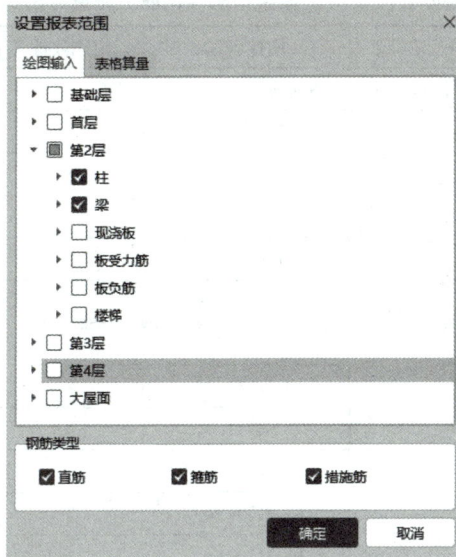

图 1-250　设置报表范围查看钢筋工程量

楼层名称	构件类型	钢筋总重kg	HPB300	HRB400									
			6	8	10	12	14	16	18	20	22	25
第2层	柱	4538.184		201.128	1485.774			42.712		1707.264	768.666	332.64
	梁	11830.407	96.192	1148.684	797.226	515.728	125.404	250.848	338.98	827.252	2277.71	5452.383
	合计	16368.591	96.192	1349.812	2283	515.728	125.404	293.56	338.98	2534.516	3046.376	5785.023

图 1-250　设置报表范围查看钢筋工程量

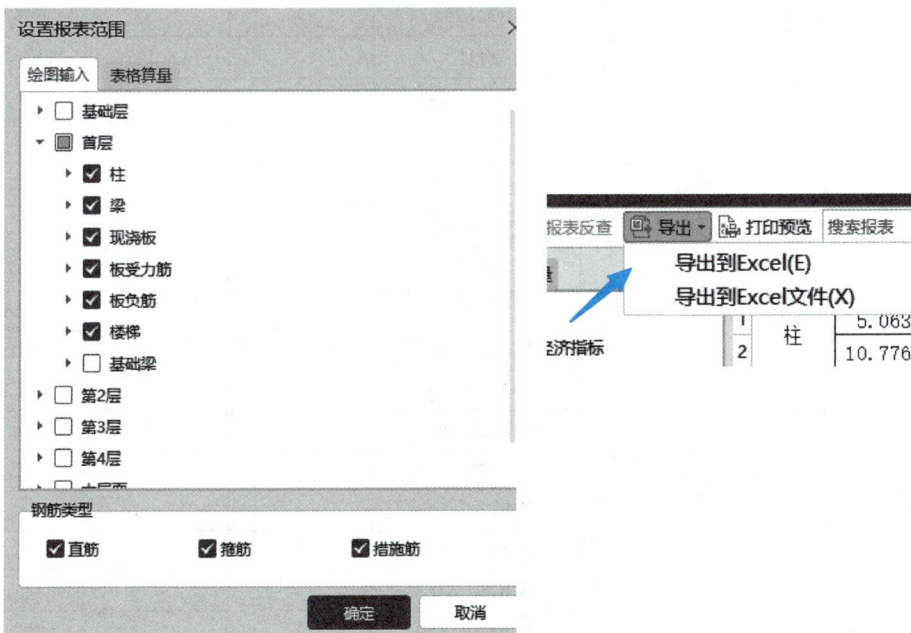

图 1-251　导出钢筋报表

厂区办公楼首层主体结构构件钢筋工程量导出结果　　　　　　表 1-1

汇总信息	汇总信息钢筋总重/kg	构件名称	构件数量	HPB300/kg	HRB400/kg
		楼层名称：首层（绘图输入）		96.192	21841.18
柱	4708.648	KZ3[39]	2		380.352
		KZ3[51]	2		387.992
		KZ5[53]	2		489.376
		KZ4[59]	2		644.7
		KZ1[31]	4		684.576
		KZ2[32]	12		2053.728
		TZ1[2360]	2		67.924
		合计			4708.648
梁	11830.407	KL1(7)[238]	1	11.424	1589.204
		KL2(7)[239]	1	18.72	1755.818
		KL3(7)[240]	1	11.424	1596.51
		KL4(2)[241]	2	6.528	847.814
		KL5(2)[243]	2	9.792	1272.83
		KL6(2)[245]	2	10.752	1093.274
		KL7(2)[247]	2	9.792	1139.624
		L1(7)[249]	1	11.616	1461.341
		L2(1)[250]	4	6.144	572.984
		L3(1)[254]	4		404.816
		合计		96.192	11734.215
板负筋	1505.595	FJ-C10@160	1		56.081
		1_C8@150	1		535.728
		2_C10@160	1		546.017
		3_C8@120	1		367.769
		合计			1505.595
板受力筋	2971.346	B-h100[898]	1		1148.14
		B-h120[902]	1		1231.796
		B-h120[879]	1		39.072
		B-h120[885]	1		111.795
		B-h120[886]	1		111.795
		B-h120[880]	1		54.297
		B-h120[882]	1		54.297
		B-h120[877]	1		111.795
		B-h120[878]	1		108.359
		合计			2971.346
楼梯	921.376	LT1[2668]	1		921.376
		合计			921.376

任务总结

1. 通过"报表查看"命令可以查看钢筋计算结果的明细表。

2. 通过"导出报表"命令，可以导出基于不同楼层、不同构件、不同规格等维度的钢筋报表信息。

复习思考题

1. 如果想以报表形式查看钢筋计算结果，如何实现？

2. 如何将钢筋报表导出并保存？

模块 2   BIM 土建算量

2.1   二次结构建模

知识目标

1. 掌握砌体墙、门窗、过梁、圈梁、构造柱、雨篷、栏板、挑檐等构件的图纸信息内容。

2. 掌握砌体墙、门窗、过梁、圈梁、构造柱、雨篷、栏板、挑檐等构件工程量的计算规则及影响因素。

3. 掌握砌体墙、门窗、过梁、圈梁、构造柱、雨篷、栏板、挑檐等构件的建模方法和思路。

能力目标

1. 能够利用手工建模的方式建立砌体墙、门窗、过梁、圈梁、构造柱、雨篷、栏板、挑檐等构件的三维算量模型。

2. 能够利用 CAD 识别的方式建立砌体墙、门窗的三维算量模型。

3. 能够正确汇总和提取砌体墙、门窗、过梁、圈梁、构造柱、雨篷、栏板、挑檐等构件工程量。

素养目标

1. 培养较强的信息获取能力，能够利用互联网、大数据、人工智能等方式获取信息。

2. 培养不断提升自我、完善自我的进取心和追求卓越的意识。

2.1.1   砌体墙建模

任务工单

利用 GTJ2025，完成厂区办公楼工程砌体墙模型建立工作。

砌体墙建模

任务说明

根据厂区办公楼建筑施工图，对本工程的砌体墙进行定义和绘制。

任务分析

1. 本工程的砌体墙包含哪些种类？
2. 砌体墙定义时需要注意的问题有哪些？
3. 砌体墙绘制时需要注意的问题有哪些？
4. 砌体加筋种类有哪些，如何处理？

任务实施

1. 分析图纸

厂区办公楼为框架结构，工程所包含的砌体墙均为填充墙。建筑结构设计说明中关于墙体的描述信息如下：

（1）外墙为 250mm 厚加气混凝土砌块。

（2）内墙为 200mm 厚加气混凝土砌块。

（3）卫生间局部隔墙为 100mm 厚空心砌块。

（4）女儿墙为 240mm 厚实心砖墙。

（5）首层以下墙体为标准灰砖墙。

2. 砌体墙的定义

下面以厂区办公楼首层砌体墙为例介绍砌体墙的定义与绘制。根据砌体墙的位置、厚度来定义砌体墙构件。根据砌体墙位置将砌体墙分为内墙和外墙，根据砌体墙厚度不同分别定义，下面以首层 250mm 厚的外墙为例介绍砌体墙的定义过程，具体步骤如下：

（1）在导航栏中选择"墙—砌体墙"，在构件列表当中根据墙体类型进行创建。例如先定义外墙，单击"新建外墙"，在属性列表当中修改属性信息。

1）名称：根据墙体内外和厚度进行命名，例如外墙-250。

2）厚度：修改外墙厚度为 250mm。

3）砌体通长筋和横向短筋：砌体通长筋指沿砌体墙长度方向的钢筋；横向短筋指与砌体通长筋垂直的横向短钢筋，类似于一个小梯子形式，如图 2-1 所示。根据结构设计说明，本工程砌体通长筋为 2 Φ 16，每隔 500mm 设置一层，无横向短筋。此处输入"2C6-500"。

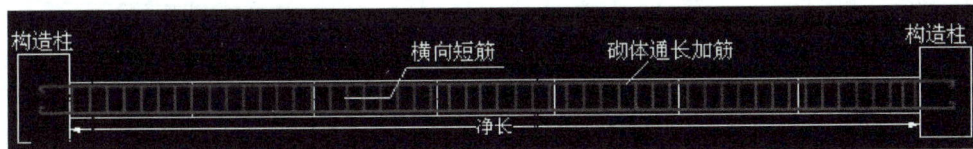

图 2-1　砌体通长筋和横向短筋样式

4）材质：砌块；砂浆类型：混合砂浆。材质与砂浆强度不会影响砌体墙工程量计算，无须修改，保持默认即可。

5）墙体高度：起点和终点的标高默认为层底到层顶。

6）墙体类别：选择"框架间填充墙"。

墙体类别说明：

① 框架间填充墙：一般作为框架结构的填充墙使用。

② 填充墙：一般作为剪力墙结构的填充墙体，可与剪力墙重叠布置。

③ 砌体墙：可以作为承重墙构件。

④ 间壁墙：是隔墙的一种，墙体较薄，多使用轻质材料（如玻璃、木板、空心石膏板等）构成，是在地面面层做好后再进行施工的墙体。

（2）用相同的方法定义 200mm 厚的内墙和 100mm 厚的卫生间隔墙。250mm 厚的砌体墙定义完成如图 2-2 所示。

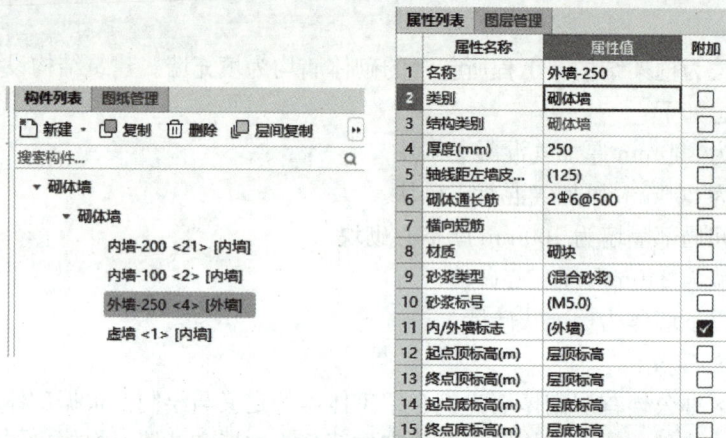

图 2-2　外墙-250 定义

3. 砌体墙的绘制

砌体墙是"线式"构件，绘制的方法与梁类似，同样可以采用"直线、矩形"绘制，或"智能布置"的方式进行绘制。下面以厂区办公楼首层墙体为例，介绍砌体墙的绘制方法。

（1）外墙的绘制

1）在构件列表中选择"外墙-250"，单击"建模"菜单下"绘图"选项卡中的"矩形"命令，利用鼠标左键单击拉框选择①轴与①轴和Ⓐ轴与⑫轴的两个交点。

2）绘制完成后通过"修改"选项卡下的"对齐"命令，将绘制的外墙外边线与柱外边对齐，绘制完成如图 2-3 所示。

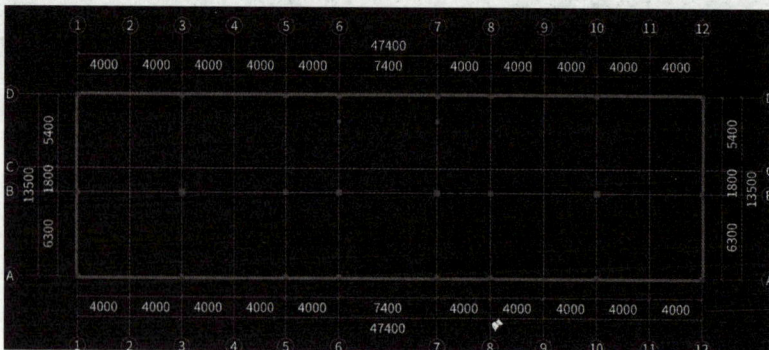

图 2-3　外墙绘制完成

（2）内墙的绘制

本工程内墙有两种，一种是 200mm 厚的内墙，另一种是 100mm 厚的卫生间隔墙，具体步骤如下：

1）绘制 200mm 厚内墙：在构件列表中选择"内墙-200"，在"建模"菜单下"绘图"选项卡中单击"直线"命令，按照图示位置，捕捉轴线之间的交点完成绘制，绘制完成如图 2-4 所示。

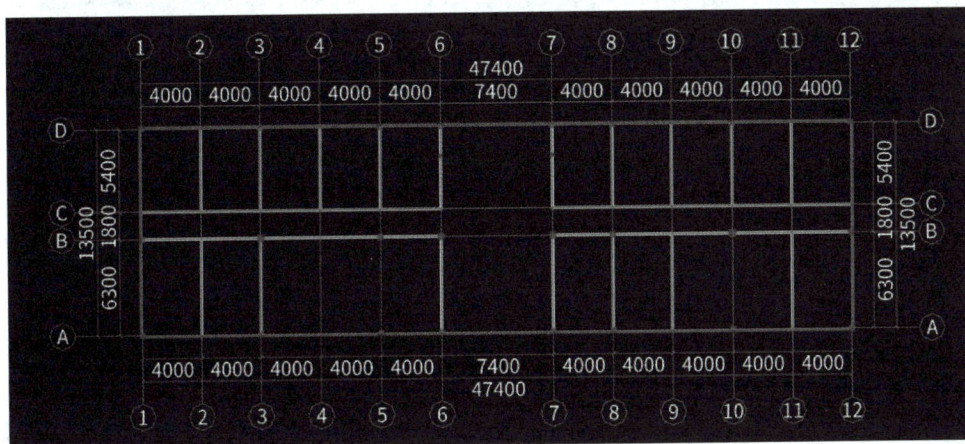

图 2-4 内墙-200 绘制完成

2）绘制 100mm 厚卫生间隔墙：由于卫生间隔墙并不在轴线上，所以卫生间隔墙在绘制时可以采用"偏移绘制"或"辅助轴线绘制"的方式，在构件列表中选择"内墙-100"，按住"Shift"选择ⓒ轴与⑪轴的交点，输入 Y 向偏移值"1700"，单击"确定"，向右捕捉垂点即可，如图 2-5 所示，同样的方法可以绘制其他卫生间隔墙。

3）绘制完成后，检查墙体的位置关系，内外墙要围成封闭的空间，彼此之间要两两相交，个别没有相交在一起的地方可以利用"延伸"命令实现相交。具体方法是按键盘"Z"键，将柱子进行隐藏，观察墙体相交处，单击"修改"选项卡下的"延伸"命令，根据软件提示，将墙体修改为相交的状态，如图 2-6 所示。

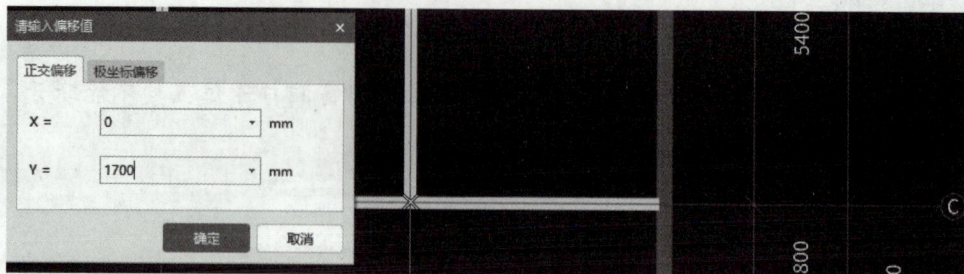

图 2-5　卫生间隔墙的偏移绘制

图 2-6　检查墙体的封闭性

（3）2、3、4 层墙体的绘制

利用绘制好的首层墙体，通过"楼层间复制"功能快速完成 2～4 层墙体的绘制，2 层、3 层墙体由首层复制之后要对照图纸进行修改，4 层墙体可以直接由 3 层墙体复制完成。

4. 屋面女儿墙的定义与绘制

分析图纸可知，屋面女儿墙材质为实心砖墙，厚度 240mm，高度 700mm（但因脚手架工程量计算原因，需要将女儿墙高度按 900mm 定义）。女儿墙的外边线与柱子外边平齐。女儿墙的定义和绘制步骤如下：

（1）定义女儿墙

定位到"大屋面"层，导航栏选择"墙—砌体墙"，在"构件列表"中单击"新建—外墙"，在"属性列表"中修改女儿墙属性信息。

1）名称：女儿墙-240。

2）类别：砌体墙。

3）厚度：240mm。

4）砌体通长筋：2 Φ 6@500。

5）女儿墙起点和终点顶标高改为"层底标高＋0.9"。

（2）绘制女儿墙

1）在"建模"菜单下，单击"绘图"选项卡下"矩形"绘制命令，选择①轴与①轴和Ⓐ轴与⑫轴两个矩形的对角点，完成绘制。

2）修改女儿墙位置：根据女儿墙详图（图 2-7）可知，女儿墙外边线与外墙外边线是对齐的，外墙外边线距离①轴 200mm，女儿墙外边线距离①轴 120mm，因此需要将女儿墙外边线整体向外偏移 80mm。在"建模"菜单下，单击"修改"选项卡下的"偏移"命令，选择"整体偏移"，使用左键拉框选择需要偏移的女儿墙，点击右键确认，鼠标控制偏移的方向，输入偏移距离"80"，绘制完成如图 2-8 所示。

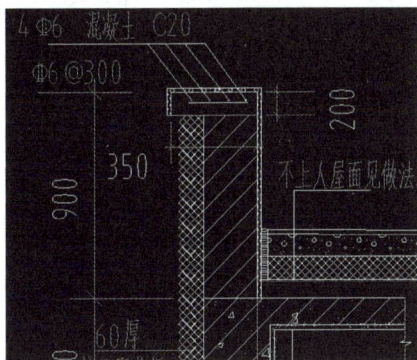

图 2-7　女儿墙详图

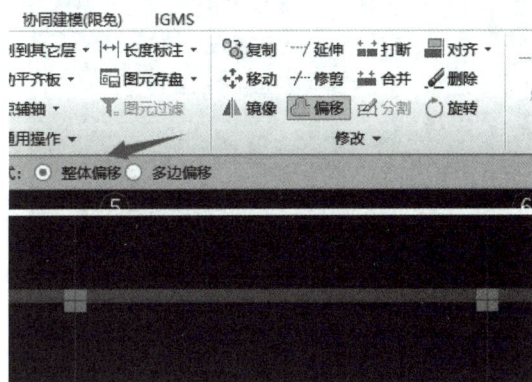

图 2-8　偏移绘制的女儿墙

注　意

①"偏移"命令的"多边偏移"方式允许用户自行选择需要偏移的边，实现特定边偏移的目的。

②此处的操作也可以通过以下方法完成：因为外墙都是与柱外边缘平齐的，女儿墙也不例外，所以我们可以将下层的柱子显示出来，通过对齐的方式将女儿墙外边线与柱外边对齐。显示下层柱的方法：在绘图区域右侧"显示设置—楼层显示"中选择"相邻楼层"，"图元显示"中选择"柱"，这样就可以在大屋面层看到 4 层的柱，如图 2-9 所示，然后利用"对齐"命令对齐即可。

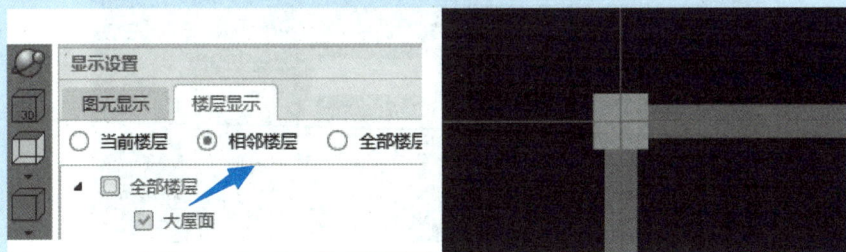

图 2-9　显示相邻楼层的柱

3）修改墙体相交方式：单击"修改"选项卡下的"延伸"命令，将墙体与墙体的相交方式调整为墙墙相交。

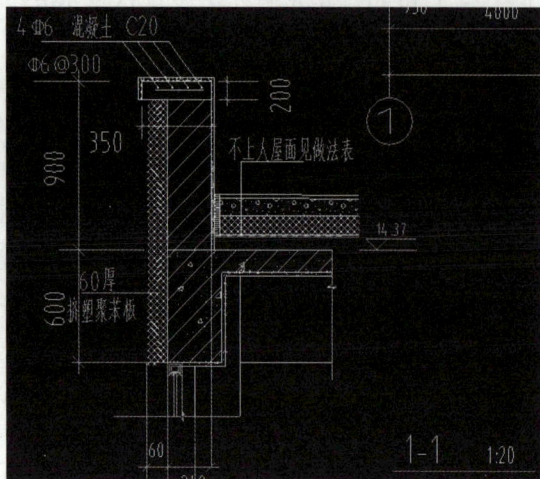

图 2-10　女儿墙剖面详图

（3）女儿墙压顶的定义与绘制

厂区办公楼女儿墙顶部存在混凝土压顶，压顶高 200mm，宽 350mm，压顶内配置 4 ⊕ 6 贯通钢筋和 ⊕ 6@300 横向短筋，压顶内侧与女儿墙内侧平齐，如图 2-10 所示。女儿墙压顶的定义和绘制步骤如下：

1）压顶的定义

在导航栏中选择"其它—压顶"，在构件列表中单击"新建矩形压顶"，在属性列表中根据图纸信息修改如下：

A. 名称：女儿墙压顶。

B. 截面信息：宽 350mm，高 200mm。

C. 混凝土强度等级：C20。

D. 起点、终点顶标高：墙顶标高。

E. 压顶内钢筋的处理：点击截面编辑，在弹出的对话框中通过绘制纵筋和横筋的方式，将压顶内钢筋在截面中进行编辑，如图 2-11 所示。

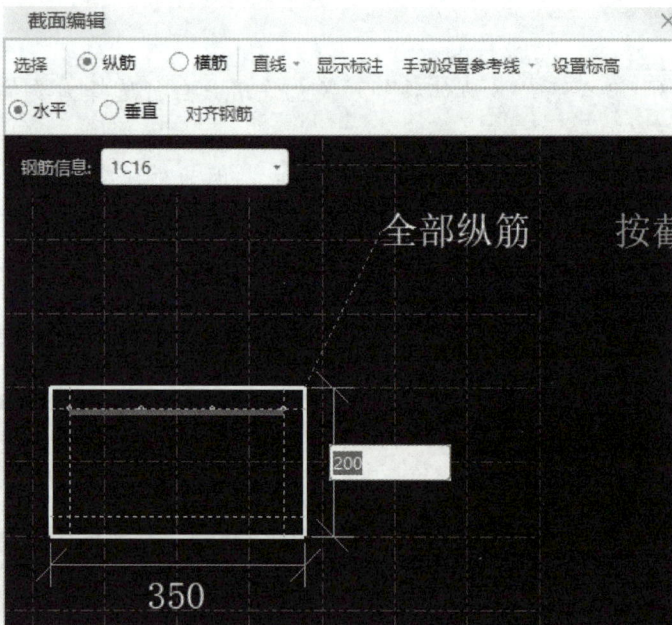

图 2-11　女儿墙压顶内钢筋的处理

2）压顶的绘制

① 在构件列表中选择"女儿墙压顶"，在"建模"菜单下"智能布置"选项卡中选择"智能布置—墙中心线"，使用左键拉框选择大屋面层女儿墙，点击右键确认，压顶布置完成。

② 修改压顶位置要在"建模"菜单下"修改"选项卡中选择"单对齐"命令，使压顶内边与女儿墙内边对齐，对齐完成如图 2-12 所示。绘制完成后需要延伸压顶，不可有缺口。

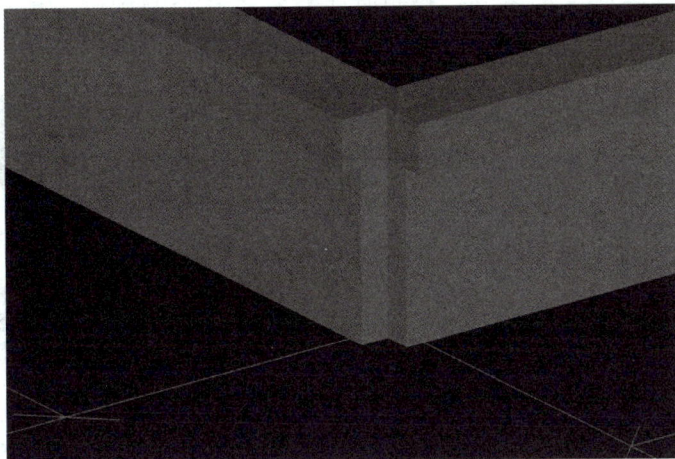

图 2-12　女儿墙压顶绘制完成

5. 基础层墙体的定义与绘制

首层的砌体墙若不以基础联系梁为基础，则需要布置墙下条基。以基础联系梁为基础的墙体，需将绘制完成的首层砌体墙复制到基础层；其他砌体墙下均需布置墙下条形基础。具体步骤如下：

（1）将首层的砌体墙复制到基础层，选中基础联系梁上对应的墙体，将墙体底标高修改为－0.7mm，修改完成如图 2-13 所示。

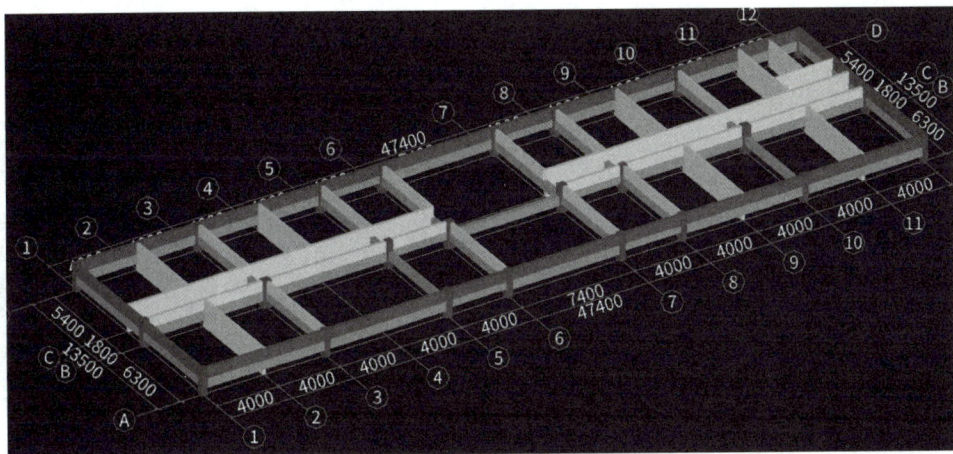

图 2-13　以基础联系梁为基础的墙体

（2）对于墙下没有基础联系梁的砌体墙，则是需要布置墙下条基。根据图纸信息，导航栏中选择"基础—条形基础"，在构件列表中单击"新建—条形基础"，修改名称为"墙下条形基础"，底标高改为"－0.33"。

（3）在整体的条基下，右键单击"新建矩形条形基础单元"，修改截面尺寸为 500mm×300mm，钢筋信息为空。

（4）双击进入"结施 05 基础联系梁平面布置图"，在没有基础联系梁覆盖的墙下和基础联系梁之间绘制隔墙下的条基,绘制时注意将条基绘制到砌体墙边,绘制完成如图 2-14 所示。

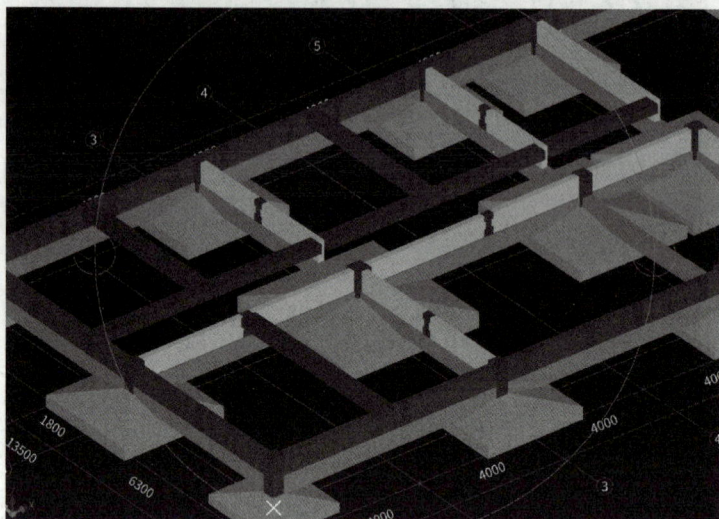

图 2-14　墙下条基绘制完成

6. 砌体加筋的布置

根据结构设计说明 9.6 第 2 条,墙柱结合处柱中预留的拉结筋与砌体墙中的通长筋进行搭接。根据 22G614-1 图集中框架柱与填充墙拉结筋构造,如图 2-15 所示,新建砌体加筋构件修改砌体加筋样式及长度,例如丁字交界处预留砌体加筋样式如图 2-16 所示,在需要的部位进行布置。

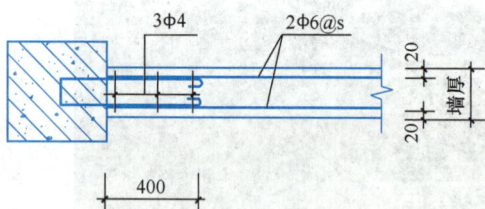

图 2-15　拉结筋构造

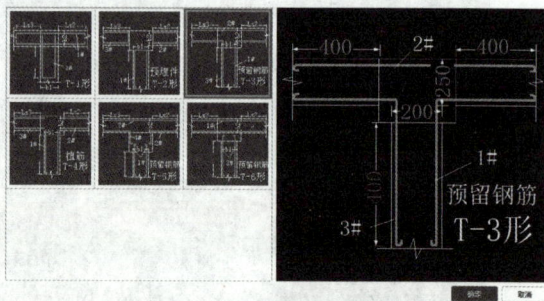

图 2-16　选择砌体加筋样式

7. 砌体墙的 CAD 识别

与剪力墙类似,砌体墙同样也可以通过 CAD 识别的方式进行定义和绘制。下面以厂区办公楼首层砌体墙为例进行介绍,具体步骤如下:

(1) 在"图纸管理"窗口下双击定位到"一层平面图",此时一层平面图Ⓐ轴与①轴的交点和轴网Ⓐ轴与①轴的交点并不重合。利用"图纸管理"页签下"定位图纸"功能将 CAD 底图轴网与软件中的轴网进行对齐。鼠标左键单击"定位",在绘图区域中选择 CAD 底图中Ⓐ轴与①轴的交点,再点击轴网Ⓐ轴与①轴的交点即可,如图 2-17 所示。

（2）在导航栏中选择"墙—砌体墙"，在"建模"菜单下单击"识别砌体墙"选项卡中的"识别砌体墙"命令，弹出识别砌体墙菜单，如图 2-18 所示，与"识别剪力墙"类似，识别砌体墙同样分为"提取砌体墙边线、提取墙标识、提取门窗线、识别砌体墙"4 步。

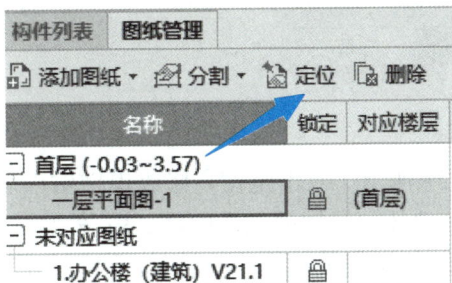

图 2-17　定位 CAD 图

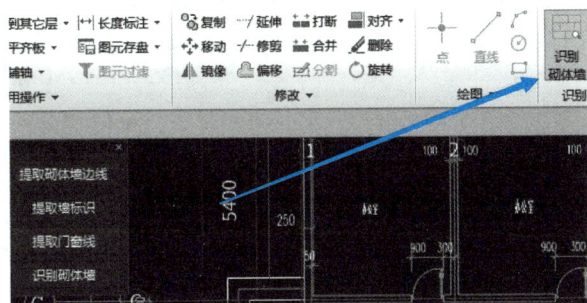

图 2-18　识别砌体墙

1）点击"提取砌体墙边线"，用左键选择任意砌体墙边线，右键提取，墙线提取之后自动消失，并存放在"已提取的 CAD 图层"中，检查所有墙线是否均已提取。

2）点击"提取墙标识"，用左键选择砌体墙标识信息，例如厚度、墙名称等，右键提取。标识提取之后自动消失，并存放在"已提取的 CAD 图层"中。若平面图上没有名称、厚度的标注，这一步可省去。

3）点击"提取门窗线"，用左键选择砌体墙上门窗线，右键提取，门窗线提取后自动消失，并存放在"已提取的 CAD 图层"中，检查所有门窗线是否均已提取。

4）点击"识别砌体墙"，弹出识别砌体墙窗口，根据图纸信息修改名称和通长筋信息后，单击"自动识别"，如图 2-19 所示。软件提示"识别墙之前请先绘制好柱，此时识别的墙端头会自动延伸到柱内，是否继续？"，点击"是"，如图 2-20 所示。

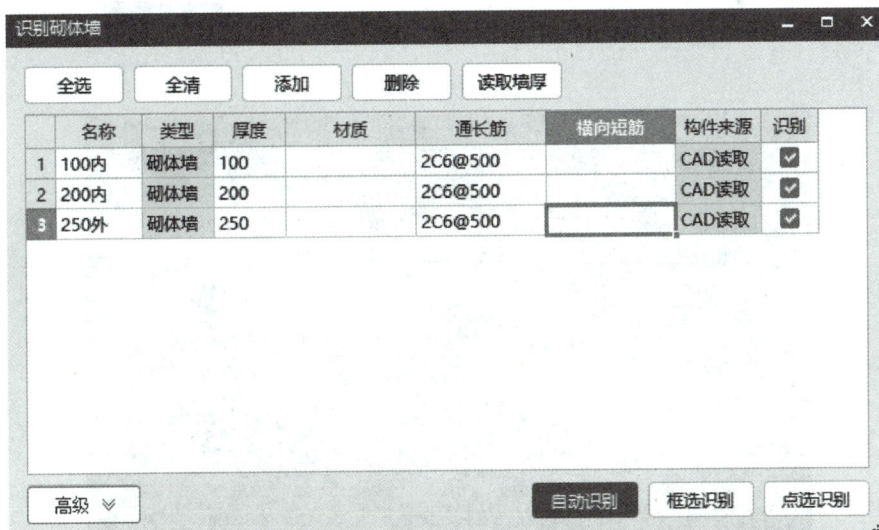

图 2-19　识别砌体墙窗口

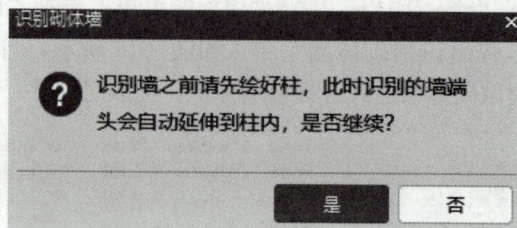

图 2-20　是否绘制好柱

（3）识别后弹出"校核墙图元"窗口，如图 2-21 所示。双击定位，修改识别错误。墙体识别后均为内墙，"批量选择"所有 250mm 厚的墙体，属性列表当中将"内/外墙标志"属性修改为"外墙"。利用"延伸"命令，调整墙体相交关系为墙墙相交，识别完成如图 2-22 所示。

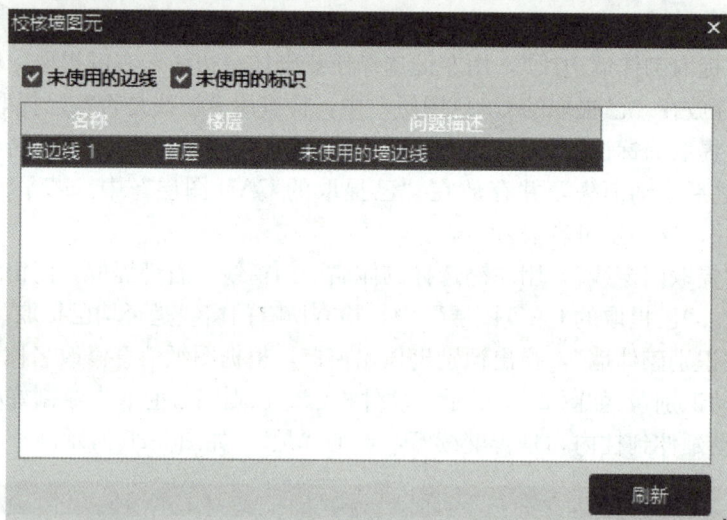

图 2-21　校核墙图元

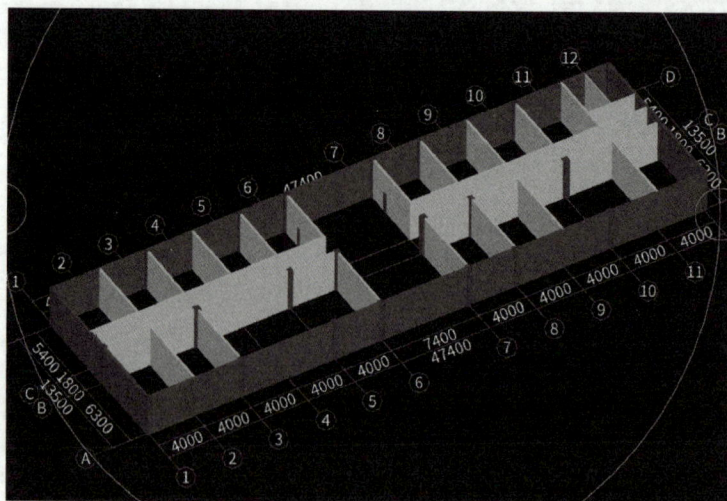

图 2-22　砌体墙绘制完成

任务总结

1. 砌体墙绘制可以采用手动建模方式也可以 CAD 识别。

2. 砌体墙绘制要区分内外墙，要根据不同墙厚分别定义砌体墙构件，绘制时要墙墙相交。

3. 砌体墙 CAD 识别后同样要检查内外墙和墙体是否相交，不合适的需进行调整。

复习思考题

1. 识别砌体墙过程中为什么要准确提取门窗线？

2. 为什么要将砌体墙修改为墙墙相交？

3. 女儿墙高度定义为 900mm，为什么不是 700mm？

2.1.2 门、窗建模

门、窗建模

任务工单

利用 GTJ2025，完成厂区办公楼工程门、窗模型创建工作。

任务说明

根据厂区办公楼建筑施工图，对本工程的门、窗及洞口进行定义和绘制。

任务分析

1. 如何手动定义和绘制门、窗及墙洞？

2. 门、窗及墙洞的布置方式有几种？

3. 门、窗及墙洞在绘制的时候需要注意什么？

4. 如何通过 CAD 识别方式定义和绘制门、窗及墙洞？

任务实施

1. 分析图纸

厂区办公楼门、窗及墙洞的信息详见建筑设计说明中的门窗表，如图 2-23 所示。首层门、窗及墙洞的平面位置详见建施 03 一层平面图，门窗在建筑立面上的信息详见建施 07、建施 08 建筑立面及剖面图。

下面以厂区办公楼首层 M-1、C-1 为例，介绍门、窗、墙洞的定义与绘制。

2. 门、窗的定义

（1）门的定义

根据门窗表中门的尺寸定义门构件，具体步骤如下：

导航栏选择"门窗洞—门"，在构件列表中单击"新建矩形门"，在属性列表中修改门的属性信息，M-1 定义完成如图 2-24 所示。

① 名称：与图纸保持一致，M-1。

门窗明细表

类别	设计编号	洞口尺寸	层数				采用标准图集	备注
		宽X高( ) mm	一层	二层	三层	四层		
门	M-1	1200X2100	2	1	2	2	由厂家设计制作	防盗门
	M-2	900X2100	17	17	17	17	由厂家设计制作	成品实木门
	M-3	700X2100	4	5	5	5	由厂家设计制作	塑钢门
	CKM-1	3000X2700	2				由厂家设计制作	成品卷帘门
窗	C-1	2100X2100	17	19	19	19	参见本页立面	单框双玻塑钢窗
	C-2	5700X2100	1	1	1	1	参见本页立面	单框双玻塑钢窗
	C-3	600X2100	2	2	2	2	参见本页立面	单框双玻塑钢窗
	C-4	1200X2100		2	2	2	参见本页立面	单框双玻塑钢窗
	C-5	1800X2100	1				参见本页立面	单框单玻塑钢窗
	C-6	6200X3000		1	1	1	参见本页立面	单框双玻塑钢窗
	MC-1	6200X3000	1				参见本页立面	单框双玻塑钢窗

图 2-23　厂区办公楼门窗表

② 门的尺寸：洞口宽度 1200mm，洞口高度 2100mm。

③ 离地高度：0。

④ 框厚：输入实际的框厚尺寸，对墙面块料面积的计算有影响，本工程保持默认即可。

⑤ 立樘距离：门框中心线与墙中心线的距离，默认为 0。

⑥ 框扣尺寸：如果计算规则要求门窗按框外围面积计算，则输入。

（2）窗的定义

导航栏选择“门窗洞—窗”，在构件列表中单击“新建矩形窗”，根据门窗表信息，在属性列表中修改窗的属性信息，C-1 定义完成如图 2-25 所示。

属性列表　图层管理

	属性名称	属性值
1	名称	M-1
2	洞口宽度(mm)	1200
3	洞口高度(mm)	2100
4	离地高度(mm)	0
5	框厚(mm)	60
6	立樘距离(mm)	0
7	洞口面积(m²)	2.52
8	框外围面积(m²)	(2.52)
9	框上下扣尺寸(...	0
10	框左右扣尺寸(...	0
11	是否随墙变斜	否

图 2-24　M-1 的定义

属性列表　图层管理

	属性名称	属性值
1	名称	C-1
2	顶标高(m)	层底标高+3(2.97)
3	洞口宽度(mm)	2100
4	洞口高度(mm)	2100
5	离地高度(mm)	900
6	框厚(mm)	60
7	立樘距离(mm)	0
8	洞口面积(m²)	4.41
9	框外围面积(m²)	(4.41)
10	框上下扣尺寸(...	0
11	框左右扣尺寸(...	0

图 2-25　C-1 的定义

① 名称：与图纸保持一致，C-1。

② 窗的尺寸：洞口宽度 2100mm，洞口高度 2100mm。

③ 离地高度：在建施 10 图纸中查找 C-1 详图，找到 C-1 离地高度为 900mm。

④ 框厚：输入实际的框厚尺寸，对墙面块料面积的计算有影响，本工程保持默认即可。

⑤ 立樘距离：门框中心线与墙中心线的距离，默认为 0。

⑥ 框扣尺寸：如果计算规则要求门窗按框外围面积计算，则输入。

3. 门、窗、墙洞的绘制

（1）"点"绘制

门、窗（包括洞口）构件常用的绘制方式是"点"绘制。"点"绘制时采用捕捉点的方式进行绘制，可以捕捉"中点"，也可以将所绘制楼层的 CAD 底图显示出来，利用 CAD 描图的方法捕捉门窗的"边界点"完成门窗的绘制，具体步骤如下：

1）在"图纸管理"里双击进入"一层平面图"，检查图纸定位关系是否准确。

2）在构件列表中选择"M-2"，在"建模"菜单下"绘图"选项卡中选择"点"绘制，鼠标点击底图上门的边缘即可，如图 2-26 所示。

3）在构件列表中选择"C-1"，在"建模"菜单下"绘图"选项卡中选择"点"绘制，"F4"切换插入点为中点，直接捕捉窗中点即可完成绘制，如图 2-27 所示。

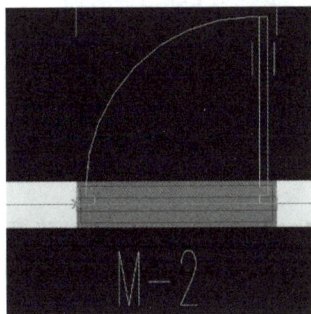

图 2-26　门的点画

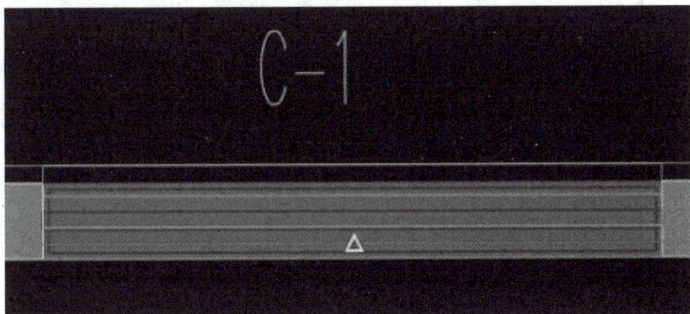

图 2-27　窗的点画

（2）精确布置

门、窗（洞口）的另一种绘制方式就是"精确布置"。以首层①～②轴之间，Ⓑ轴位置上的 M-2 为例进行介绍，具体步骤如下：

在构件列表中选择"M-2"，在"建模"菜单下"门二次编辑"选项卡中单击"精确布置"命令，选择Ⓒ轴与②轴的交点作为参考点，根据箭头方向输入偏移值"300"，即可完成布置，如图 2-28 所示。

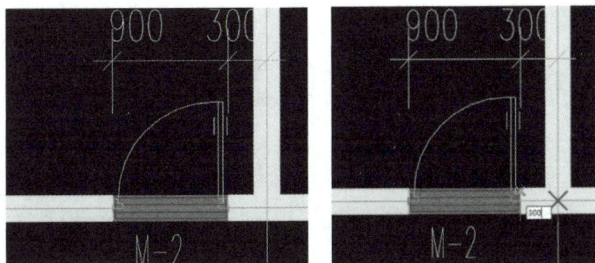

图 2-28　门的精确布置

注意

门、窗（洞口）进行精确布置的前提是捕捉的基点必须是门、窗（洞口）所在墙体中心线上的点。

（3）智能布置

如果某墙段上的门窗均为居中布置，则可利用"智能布置"的方式进行绘制。例如首层①轴上大部分墙段均为 C-1 居中布置，则可以如下操作：

1）在构件列表中选择"C-1"，在"建模"菜单下"窗二次编辑"选项卡中选择"智能布置—墙段中点"命令，鼠标左键单击①轴墙体。布置完成如图 2-29 所示。

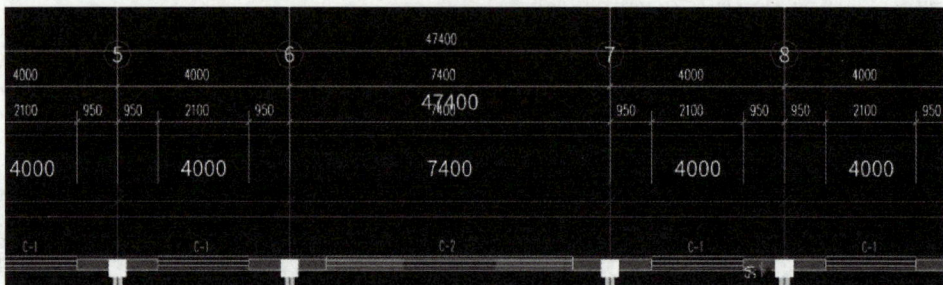

图 2-29　窗的智能布置

2）将布置错误的个别窗进行修改，用左键选中⑥轴～⑦轴之间的 C-1，右键"转换图元"，弹出图 2-30 所示的窗口，右侧选择"C-2"，取消勾选"保留私有属性"，点击"确定"。

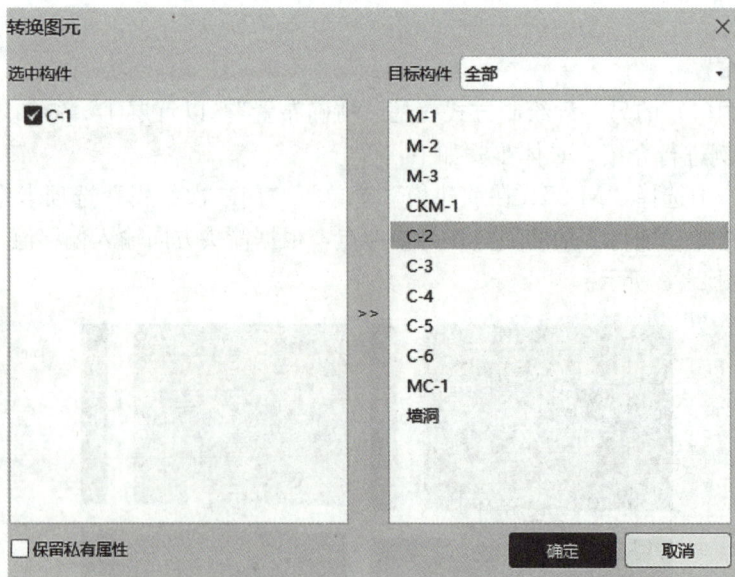

图 2-30　修改布置错误的窗

4. 门、窗、墙洞的 CAD 识别

门、窗（洞口）还可以利用 CAD 识别方式进行定义和绘制，相较手动定义和绘制，其效率提升很多。下面以厂区办公楼首层门窗为例进行介绍，具体步骤如下：

（1）在"图纸管理"里双击鼠标左键进入包含门窗表的 CAD 底图。

（2）在导航栏里选择"门窗洞—门或窗"，在"建模"菜单下单击"识别门"选项卡下的"识别门窗表"命令，使用左键拉框选择门窗表信息，点击右键确认，弹出识别门窗表窗口。对照表头检查是否对应，修改完成如图 2-31 所示，单击"识别"，完成首层门、窗的定义。在构件列表中可以查看定义完成的门、窗构件，如图 2-32 所示。

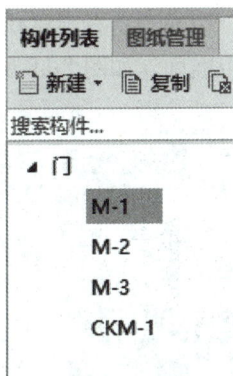

名称	宽度*...	离地高度	类型	所属楼层
M-1	1200*2100	0	门	实训办公楼[1]
M-2	900*2100	0	门	实训办公楼[1]
M-3	700*2100	0	门	实训办公楼[1]
CKM-1	3000*2700	0	门	实训办公楼[1]
C-1	2100*2100	900	窗	实训办公楼[1]
C-2	5700*2100	900	窗	实训办公楼[1]
C-3	600*2100	900	窗	实训办公楼[1]
C-4	1200*2100	900	窗	实训办公楼[1]
C-5	1800*2100	900	窗	实训办公楼[1]
C-6	6200*3000	0	窗	实训办公楼[1]
MC-1	6200*3000	0	门联窗	实训办公楼[1]

图 2-31　识别门窗表　　　　图2-32　定义完成的门窗构件

（3）在"图纸管理"窗口下双击进入"一层平面图"，在"建模"菜单下单击"识别门"选项卡下的"识别门窗洞"命令，弹出"识别门窗洞"菜单。按照提示依次"提取门窗线、提取门窗洞标识、自动识别"即可，如图 2-33 所示，具体步骤如下：

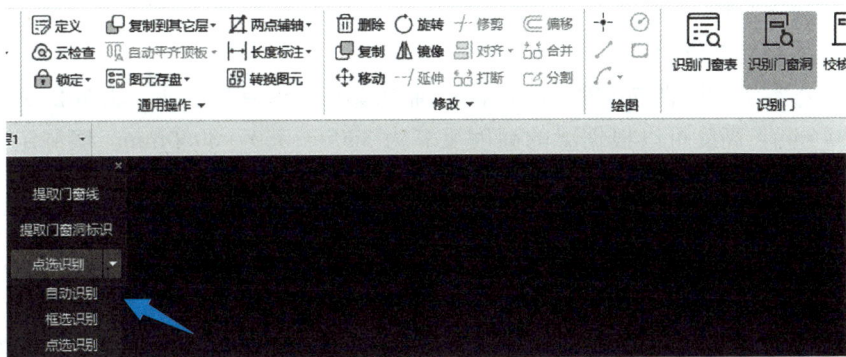

图 2-33　识别门窗洞

1）点击"提取门窗线"，用左键选择门、窗线图层，单击右键提取，门窗线被提取后自动消失，保存在"已提取的 CAD 图层"中。

> **注 意**
>
> 如果上一步操作在"识别砌体墙"中提取了门窗线，则此处就不用再次提取。

2）单击"提取门窗洞标识"，用左键选择门、窗名称标识，右键提取，门窗名称标识被提取后自动消失，保存在"已提取的 CAD 图层"中。

3）单击"自动识别"，软件提示"校核完成，没有错误"。通过键盘"Shift＋M""Shift＋C"显示出门窗名称，对照 CAD 底图，检查门窗位置、名称是否准确，如图 2-34 所示。切换到动态观察状态，单击键盘"L"将梁显示出来，在三维状态下，检查门窗高度是否准确，如图 2-35 所示，检查无误后完成绘制。

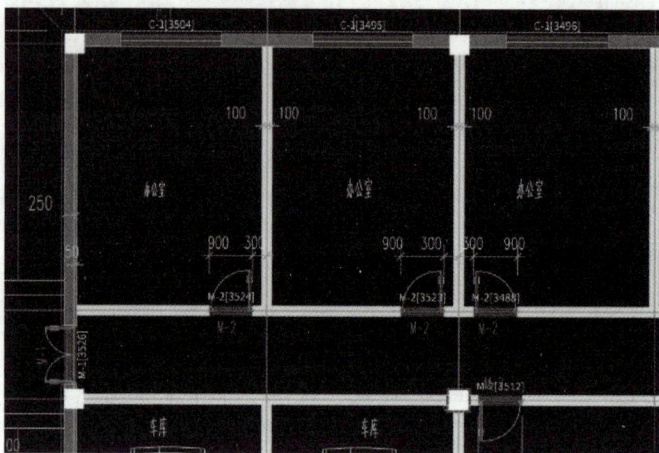

图 2-34　检查门窗平面位置是否准确

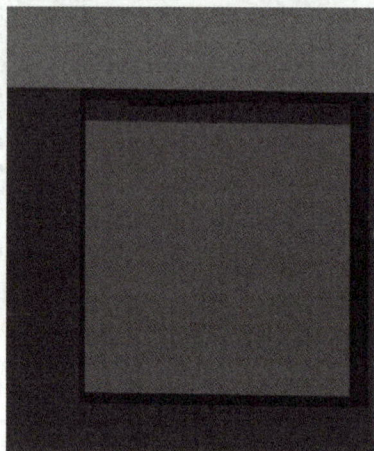

图 2-35　检查门窗高度是否准确

5. 墙洞的定义与绘制

厂区办公楼首层⑪轴与⑫轴之间，在ⓒ轴内墙上存在一个墙洞，如图 2-36 所示，洞口宽度 1200mm，高度可以根据梁的高度反算为 3600－550＝3050mm。墙洞定义和绘制具体步骤如下：

（1）定义墙洞：在导航栏中选择"门窗洞—墙洞"，在构件列表中单击"新建矩形墙洞"，在属性列表中修改属性信息，名称"墙洞"，洞口宽度"1200"，高度"3050"，离地高度为"0"。

（2）绘制墙洞：在"建模"菜单下"墙洞二次编辑"选项卡中单击"精确布置"命令，选择ⓒ轴与⑪轴的交点为参考点，向右偏移"1400"，即可完成布置，布置完成如图2-37 所示。

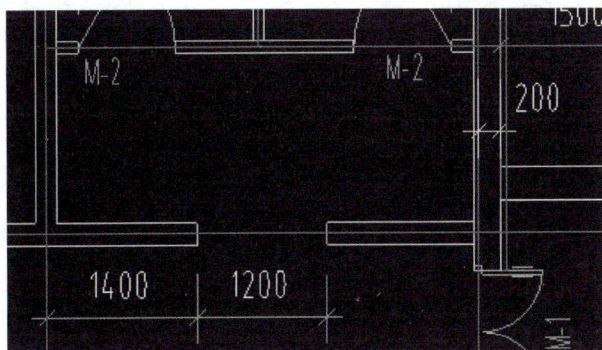

图 2-36　洞口位置

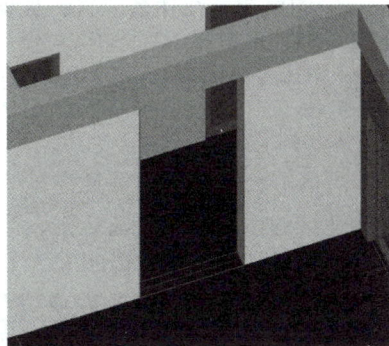

图 2-37　洞口绘制完成

任务总结

1. 门窗的模型建立可以采用手动建模方式也可以 CAD 识别。

2. 手动绘制门窗可以点绘制、精确布置、智能布置，对于窗、墙洞在定义的时候要注意离地高度。

3. 门、窗、墙洞的 CAD 识别首先是通过识别门窗表来定义构件，然后通过识别门窗洞的方式绘制门、窗、墙洞图元，最后同样要检查门窗的平面位置和立面位置的准确性。

复习思考题

1. 利用修改图元方式将 C-1 替换为 C-2 时为什么要去掉"保留私有属性"？

2. 定义窗的时候，窗的离地高度如何确定？

3. CAD 识别门窗洞的时候需要注意什么？

4. 墙上如果有洞口，洞口该如何定义与绘制？

2.1.3　过梁、构造柱和圈梁建模

任务工单

利用 GTJ2025，完成厂区办公楼工程过梁、构造柱和圈梁模型创建工作。

过梁、构造柱和
圈梁建模

任务说明

根据厂区办公楼建筑施工图和结构施工图，对本工程的过梁、构造柱和圈梁进行定义和绘制。

任务分析

1. 过梁布置在什么位置，如何定义与绘制过梁？

2. 构造柱布置在什么位置，如何定义与绘制构造柱？

3. 圈梁布置在什么位置，如何定义与绘制圈梁？

任务实施

1. 分析图纸

厂区办公楼过梁的信息详见结施结构设计总说明8.6（6），如图2-38所示。厂区办公楼构造柱的信息详见结施结构设计总说明8.6（4），如图2-39所示。厂区办公楼圈梁的信息详见结施结构设计总说明8.6（7），如图2-40所示。

门窗洞口宽度		≤1200		>1200且≤2400		>2400且≤3600	
断面 bXh		b×150		b×180		b×300	
配筋 墙厚		①	②	①	②	①	②
b≤200		2Φ10	2Φ12	2Φ12	2Φ14	2Φ12	2Φ16
b>200		2Φ10	3Φ12	2Φ12	2Φ14	2Φ12	2Φ16

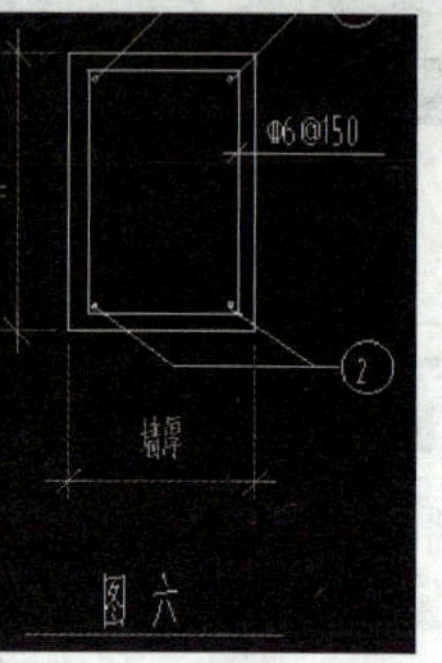

图 2-38　过梁信息表

（4）填充墙的构造柱应按照先砌墙后浇筑构造柱,填充墙应在洞口>900mm位置、拐角、十字接头、一字墙两端以及墙长大于5m时设置构造柱,尺寸:墙厚×200,配筋为:4Φ12，Φ6@100/200(加密范围为距上下楼层500mm以及1/6高度范围内箍筋加密)

图 2-39　构造柱信息

（7）当砌体填充墙高度大于4m时应设钢筋混凝土圈梁。做法为:一内墙门洞上设一道,兼作过梁,外墙窗及窗顶处各设一道。内墙圈梁宽度同墙厚,高度120mm。外墙圈梁宽度见建筑墙身剖面图,高度180mm。圈梁宽度b≤240mm时,配筋上下各2Φ12,箍筋Φ6@200 ;b>240mm时,配筋上下各2Φ14,箍筋Φ6@200。

图 2-40　圈梁信息

2. 过梁的定义与绘制

由过梁表可知，对应不同的洞口范围、墙厚，过梁的尺寸及配筋是不一样的，例如门洞口尺寸为900mm，放置在200mm厚的内墙上的过梁截面尺寸为200mm×150mm，配筋为上部2Φ10，下部2Φ12，其他位置过梁信息详见过梁表。下面以厂区办公楼首层门窗洞口上的过梁为例介绍过梁的定义与绘制，具体步骤如下：

（1）过梁的定义

首先判断需要布置过梁的门窗洞口，根据过梁信息表定义过梁。步骤如下：

1）在导航栏下选择"门窗洞—过梁"，在构件列表中单击"新建矩形过梁"，在属性列表中根据图纸修改过梁属性信息，修改完成如图 2-41 所示。

① 名称：需体现洞口的尺寸及所在墙的厚度。例如首层洞口范围在 1200mm 以内，200mm 厚、100mm 厚内墙上的过梁，名称改为"GL≤1200-100/200"。

② 截面宽度：宽度可以不输入，自动判断。

③ 截面高度：根据过梁表对应的信息输入，此处为 150mm。

④ 钢筋信息：上部纵筋 2C10，下部纵筋 2C12，箍筋 C6-150。

2）根据相同方法定义完本层其他位置的过梁。

（2）绘制过梁

过梁的布置可以用"点"绘制，也可以用"智能布置"。

1）"点"绘制

在构件列表中选择定义好的"GL≤1200-100/200"过梁构件，在"建模"菜单下"绘图"选项卡中选择"点"绘制命令，在需要布置过梁的门窗洞口上"点"绘制即可，布置完成如图 2-42 所示。

	属性名称	属性值
1	名称	GL≤1200-100/200
2	截面宽度(mm)	
3	截面高度(mm)	150
4	中心线距左墙…	(0)
5	全部纵筋	
6	上部纵筋	2Φ10
7	下部纵筋	2Φ12
8	箍筋	Φ6@150(2)
9	肢数	2
10	材质	混凝土
11	混凝土类型	(现浇混凝土碎石…)

图 2-41　过梁的定义

图 2-42　过梁布置完成

2）智能布置

① 在构件列表中选择定义好的"GL≤1200-100/200"过梁构件，在"建模"菜单下"绘图"选项卡中选择"智能布置—门窗洞口宽度"命令，弹出"按门窗洞口宽度布置过梁"对话框，选择布置位置，修改布置条件，如图 2-43 所示，点击"确定"。

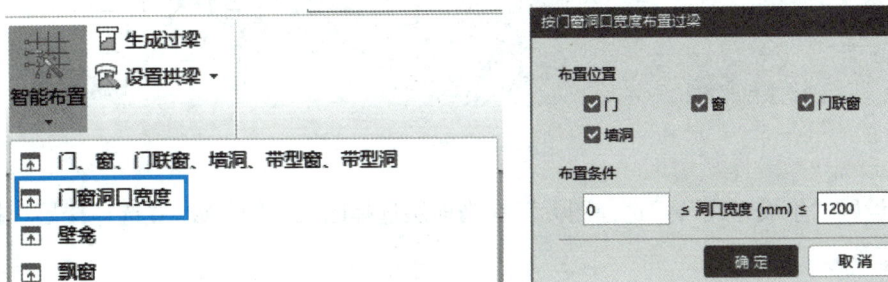

图 2-43　智能布置过梁

② 修改布置错误。此时软件自动将洞口小于或等于 1200mm 的门窗洞口上方布置"GL≤1200-100/200"过梁构件，但是位于 250mm 外墙上的过梁应为"GL≤1200-250"，选择 250mm 外墙上的过梁，右键"转换图元"，弹出对话框，选择"GL≤1200-250"即可。

3）自动生成过梁

过梁除了手动定义和绘制之外，软件还提供了更方便快捷的布置方式，即通过"生成过梁"的方式布置过梁，具体步骤如下：

① 在导航栏中选择"门窗洞—过梁"，在"建模"菜单下"过梁二次编辑"选项卡中单击"生成过梁"命令，弹出生成过梁窗口，如图 2-44 所示。

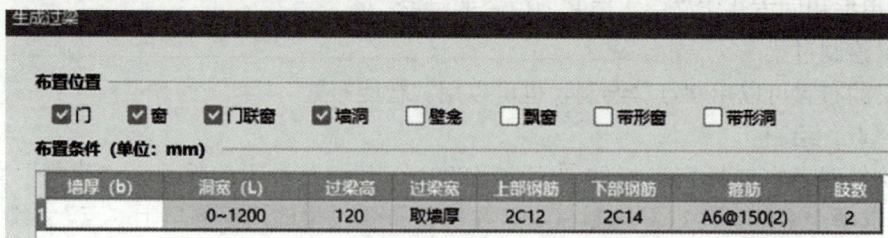

图 2-44　生成过梁窗口

② 修改"布置位置"：根据图纸信息修改"布置位置"，在需要布置过梁的位置勾选。

③ 修改"布置条件"：根据过梁表信息，修改不同墙厚、不同洞宽的过梁信息，单击"添加行"进行过梁的添加，修改完成如图 2-45 所示。

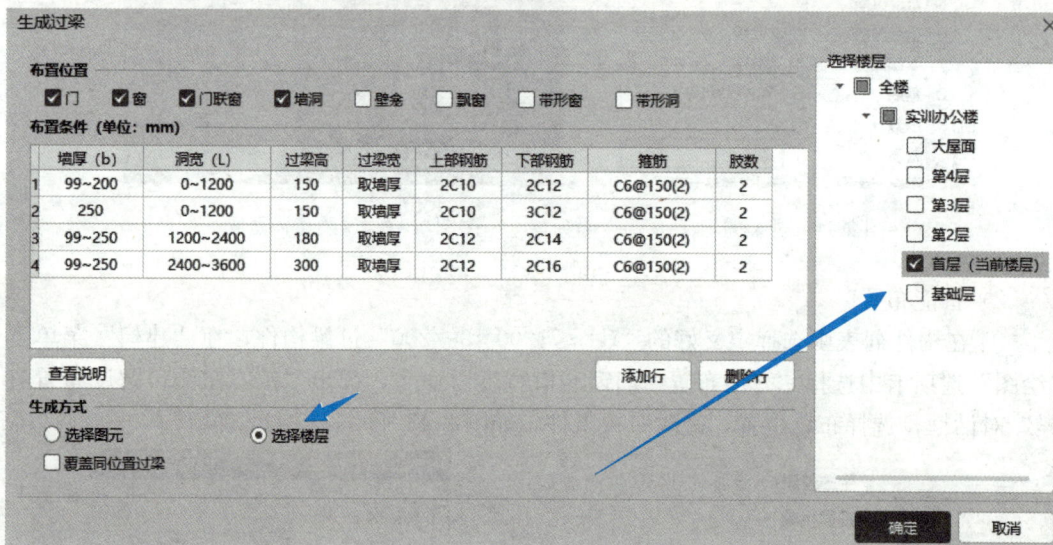

图 2-45　生成过梁

④ 设置"生成方式"："选择图元"在当前层选择图元范围生成，"选择楼层"指定楼层整层生成。

4）填充墙过梁端部连接构造的修改

由于本工程结构设计说明 8.6 明确"当洞口紧贴柱或钢筋混凝土墙时，过梁改为现浇。施工主体结构时，应按相应的过梁配筋，在柱内预留钢筋"，所以要修改填充墙过梁端部的钢筋连接构造。具体步骤如下：

① 在"工程设置"选项卡下单击"钢筋设置"面板中的"计算设置"命令，弹出计算设置对话框。

② 在"计算规则"中找到"砌体结构"中的"过梁"部分，第 47 条"填充墙过梁端部连接构造"修改为"预留钢筋"，第 50 条预留钢筋锚固深度为 l_a，根据 l_a 查表的具体数据进行修改，如图 2-46 所示。

42	⊟	过梁	
43		过梁箍筋根数计算方式	向上取整+1
44		过梁纵筋与侧面钢筋的距离在数值范围内不计算侧面钢筋	s/2
45		过梁箍筋/拉筋弯勾角度	135°
46		过梁箍筋距构造柱边缘的距离	50
47		填充墙过梁端部连接构造	预留钢筋
48		使用预埋件时过梁端部纵筋弯折长度	10d
49		植筋锚固深度	10d
50		预留钢筋锚固深度	35d
51		拱过梁上部/侧面钢筋断开计算	是
52		梁下挂板开口箍筋锚固长度	l_{aE}
53		梁下挂板底筋锚入楼层梁，弯锚时的弯折长度	15d

图 2-46　预留钢筋修改

3. 构造柱的定义与绘制

以厂区办公楼首层和大屋面层构造柱为例介绍构造柱的定义与绘制。

（1）定义构造柱

根据图纸信息定义构造柱，在导航栏下选择"柱—构造柱"，在构件列表中单击"新建矩形构造柱"，在属性列表中修改构造柱属性信息，修改完成如图 2-47 所示。

（2）绘制构造柱

根据图纸描述的构造柱的位置进行布置，与柱的布置类似，布置可以用"点"绘制，也可以用"智能布置"。例如布置①轴 C-1 两侧的构造柱步骤如下：

1）在"构件列表"中选择"GZ-250"。

2）在"建模"菜单下"构造柱二次编辑"选项卡中选择"智能布置—门窗洞"，使用左键拉框选择需要布置该属性构造柱的门窗洞，点击右键确认。

3）调整构造柱方向：在"构造柱二次编辑"选项卡中选择"调整柱端头"，在需要调整的构造柱上单击，布置完成如图 2-48 所示。

（3）自动生成构造柱

构造柱除了可以手动定义和绘制之外，软件还提

1	名称	GZ-250
2	类别	构造柱
3	截面宽度(B边)(...	250
4	截面高度(H边)(...	200
5	马牙槎设置	带马牙槎
6	马牙槎宽度(mm)	60
7	全部纵筋	4Φ12
8	角筋	
9	B边一侧中部筋	
10	H边一侧中部筋	
11	箍筋	Φ6@100/200(2...

图 2-47　定义构造柱

供了更方便快捷的布置方式，即通过"生成构造柱"的方式来快速布置构造柱，具体步骤如下：

1）在导航栏下选择"柱—构造柱"，在"建模"菜单下"构造柱二次编辑"选项卡中单击"生成构造柱"命令，弹出"生成构造柱"窗口，根据构造柱图示信息修改构造柱布置位置、构造柱属性、生成方式，修改完成如图 2-49 所示。

图 2-48　构造柱布置完成

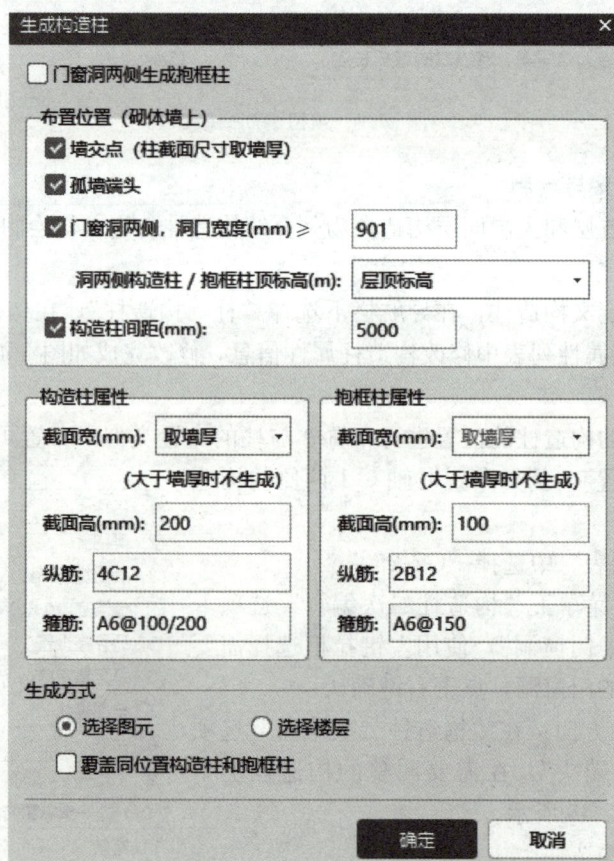

图 2-49　自动生成构造柱

① 由于图纸要求是构造柱，所以"门窗洞两侧生成抱框柱"此处不勾选。

② 根据图纸信息，修改构造柱生成位置，修改构造柱尺寸和配筋信息，如图 2-50 所示。

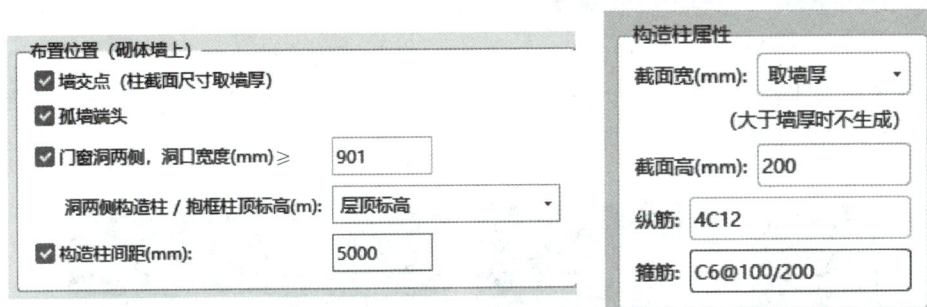

图 2-50　修改构造柱信息

③ 选择构造柱的生成方式："选择图元"为在当前层选择图元范围生成，"选择楼层"为指定楼层整层生成。这里通过"选择楼层"方式进行整层生成，构造柱生成如图 2-51 所示。

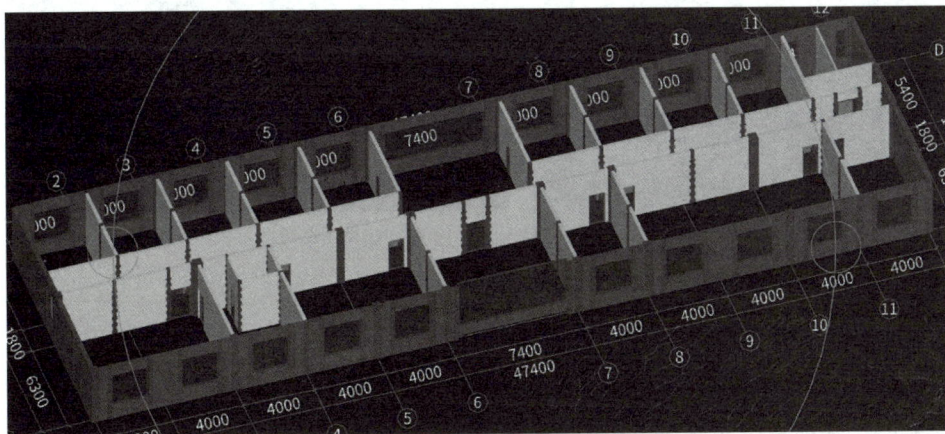

图 2-51　构造柱布置完成

2）修改存在问题的构造柱

采用"生成构造柱"的方式生成的构造柱，有时会出现问题，例如生成位置不合理、生成截面尺寸不符合图纸要求，所以在自动生成构造柱后就要对生成的构造柱进行检查和修改。

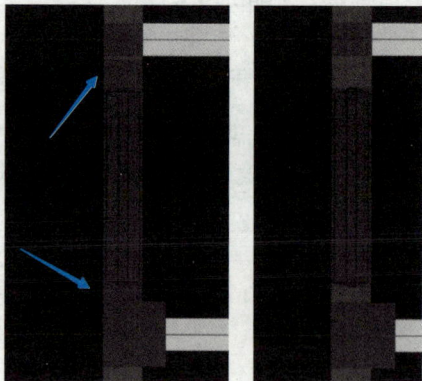

图 2-52　修改生成位置不合理的构造柱

① 删除不合理位置生成的构造柱：有些位置无须生成构造柱，如Ⓑ轴和Ⓒ轴之间与①轴交汇处的 M-1 两侧，一侧是框架柱，一侧是墙交点处构造柱，此处 M-1 两侧就不用生成构造柱，选中删除即可，如图 2-52 所示。

② 构造柱尺寸不符合图纸要求：图纸要求构造柱的尺寸是"墙厚×200mm"，自动生成的时候有些构造柱尺寸不满足图纸要求，对此部分构造柱进行修改。如卫生间隔墙两侧的构造柱，修改完成如图 2-53 所示。

（4）女儿墙构造柱

根据图纸对于女儿墙构造柱的描述，如图 2-54 所示，采用"生成构造柱"的方式来处理屋面层女儿墙的构造柱，具体步骤如下：

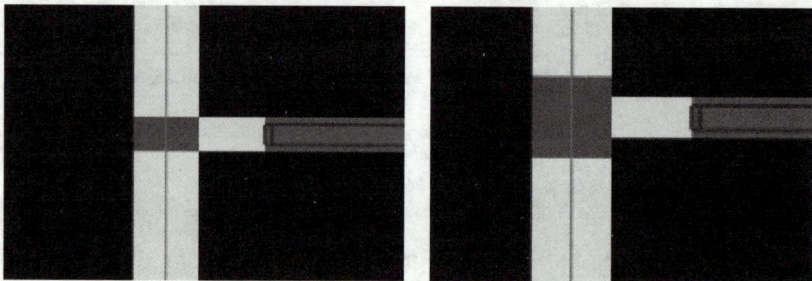

图 2-53　修改生成尺寸不合理的构造柱

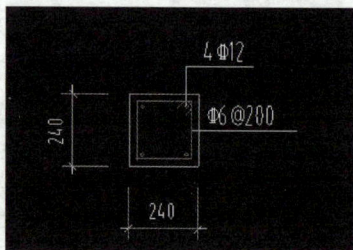

图 2-54　女儿墙构造柱信息

1）楼层切换到大屋面层，在导航栏下选择"柱—构造柱"，在"建模"菜单下"构造柱二次编辑"选项卡中选择"生成构造柱"命令。

2）在弹出的"生成构造柱"窗口中，根据女儿墙构造柱信息进行修改，如图 2-55 所示，修改完成后选择在大屋面层整层生成。

（5）构造柱箍筋加密区长度的修改

根据本工程对于构造柱箍筋加密区长度的表述，箍筋加密范围为"距上下楼层 500mm，以及 1/6 高度范围内"，因此需要对箍筋加密区长度进行修改。修改方法：在"工程设置"菜单下，单击"钢筋设置"选项卡中的"计算设置"，在"计算规则"中选择

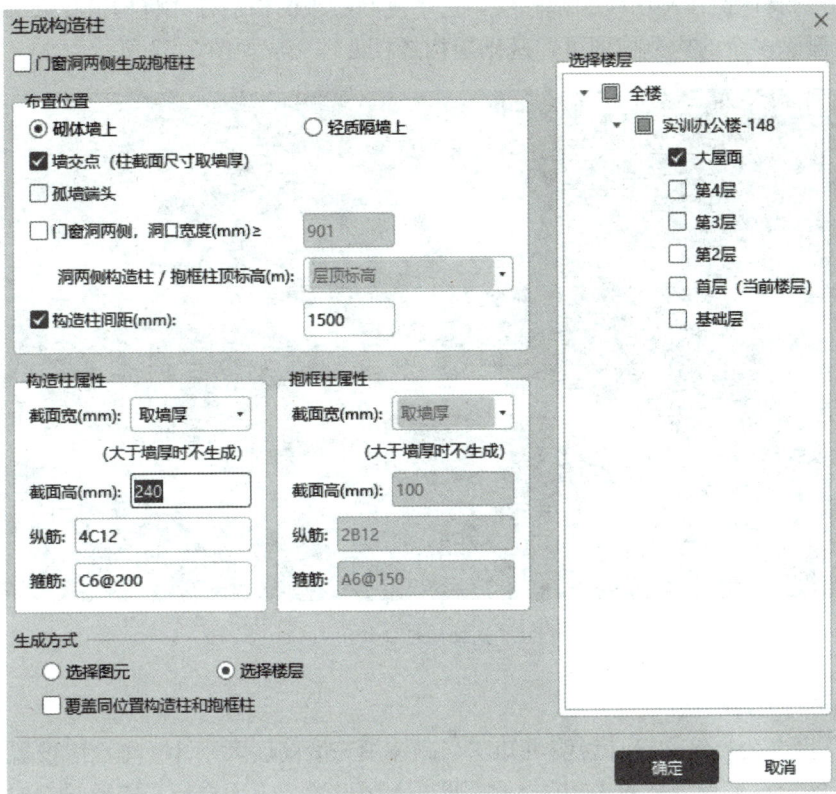

图 2-55　女儿墙构造柱设置

"砌体结构"，对第 4 项"构造柱箍筋加密长度"按照结构设计说明进行修改，如图 2-56 所示。

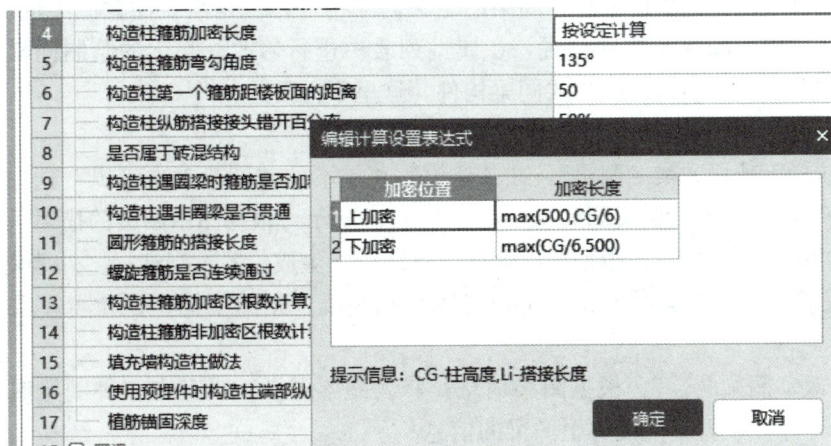

图 2-56　构造柱箍筋加密区长度设置

（6）基础层构造柱的处理

由于首层的部分墙体是以基础层基础联系梁为基础，所以首层构造柱绘制完成需要复制到基础层。具体操作是切换到基础层，选中复制过来的构造柱并将构造柱底标高修改为"—0.7"，删除多余的构造柱即可，基础层构造柱处理完成如图 2-57 所示。

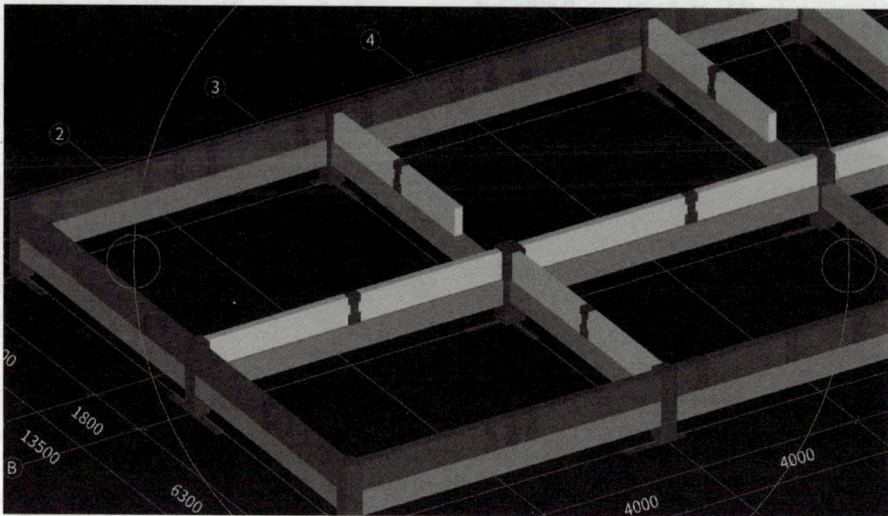

图 2-57　基础层构造柱处理完成

4. 圈梁的定义与绘制

根据厂区办公楼结构设计说明可知"当砌体填充墙高度大于 4m 时，应设置钢筋混凝土圈梁"，由于本工程墙高均未超过 4m，所以无须设置。下面介绍当需要设置时圈梁的定义与绘制。圈梁的定义与绘制方式和过梁与构造柱类似，同样包括手动定义与绘制和自动生成两种方式。

（1）圈梁的手动定义与绘制

在导航栏下选择"梁—圈梁"，在构件列表中单击"新建矩形圈梁"，根据图纸要求在属性列表中修改圈梁的属性信息。圈梁的定义同梁构件，但是需要注意圈梁的高度信息，根据图纸要求确定圈梁布置的位置，在属性列表中进行修改。圈梁的绘制同样可以采用"直线"绘制或"智能布置"，方式同梁构件，这里不再赘述。

（2）圈梁的自动生成

在导航栏下选择"梁—圈梁"，在"建模"菜单下的"圈梁二次编辑"选项卡中单击"生成圈梁"命令，弹出生成圈梁窗口，如图 2-58 所示，根据图示圈梁的描述进行修改。

1）设置"生成位置"：根据图纸信息设置圈梁的生成位置，当选择"外墙离层底标高×mm 处设置一道"圈梁时，相当于指定圈梁的高度，则圈梁的生成位置不受前三项的影响。

2）修改"圈梁属性"：根据圈梁信息，修改圈梁属性，当存在多种圈梁时可以通过"添加行"命令，设置不同墙厚上圈梁的信息。

3）设置"生成方式"："选择图元"是在当前层选择图元范围生成，"选择楼层"是指定楼层整层生成。

（3）止水台的定义与绘制

根据图纸描述，如图 2-59 所示，本工程卫生间砌体墙下存在止水台，止水台高度

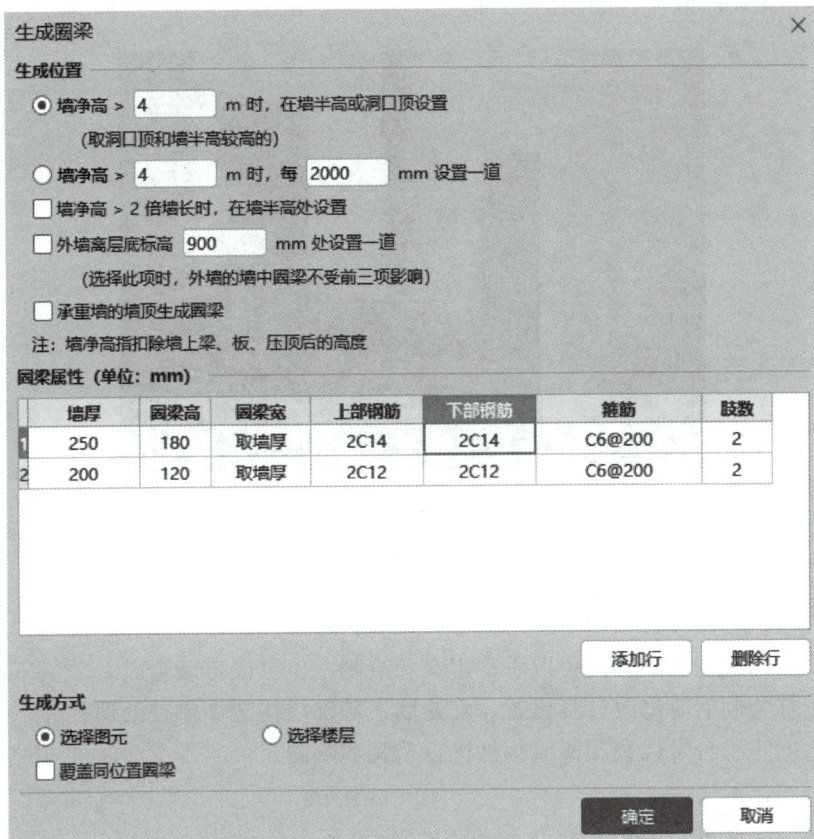

图 2-58　生成圈梁

200mm，宽度同墙厚。由于软件中并未提供止水台构件，可以利用圈梁构件来进行定义和绘制。本工程卫生间位置的墙有三种墙厚：100mm、200mm、250mm，故需要定义三种不同规格的止水台，位置在墙的根部。下面以 200mm 厚砌体墙下止水台为例进行介绍，具体步骤如下：

图 2-59　止水台信息

1）在导航栏下选择"梁—圈梁"，在构件列表中单击"新建矩形圈梁"，根据止水台信息修改圈梁的属性信息。

① 名称：例如 200mm 厚砌体墙下的止水台，可以命名为"止水台-200"，依此类推。

② 截面尺寸：宽度同墙厚，高度 200mm。

③ 截面钢筋：均为空。

④ 起点、终点顶高度信息：均改为"层底高度+0.2"。

2）用"直线"绘制命令，在 200mm 厚度的墙下绘制止水台，需要注意当遇到门窗洞口的位置时止水台不断开，要连续通画，同理可以完成其他厚度墙体下止水台的定义与绘制。首层止水台绘制完成如图 2-60 所示。

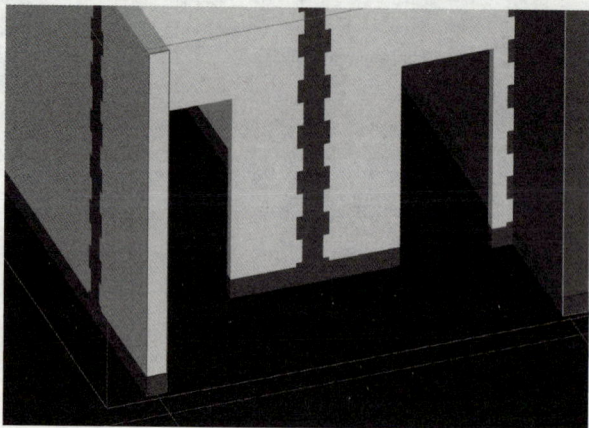

图 2-60　卫生间止水台绘制完成

📘 **任务总结**

1. 过梁、构造柱和圈梁既可以手动定义和绘制，也可以自动生成。
2. 构造柱绘制后要修改计算设置，女儿墙、基础层构造柱单独处理。
3. 卫生间止水台可以利用圈梁构件进行定义和绘制。

🔍 **复习思考题**

1. 简述构造柱布置要求。
2. 自动生成构造柱后该如何检查和调整？
3. 如何判断门窗洞口上方是否存在过梁？
4. 过梁端部连接构造该如何修改？

2.1.4　雨篷及栏板建模

📝 **任务工单**

利用 GTJ2025，完成厂区办公楼工程雨篷及栏板模型创建工作。

雨篷及栏板建模

📐 **任务说明**

根据厂区办公楼结构施工图，对本工程的雨篷及栏板等造型进行定义和绘制。

🔧 **任务分析**

1. 雨篷大样图由哪些部分组成？
2. 如何定义和绘制雨篷板？
3. 如何定义和绘制异形栏板？

任务实施

1. 分析图纸

由厂区办公楼结施 10 雨篷 1-1 剖面详图可知，本工程首层东侧和西侧分别有一个雨篷，每个雨篷可以分为挑檐、雨篷板和雨篷上的异形栏板三部分组成。雨篷顶标高为层顶标高－0.48m，雨篷其他各部位尺寸如图 2-61 所示。

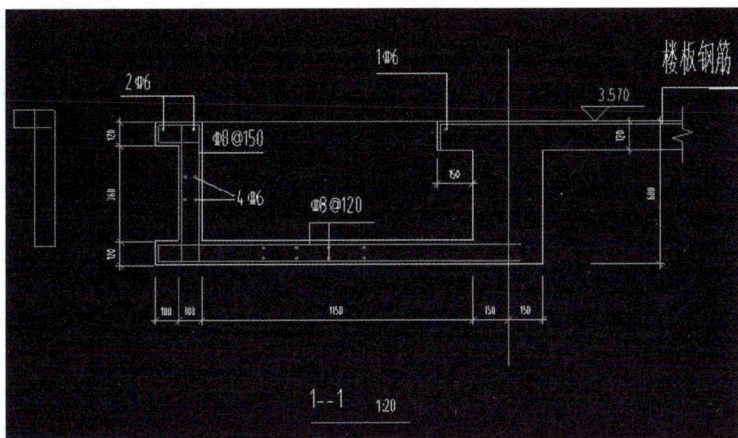

图 2-61　雨篷详图

2. 雨篷的定义与绘制

由于本工程雨篷的可以分为挑檐、雨篷板和雨篷上的异形栏板三部分，故需要依次对这三部分进行处理，具体步骤如下：

（1）挑檐的处理

1）挑檐：定位到首层，在导航栏下选择"其它—挑檐"，新建"面式挑檐"，名称为"雨篷处挑檐"，厚度 120mm，修改钢筋业务属性，定义完成如图 2-62 所示，利用矩形进行绘制。

图 2-62　挑檐的定义与绘制

2）修改板筋范围：在导航栏下选择"板—板负筋"，选择雨篷处的 1 号负筋来编辑钢筋，根据图示内容调整负筋锚固长度为 525mm，如图 2-63 所示，调整后锁定。同样的方法调整另一侧 1 号负筋的长度。

筋号	直径(mm)	级别	图号	图形	计算公式
板负筋.1	8	Φ	18	90　1180	900+525

图 2-63　负筋长度调整

（2）雨篷板的处理

根据雨篷板剖面详图可知，雨篷板是一块悬挑板，板厚 120mm，配置双网双向钢筋 Φ8@120，板顶标高为层顶标高−0.48m，定义和绘制过程如下：

1）雨篷板的定义：在导航栏下选择"板—现浇板"，在构件列表中单击"新建现浇板"，根据图纸修改属性列表信息。

① 名称：雨篷板。

② 厚度：120mm。

③ 板顶标高：层顶标高−0.48m。

④ 钢筋业务属性：马凳筋信息为"C6-1000×1000"，几字形马凳筋 $l_1 = l_2 = l_3 = 88mm$。

2）雨篷板的绘制：在构件列表中选择"雨篷板"，根据图示雨篷板的平面位置，在"绘图"选项卡下选择"矩形"绘制方式，通过"Shift＋鼠标左键"偏移捕捉对角点的方式进行绘制，绘制完成如图 2-64 所示。

> **注意**
>
> 雨篷板绘制的时候从梁的外边线画起，不要与梁重叠。

3）布置雨篷板钢筋：在导航栏下选择"板—板受力筋"，在"板受力筋二次编辑"选项卡下单击"布置受力筋"，布置方式选择"单板—XY 方向"，按照双网双向配筋 Φ8@200，布置完成如图 2-65 所示。

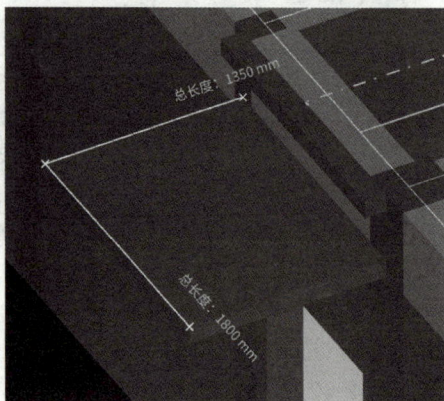

图 2-64　绘制雨篷板　　　　　　　　图 2-65　雨篷板的配筋

（3）雨篷上翻异形栏板的处理

该工程雨篷的上翻栏板为异形构件，此处用挑檐构件来进行定义与绘制，具体步骤如下：

1）定义雨篷栏板：在导航栏下选择"其它—挑檐"，在构件列表中单击"新建线式异形挑檐"，弹出"异形截面编辑器"，单击"设置网格"，根据异形上翻栏板的水平和垂直尺寸"设置网格"。水平方向自左向右设置，垂直方向自下向上设置，设置完成如图 2-66 所示，单击"确定"弹出截面绘制窗口，找到对应造型相应的角点，使用左键描点绘制，点击右键确认。

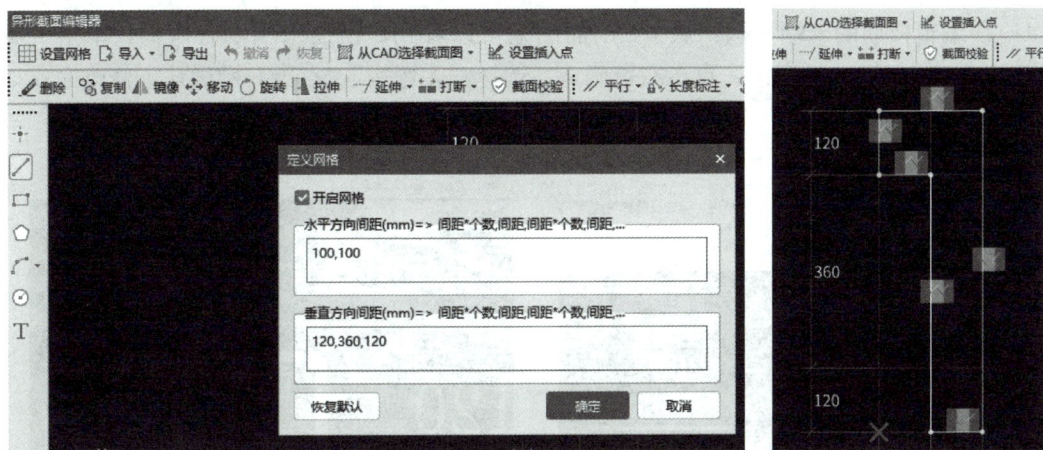

图 2-66　雨篷异形栏板的定义

2）编辑栏板内钢筋：在属性列表中修改名称为"雨篷栏板"，点击"截面编辑"绘制"纵筋"与"横筋"信息。

① 水平纵筋的绘制：在"截面编辑"中选择"纵筋"，采用"直线—水平"的绘制方式，包含起点与终点，钢筋信息输入 2C6，点击起点和终点完成绘制，绘制完成如图 2-67 所示。

图 2-67　雨篷栏板水平纵筋处理

② 竖向纵筋的绘制：钢筋信息填写 2C6，采用"直线—垂直"方式绘制，不包含起点与终点，点击起点终点完成绘制，绘制完成如图 2-68 所示。

③ 横筋的绘制：雨篷栏板中的横筋由一根钢筋加工完成，在"截面编辑"中选择"横筋"，钢筋信息中输入"C8-150"，采用"直线"绘制方式顺时针或逆时针一次绘制完成，绘制完成如图 2-69 所示。

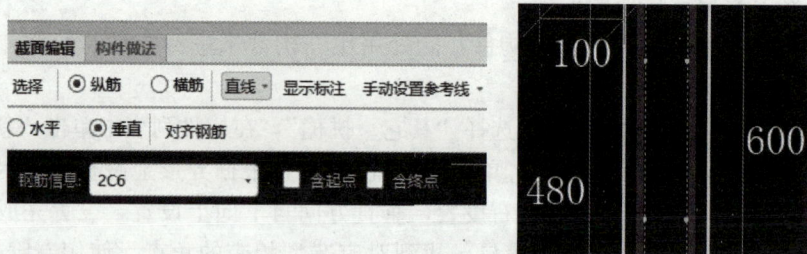

图 2-68　雨篷栏板竖向纵筋处理

④ 编辑横筋的末端弯钩：从 1-1 剖面图上可以看到，横筋末端没有弯钩，单击"编辑弯钩"，用左键选择弯钩，点击右键确认，选择"无弯钩"，点击右键确认，修改完成如图 2-69 所示。

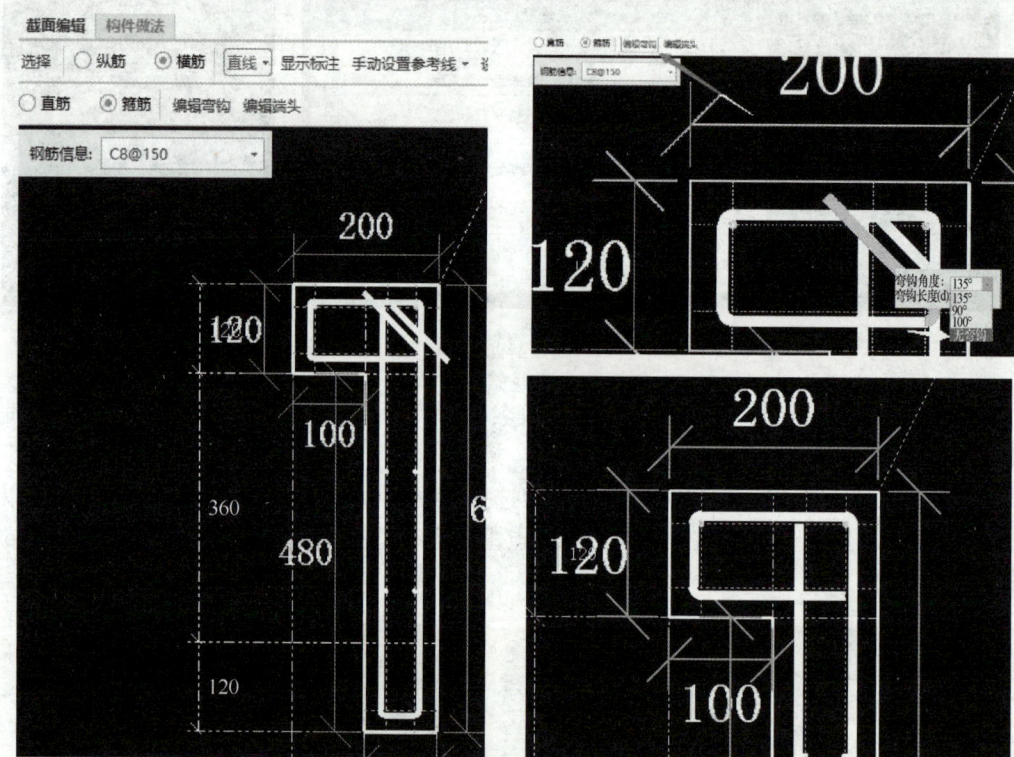

图 2-69　雨篷栏板处横筋的处理

3）绘制雨篷栏板：在构件列表中选择定义好的雨篷栏板，"图元显示"中显示出雨篷板，利用雨篷板描边绘制，绘制时可以用"F4"切换插入点使栏板外边与雨篷板外边对齐，绘制完成如图 2-70 所示。绘制时采用顺时针绘制的方式，如果绘制完成后雨篷翻沿方向朝内，可以利用"调整方向"命令将方向调整过来。

4）另一侧雨篷的处理：由于另一侧的雨篷与该方向是对称的，因此可以用"镜像"命令处理，点击"跨图层选择"，用左键拉框选择绘制的雨篷构件，点击"镜像"命令，选择对称轴上两点，完成绘制如图 2-71 所示。

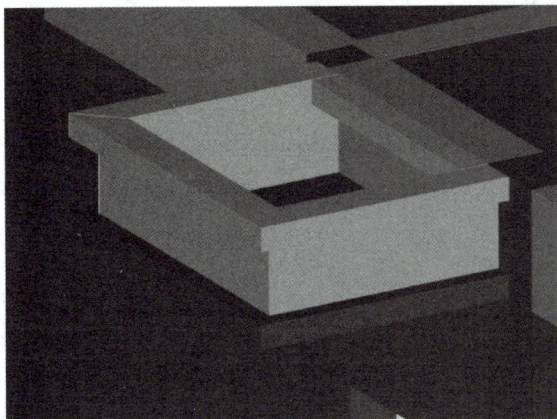

图 2-70　雨篷绘制完成

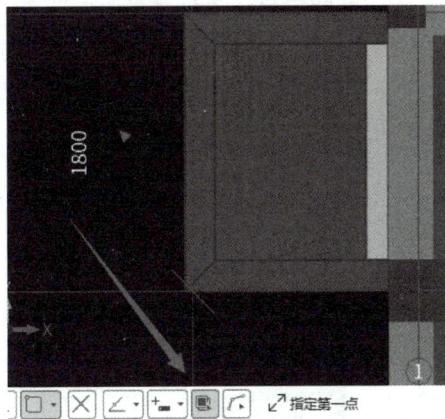

图 2-71　雨篷的镜像

3. 其他上翻造型的定义与绘制

建筑物当中存在一些上翻的造型，比如大厅栏杆的上翻基座、屋面造型的挑檐、雨篷板上的上翻栏板等。一般来说，上翻的造型如果是钢筋混凝土结构，可以采用"栏板"或"挑檐"构件处理，具体看配筋形式。下面以厂区办公楼上翻造型为例介绍上翻造型的定义与绘制。

（1）大厅栏杆基座的定义与绘制

建施 04 二层平面图中的首层大厅位置上方为空，再结合建施 08 和结施 08 的 ⑧轴处 1-1 剖面图，可以看出此处为首层梁顶位置的栏杆基座（混凝土带），如图 2-72 所示。基座截面尺寸为 100mm×100mm，横向钢筋可以由相邻板上部筋通过编辑钢筋进行处理，纵向钢筋为两根直径为 6mm 的 HRB400 级钢筋，此栏杆基座处理方法如下：

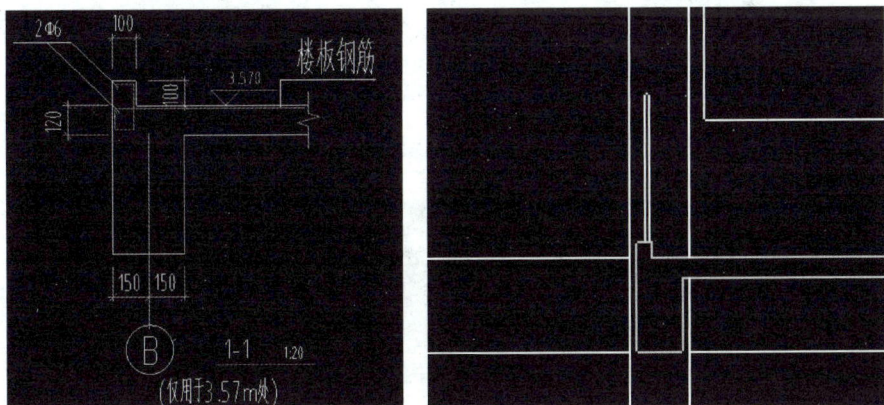

图 2-72　栏杆基座详图

1）"底座"的定义：楼层定位到首层，在导航栏下选择"梁—圈梁"，在构件列表中单击"新建矩形圈梁"，根据图纸信息修改"属性列表"中的信息。

① 名称：栏杆基座。

② 截面尺寸：宽度 100mm，高度 100mm。

③ 钢筋信息：上部钢筋：1A6，下部钢筋：1A6，箍筋：无。

④ 顶标高："层底标高＋0.1"，如图 2-73 所示。

2）"底座"的绘制：在"绘图"选项卡下选择"直线"绘制，开启交点捕捉，"F4"切换插入点，从柱边到柱边进行绘制，绘制完成如图 2-74 所示。

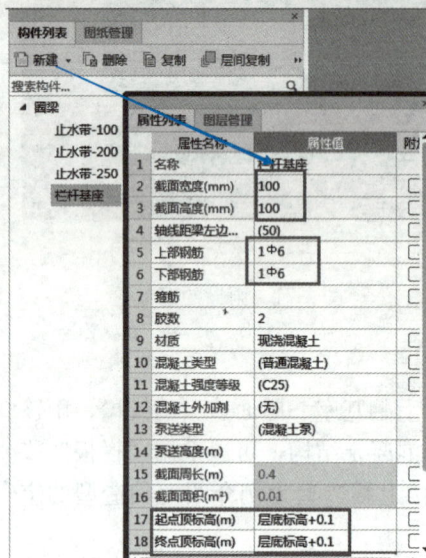

图 2-73 栏杆基座的定义

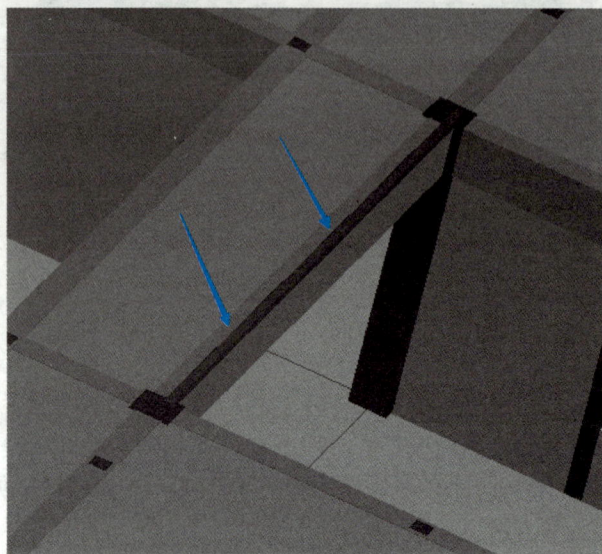

图 2-74 栏杆基座的绘制

3）楼板上翻钢筋的修改：由板伸入到底座中的钢筋可以通过修改板受力筋锚固长度来处理，经过计算可知锚固长度为：$300-15+120-15\times2+100-15\times2+120+100-15-15+100-15\times2-4\times2.08\times8=638.44$mm，而软件默认锚固长度是 $35d=35\times8=280$mm，相差 358.44mm，选中板上部受力筋，在"属性列表"中修改"钢筋业务属性"调整长度，输入"358.44"，如图 2-75 所示。

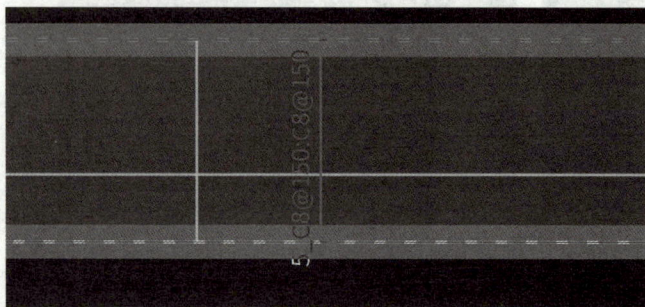

图 2-75 板筋的调整

（2）大屋面造型边缘挑檐处理

厂区办公楼结施 13 图纸展示的大屋面层突出屋面的造型在边缘的位置存在上翻的挑檐，具体构造如图 2-76 所示。由于翻檐高度≤300mm，该处翻檐按照挑檐进行定义和绘制，然后再对板中上翻的钢筋进行处理即可，具体步骤如下：

1）在导航栏下选择"其它—挑檐"，在构件列表中单击"新建线式异形挑檐"，弹出"异形截面编辑器"，单击"设置网格"，根据挑檐的水平和垂直尺寸

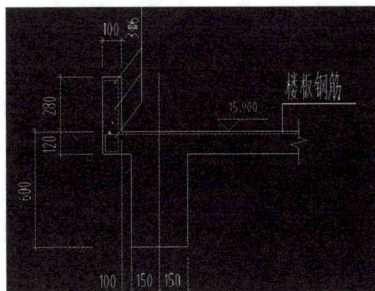

图 2-76　屋面挑檐详图

输入间距，单击"确定"弹出截面绘制窗口，找到对应造型相应的角点，用左键描点绘制，点击右键确认，挑檐内钢筋采用"直线"绘制，定义完成如图 2-77 所示。

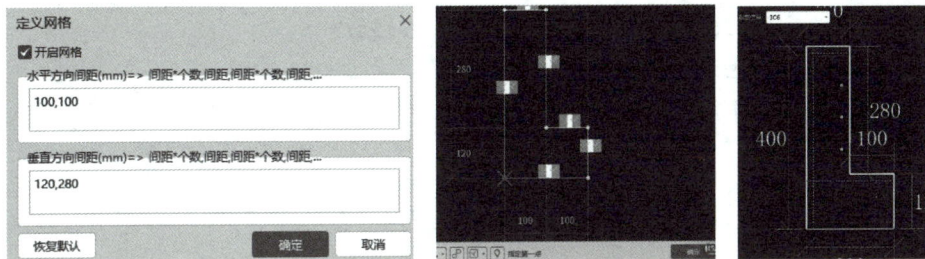

图 2-77　15.9m 处挑檐的定义

2）绘制挑檐：选中定义好的挑檐构件，沿着梁边顺时针绘制，绘制时开启正交和交点捕捉，"F4"切换插入点，让挑檐内侧与梁外边对齐，顺时针进行绘制，绘制完成如图 2-78 所示。

3）钢筋处理：板边与挑檐相连的上部钢筋需要上翻，处理方法同首层栏杆基座处的上部钢筋。钢筋实际长度：$500-15+120-15\times2+100-15\times2+120+280-15\times2+100-15\times2-4\times2.08\times8=1018.44$mm。选择板上面筋，在属性列表当中的"钢筋业务属性"里将钢筋长度调整值修改为"738.44"（$1018.44-280=738.44$mm），如图 2-79 所示。负筋在"编辑钢筋"中修改编辑钢筋计算公式后锁定。

图 2-78　挑檐绘制完成

图 2-79　板边上部纵筋长度修改

任务总结

1. 根据雨篷详图将其进行分解后建模，比如本工程雨篷由挑檐、雨篷板和雨篷上的异形栏板构件组成。

2. 建筑物外挑的造型可以用挑檐构件处理，方便后期进行装修做法的布置。

3. 板筋延伸到造型中的钢筋可以在相应板中通过编辑钢筋进行修改，也可以在属性列表中调整板筋的长度。

复习思考题

1. 雨篷栏板用栏板构件绘制和用挑檐构件绘制的区别是什么？

2. 栏杆基座的量提到哪个构件当中？

3. 如何定义异形挑檐，如何定义异形挑檐中的钢筋？

4. 如何修改板中延伸到挑檐或栏板中的钢筋？

5. 上翻高度多少算是挑檐，多少算是栏板？

2.2　装饰装修建模

知识目标

1. 掌握楼地面、踢脚、墙面、顶棚、外墙面等室内外装修构件的图纸信息内容。

2. 掌握楼地面、踢脚、墙面、顶棚、外墙面等室内外装修构件的工程量的计算规则及影响因素。

3. 掌握楼地面、踢脚、墙面、顶棚、外墙面等室内外装修构件的建模方法和思路。

能力目标

1. 能够利用手工建模的方式建立楼地面、踢脚、墙面、顶棚、外墙面等室内外装修构件的三维算量模型。

2. 能够利用CAD识别的方式定义楼地面、踢脚、墙面、顶棚、外墙面等室内外装修构件。

3. 能够正确汇总和提取楼地面、踢脚、墙面、顶棚、外墙面等室内外装修构件工程量。

素养目标

1. 培养团队意识和在工作中与他人沟通协调的能力。

2. 培养具备开拓精神和创新意识。

2.2.1　内部装修建模

内部装修建模

任务工单

利用 GTJ2025，完成厂区办公楼工程室内装修构件模型建立工作。

任务说明

根据厂区办公楼建筑施工图图纸信息，对本工程室内装修构件进行定义和绘制。

任务分析

1. 建筑物内部装修包含哪些构件？
2. 如何利用软件定义和绘制内部装修构件？
3. 进行内部装修构件布置时注意事项是什么？
4. 虚墙的作用是什么，哪些位置需要绘制虚墙？

任务实施

1. 分析图纸

厂区办公楼室内装修具体做法，详见建筑设计说明室内装修做法表，如图 2-80 所示，具体装饰做法详见 L13J1 图集。

房间名称	地面		楼面		踢脚		墙裙		内墙面		顶棚		备注
	名称	编号	名称	编号	名称	编号	名称	编号	名称	编号	名称	编号	
办公室	地101		楼101		踢脚	踢1B	无		内墙	内墙1B	顶	顶2	
卫生间	地201F		楼201F		无		无		内墙	内墙BF	棚	棚5	吊棚距离地面高度3000mm
会议室	地101		楼101		踢脚	踢1B	无		内墙	内墙1B	顶	顶2	
楼梯间	地101		楼101		无		无		内墙	内墙1B	顶	顶2	
车库	地102		—		无		无		内墙	内墙1B	顶	顶2	
走廊	地201		楼201		踢脚	踢3B	无		内墙	内墙1B	顶	顶2	
大厅	地201		楼201		踢脚	踢3B	无		内墙	内墙1B	顶	顶2	
选用图集	L13J1		L13J1		L13J1		L13J1		L13J1		L13J1		

注：以上装修表中除车库、卫生间外其他房间内墙、顶棚加做乳胶漆。　　　具体做法参见L13J1

图 2-80　室内装修做法表

下面以厂区办公楼首层室内装饰为例介绍内部装修构件的定义与绘制方法。根据装修做法表信息，本工程房间内部装修有楼地面、踢脚、内墙面、天棚、吊顶等做法。GTJ2025 处理内部装修构件的思路是：先定义各装修构件（如楼地面、踢脚、墙面、天棚、吊顶等），再定义房间，并在房间内添加上定义好的装修构件，然后将内部装修构件以房间为单位，通过"点"绘制的方式来进行布置。

2. 内部装修构件的定义

(1) 楼地面的定义

定位到首层，在导航栏下选择“装修—楼地面”，在构件列表中单击“新建楼地面”，在属性列表中修改属性信息，定义完成如图 2-81 所示，同理定义好其他楼地面构件。

1) 名称：按照装修做法表中的名称进行修改，如“地 101”。

2) 块料厚度：不影响算量，保持默认即可。

3) 顶标高：默认层底标高，保持默认即可。

属性列表　图层管理

属性名称	属性值	附加
基础属性		
名称	地101	
块料厚度(mm)	0	●
是否计算防...	否	●
是否有保温	否	●
顶标高(m)	层底标高	●
备注		●

图 2-81　楼地面定义

注意

地面与楼面的区别，地面是建筑物最底层的房间内做法，楼面为现浇板上面的房间内做法。

(2) 踢脚的定义

定位到首层，在导航栏下选择“装修—踢脚”，在构件列表中单击“新建踢脚”，在属性列表中修改属性信息，定义完成如图 2-82 所示，同理，定义好其他踢脚构件。

1) 名称：按照装修做法表中的名称进行修改，如“踢 1B”。

2) 高度：图纸没有明确踢脚高度，按 L13J1 图集做法输入踢脚高度为 150mm。

3) 底标高：默认墙底标高。

(3) 内墙面的定义

定位到首层，在导航栏下选择“装修—墙面”，在构件列表中单击“新建内墙面”，在属性列表中修改属性信息，定义完成如图 2-83 所示，同理，定义好其他内墙面构件。

属性列表　图层管理

属性名称	属性值	附加
基础属性		
名称	踢1B	
高度(mm)	150	●
块料厚度(mm)	0	●
起点底标高(m)	墙底标高	●
终点底标高(m)	墙底标高	●
备注		●

图 2-82　踢脚的定义

属性列表　图层管理

	属性名称	属性值	附
1	名称	内墙1B	
2	块料厚度(mm)	0	
3	所附墙材质	(程序自动判断)	
4	内/外墙面标志	内墙面	
5	起点顶标高(m)	墙顶标高	
6	终点顶标高(m)	墙顶标高	
7	起点底标高(m)	墙底标高	
8	终点底标高(m)	墙底标高	
9	备注		

图 2-83　内墙面的定义

1) 名称：按照装修做法表中的名称进行修改，如“内墙 1B”。

2) 高度：默认从墙底到墙顶。

（4）顶棚的定义

顶棚构件包括"天棚"和"吊顶"两种，根据室内装修做法表名称及做法描述判断是用"天棚"构件定义，还是用"吊顶"构件定义。例如厂区办公楼"顶 2"采用"天棚"构件定义，"棚 6"描述为"铝扣板"吊顶，故采用"吊顶"构件定义，下面以"棚 6"为例进行介绍。具体操作是定位到首层，在导航栏下选择"装修—吊顶"，在构件列表中单击"新建吊顶"，在属性列表中修改属性信息，定义完成如图 2-84 所示，同理，定义好其他顶棚构件。

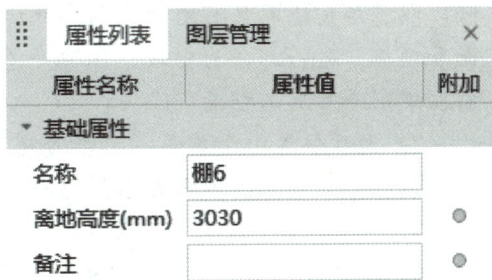

图 2-84　顶棚的定义

1）名称：按照装修做法表中的名称进行修改，如"棚 6"。

2）离地高度：吊顶距离室内地面的高度，根据图纸信息修改离地高度为 3030mm。

3. 房间的定义

下面以首层"办公室"房间为例介绍"房间"的定义，具体步骤如下：

（1）在导航栏下选择"装修—房间"，在构件列表中单击"新建房间"，根据装修做法表中房间的名称进行定义，如"办公室"。

（2）在房间中添加依附构件，单击"建模"菜单下"通用操作"选项卡当中的"定义"命令，弹出房间定义窗口，在窗口中的构件列表中选择"房间"，依次添加定义好的装修构件。"构件类型"选择"楼地面"，右侧"依附构件类型"下单击"添加依附构件"，选择办公室的地面做法构件"地 101"，如图 2-85 所示。同理依次将"踢脚、墙面、天棚"构件添加到"办公室"中。

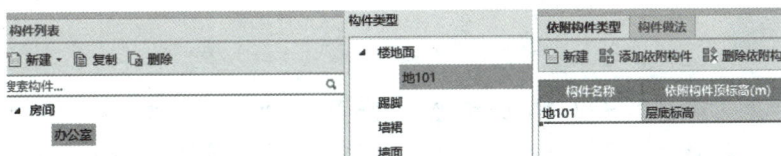

图 2-85　给房间添加依附构件

（3）利用相同方式可以把其他房间定义完毕，并添加对应的依附构件，如图 2-86 所示。

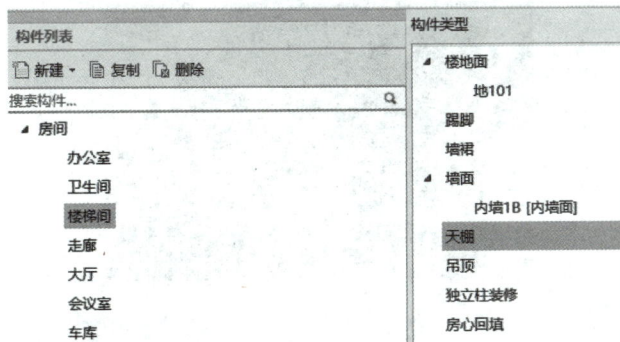

图 2-86　房间定义完成

1）楼梯间内的装修可分为两部分：一部分为除去梯段及休息平台后的装修，即首层楼梯间只有地面、踢脚和墙面，二层、三层只有墙面，四层只有墙面和顶棚。另一部分为梯段、休息平台顶面、底面的装饰，这部分单独处理，需按规则手算其工程量。

2）大厅位置由于首层、二层贯通，因此一层大厅添加依附构件时，不要添加天棚；二层大厅不需要添加地面和踢脚。

3）卫生间顶部为吊顶，所以不需要添加天棚，直接添加吊顶即可。

4）二层及以上的房间用楼面做法取代地面做法，如楼 101、楼 201F 等。

4. 房间的绘制

房间绘制之前首先要对已绘制的墙体进行检查，首先检查墙体的内外墙绘制是否正确，如果不正确需要选中相应的墙体进行修改；然后检查墙体是否封闭，按键盘"Z"键，将首层柱隐藏，观察绘制完成的内外墙是否封闭，如果没有封闭，可以用"建模"菜单下"修改"选项卡当中的"延伸"命令进行封闭。墙体检查无误后，就可以对房间进行布置，方法如下：

（1）"点"绘制

将"房间"作为一个整体通过"点"绘制的方式对房间进行布置，具体步骤如下：

1）在构件列表中选择需要绘制的"房间"构件。

2）在"建模"菜单下"绘图"选项卡中选择"点"绘制命令，在平面图所示房间位置布置即可。

在"点"绘制"楼梯间"的时候，需要利用"虚墙"将楼梯间和走廊、大厅之间进行分隔后才能够准确布置。虚墙的建立方法是在导航栏下选择"墙—砌体墙"，在构件列表中单击"新建虚墙"，在属性列表中修改虚墙属性，名称改为"虚墙"，厚度改为"200"，在分隔处完成布置，虚墙与两侧墙体要相交到一起，绘制完成如图 2-87 所示。

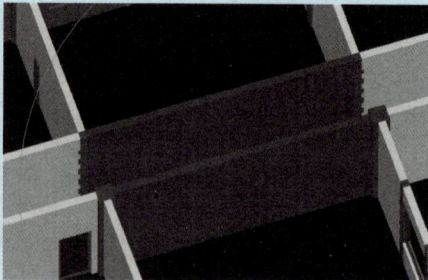

图 2-87　大厅与走廊、楼梯间处的虚墙

（2）智能布置

如果存在某种房间数量比较多、位置又比较集中的情况，可以利用"智能布置"的方式快速完成房间的绘制，具体步骤如下：

1）在构件列表中选择需要布置的房间构件。

2）在"建模"菜单下"绘图"选项卡中选择"智能布置"命令，根据图纸所示的房间位置，在建模区域中用鼠标左键拉框选择需要布置的房间范围，注意要选择围成房间的全部墙体，建议使用左键右拉框的方式，点击右键确认，完成绘制，如图 2-88 所示。

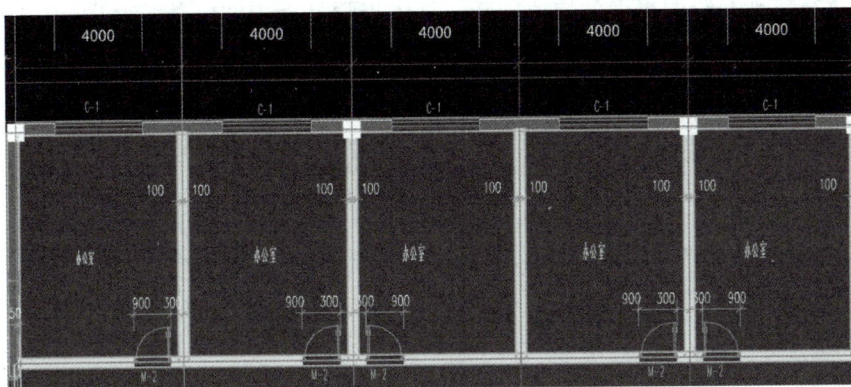

图 2-88　房间的智能布置

5. 其他楼层内部装修的布置

在处理二层的内部装饰时，可以利用构件列表中的"层间复制"功能，将定义好的首层的装修构件和房间复制到二层。根据二层装修做法表修改房间内的依附构件，然后再利用"点"绘制的方式布置即可，方法同首层。具体操作步骤如下：

（1）在构件列表中选择"层间复制"，在弹出窗口中选择"复制构件到其它楼层"，选择"当前层构件"中的"装修"构件，选择"目标楼层"为二层，单击"确定"，如图 2-89所示。

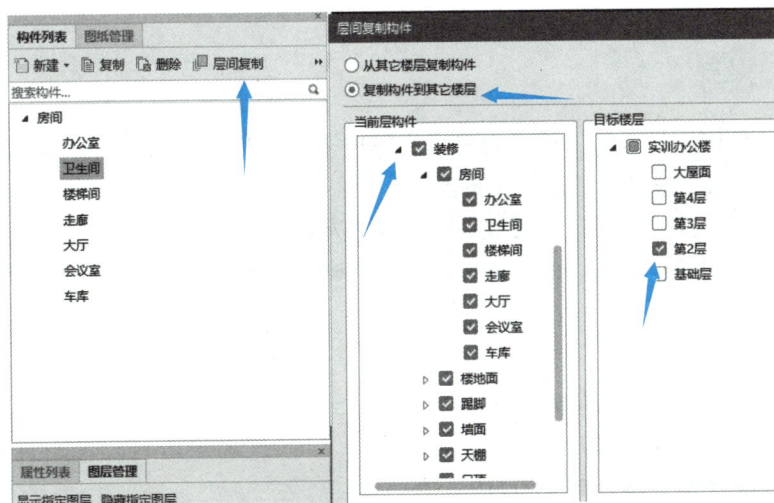

图 2-89　层间复制装修构件

（2）布置装修图元：定位到二层，根据装修做法表修改相应装修构件内容。用楼面做法取代地面做法；大厅取消地面、踢脚做法，添加顶棚做法；楼梯间取消地面和踢脚做法，修改完成后选择相应房间按照图示位置布置即可，同理可以完成其他楼层室内装修构件的定义与绘制。

6. 装修构件的修改

当房间布置完成之后如果发现某个房间内的装修构件定义或布置存在问题，无须删除房间再重新绘制，只需要在房间定义界面下修改相应装修构件后，通过点击"刷新装修图元"命令进行属性及绘图界面的快速刷新。具体步骤是点击"刷新装修图元"，在弹出的窗口中选择需要刷新的装修构件，点击"确定"，如图 2-90 所示。

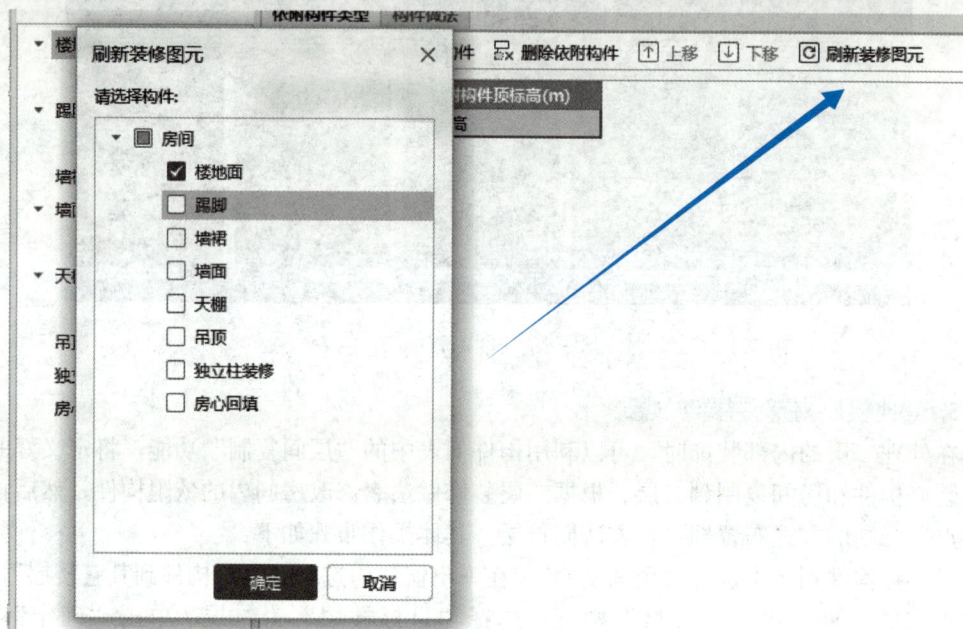

图 2-90　刷新装修图元

任务总结

1. 室内装修构件模型的创建首先要定义室内装修构件，并将构件添加到对应的"房间"内，以"房间"为单位进行整体布置。

2. 室内装修构件及房间可以通过层间复制的方式快速定义。

3. 室内装修构件布置错误的时候可以通过"刷新装修图元"方式进行修改。

复习思考题

1. 室内装修构件定义的依据是什么？

2. 室内房间定义的依据是什么？

3. 如何将装修构件添加到房间内？

4. 如何以房间为整体进行室内装修构件的布置？

5. 某室内装修构件定义错误后如何进行修改？

6. 软件内吊顶的离地高度指的是距离建筑标高还是结构标高，该如何确定？

2.2.2　外部装修建模

外部装修建模

任务工单

利用 GTJ2025，完成厂区办公楼工程外部装修模型建立工作。

任务说明

根据厂区办公楼建筑施工图图纸信息，对本工程室外装修构件进行定义和绘制。

任务分析

1. 建筑物外部装饰包含哪几部分？

2. 如何利用软件定义和绘制外部装修构件？

3. 如何利用 CAD 识别的方式定义和绘制装修构件？

任务实施

1. 分析图纸

根据厂区办公楼建筑装修做法表描述，外墙采用 L13J1-外墙 14 建筑做法，如图 2-91 所示，建筑物外墙均为"外墙 14"做法，女儿墙内侧及顶部均需布置。

| 外墙装修 | L13J1-外墙14 | 外墙装饰做法 | 压顶及女儿墙内侧做法同外墙装修 |

图 2-91　外墙装修做法

2. 室外装修构件的定义与绘制

下面以厂区办公楼外墙为例介绍外墙装修构件定义与绘制方法，具体步骤如下：

（1）外墙面的定义

在首层导航栏中选择"装修—墙面"，在构件列表中新建"外墙面"，在属性列表中修改构件属性信息，如图 2-92 所示。

（2）外墙面的绘制

定位到首层，在构件列表中选择定义好的外墙构件，可以采用"点"绘制或"智能布置"的方式对外墙进行布置，具体方法如下：

	属性名称	属性值
1	名称	外墙14
2	块料厚度(mm)	0
3	所附墙材质	(程序自动判断)
4	内/外墙面标志	外墙面
5	起点顶标高(m)	墙顶标高
6	终点顶标高(m)	墙顶标高
7	起点底标高(m)	墙底标高
8	终点底标高(m)	墙底标高

属性列表　图层管理

图 2-92　外墙做法的定义

1）"点"绘制：在"建模"菜单下"绘图"选项卡中单击"点"，在需要布置外墙做法的墙体外侧进行"点"绘制。

2）"智能布置"：在"建模"菜单下"智能布置"选项卡中选择"智能布置—外墙外

边线"，弹出智能布置对话框，选择需要布置外墙面的楼层，单击"确定"，如图 2-93 所示。

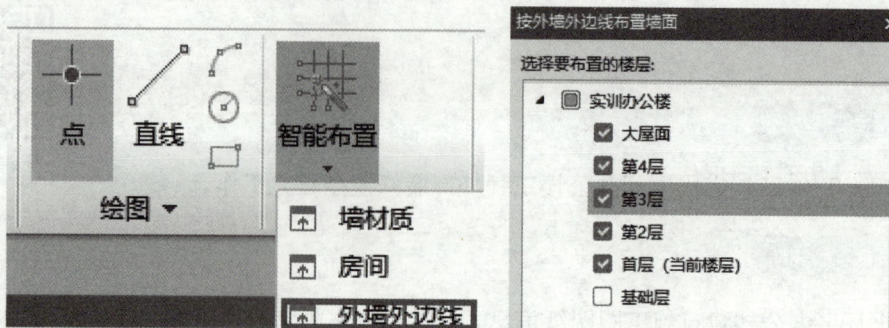

图 2-93　外墙面的智能布置

3）布置局部位置的外墙装饰：外墙局部位置的装饰包括雨篷造型、屋面女儿墙内侧，在构件列表中选择"外墙 14"，"点"绘制即可，绘制完成如图 2-94 所示。

图 2-94　局部外墙绘制完成

4）女儿墙顶部外墙装饰：女儿墙压顶顶部、雨篷挑檐处、上翻栏板的外墙装饰做法可以采用"自定义贴面"来进行处理。以女儿墙压顶顶部外墙做法为例进行介绍，在导航栏中选择"自定义—自定义贴面"，在构件列表中新建"自定义贴面"，在属性列表中修改构件属性，名称改为"外墙 14"。在需要布置的地方"点"绘制即可，如图 2-95 所示。

图 2-95　贴面布置女儿墙顶装修

3. 房间装修的 CAD 识别

如果工程图纸中包含房间的装修做法表，则可以利用 CAD 识别的方式来快速定义房间的装修构件。软件提供了三种 CAD 识别的方式，分别是"按构件识别装修表、按房间识别装修表和识别 Excel 装修表"，选用哪种方式需要根据图纸信息来确定。例如厂区办公楼装修做法表是按照房间来给定的，这里选择"按房间识别装修表"，具体步骤如下：

（1）在导航栏中选择"装修—房间"，在"图纸管理"中定位到装修表所在的图纸，在"建模"菜单下"识别房间"选项卡中单击"按房间识别装修表"命令，使用左键拉框选择装修表，点击右键确认，弹出识别房间装修表窗口，如图 2-96 所示。

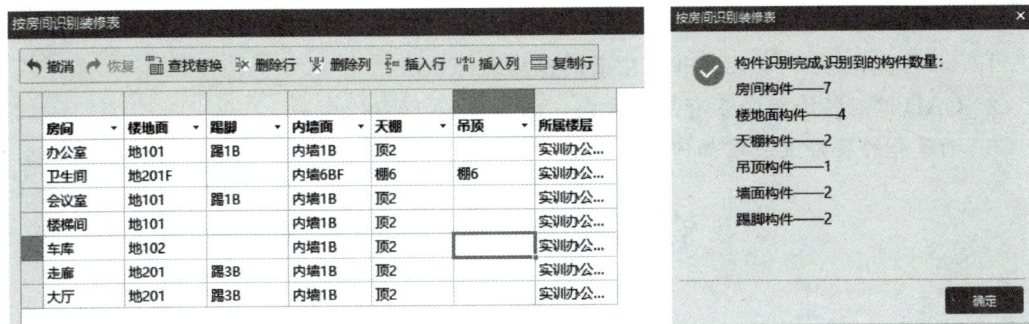

图 2-96　识别装修做法表

（2）检查表头是否对应，删除多余行和多余列，按照装修做法表中的构件信息进行修改，修改完成后单击"识别"，房间和装修构件即定义完成。

房间装修表识别完成后，软件会按照图纸上房间与各装修构件的关系自动建立房间并添加依附构件，如图 2-97 所示。

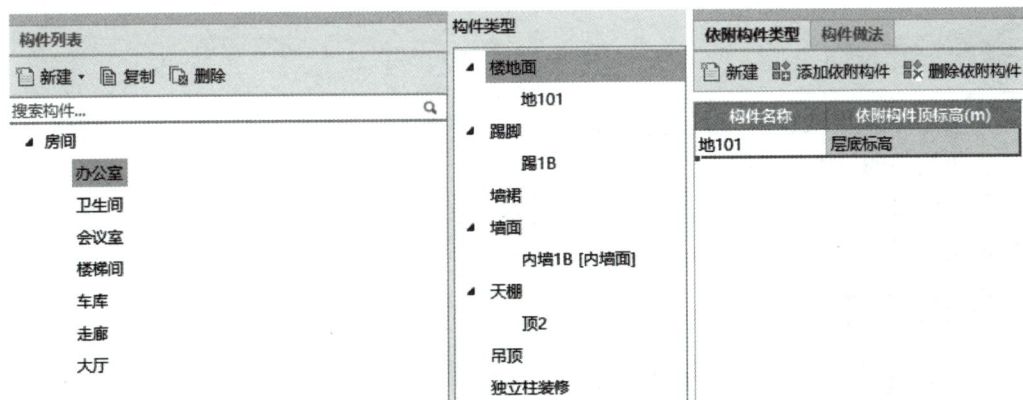

图 2-97　CAD 识别定义房间及装修构件

（3）检查房间内的装修构件依附关系是否准确，修改楼梯间、大厅的装修做法，修改方法如前所述，修改踢脚及吊顶高度，修改完成后按照"点"绘制或"智能布置"的方式进行布置即可。

任务总结

1. 外墙装修构件的建模用手动定义和绘制的方式处理，绘制的时候可以选择按外墙外边线智能布置。

2. 挑檐、女儿墙压顶顶部装饰做法可以采用自定义贴面的方式进行处理。

3. 房间的装修构件也可以使用 CAD 识别的方式进行定义，定义完成后要检查装修构件的依附关系及属性值。

复习思考题

1. 如何绘制挑檐、女儿墙压顶顶面的外墙装饰做法？

2. CAD 识别装修做法表有几种方式，识别后如何处理？

3. 雨篷处的装修做法该如何处理？

2.3 其他土建构件的建模

知识目标

1. 掌握保温、防水、垫层、土方、台阶、散水、坡道、建筑面积等构件的图纸信息内容。

2. 掌握保温、防水、垫层、土方、台阶、散水、坡道、建筑面积等构件的工程量的计算规则及影响因素。

3. 掌握保温、防水、垫层、土方、台阶、散水、坡道、建筑面积等构件的建模方法和处理思路。

能力目标

1. 能够利用手工建模的方式建立保温、防水、垫层、土方、台阶、散水、坡道、建筑面积等构件的三维算量模型。

2. 能够正确汇总和提取保温、防水、垫层、土方、台阶、散水、坡道、建筑面积等构件的工程量。

素养目标

1. 培养具有坚韧不拔的品质和永不放弃的精神。

2. 培养具备勤学善思的学习态度。

2.3.1 保温及防水建模

任务工单

利用 GTJ2025，完成厂区办公楼工程保温及防水模型建立工作。

保温及防水建模

根据厂区办公楼建筑施工图图纸信息，对本工程的保温及防水构件进行定义和绘制。

任务分析

1. 本工程哪些部位需要做保温？
2. 如何定义和绘制保温构件？
3. 本工程哪些部位需要做防水？
4. 如何定义和绘制防水构件？

任务实施

1. 分析图纸

厂区办公楼在屋面及外墙部位需要做保温。外墙保温材料为 60mm 厚挤塑聚苯板，如图 2-98 所示，外墙保温自设计室外地坪开始到屋面层女儿墙结束，该范围内所有外墙均需要布置外墙保温。本工程屋面做法采用 L13J1 屋 205 构造做法，如图 2-99 所示，屋面保温层采用 70mm 厚挤塑聚苯板。

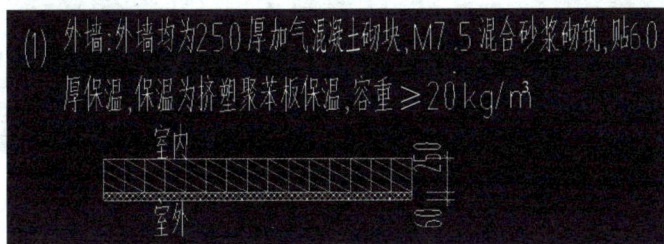

图 2-98　外墙保温做法

图 2-99　屋面保温做法

2. 外墙保温的定义与绘制

下面以厂区办公楼外墙保温为例介绍保温构件的定义与绘制方法，具体步骤如下：

（1）外墙保温的定义

定位到首层，在导航栏中选择"其它—保温层"，在构件列表中"新建保温层"，在属性列表中修改构件属性信息，修改完成如图 2-100 所示。

1）名称：保温层。

2）材质：不影响算量，无须修改。

属性列表	图层管理	
	属性名称	属性值
1	名称	保温层
2	材质	苯板
3	厚度(不含空气...	60
4	空气层厚度(mm)	0
5	起点顶标高(m)	墙顶标高
6	终点顶标高(m)	墙顶标高
7	起点底标高(m)	墙底标高
8	终点底标高(m)	墙底标高

图 2-100　外墙保温定义

3）空气层厚度：0。

4）标高：保持默认即可。

（2）外墙保温层的绘制

外墙保温层的绘制与外墙面十分类似，同样是包括"点"绘制和"智能布置"两种方式，具体方法如下：

1）"点"绘制：在"建模"菜单下"绘图"选项卡中单击"点"，在需要布置外墙保温的墙体外侧进行"点"绘制。

2）"智能布置"：在"建模"菜单下"智能布置"选项卡中选择"智能布置—外墙外边线"，弹出智能布置对话框，选择需要生成保温层的楼层，单击"确定"，布置完成如图2-101所示。

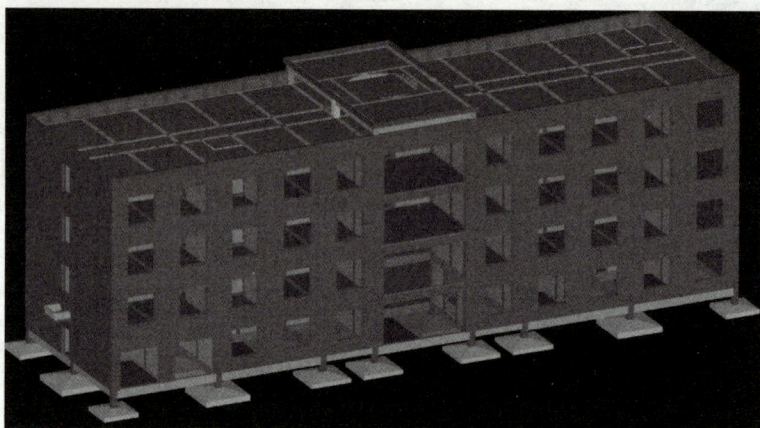

图2-101 外墙保温绘制完成

注意

本工程外墙保温是布置到女儿墙压顶底部的，因此需要调整大屋面层外墙保温层顶标高至压顶底部。外墙保温层已包含门窗洞口侧壁的保温层面积，需要时可以进行提取。

3. 屋面保温的定义与绘制

由建施02图纸工程构造表可知，屋面保温层材料为挤塑聚苯板，厚度为70mm。但是在GTJ2025中的保温层构件只能竖向布置，因此可以用屋面构件来提取屋面保温工程量。屋面构件的定义和绘制方法如下：

（1）屋面的定义

定位到大屋面层，在导航栏中选择"其它—屋面"，在构件列表中单击"新建屋面"，在属性列表中修改屋面名称为"屋205"，底标高为"14.37"。

（2）屋面的绘制

在构件列表中选择"屋205"构件，在"建模"菜单下可以"点"绘制，也可以在

"屋面二次编辑"选项卡中选择"智能布置—外墙内边线",使用左键拉框选择四面女儿墙,点击右键确认,屋面绘制完成如图 2-102 所示。

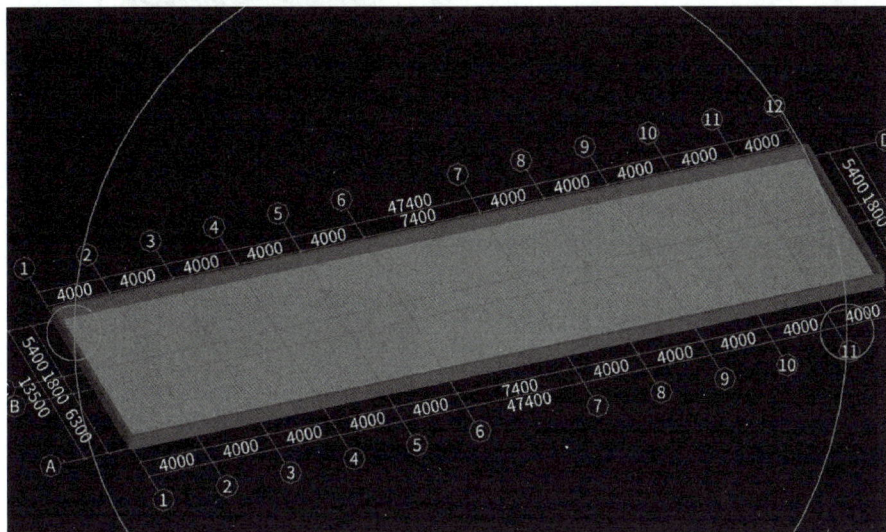

图 2-102　屋面绘制完成

（3）屋面保温工程量的提取

汇总计算"屋 205"构件,查看"屋 205"工程量,如图 2-103 所示,其中面积 635.0344m² 即为屋面保温工程量。

楼层	名称	工程量名称					
		周长(m)	面积(m²)	卷边面积(m²)	防水面积(m²)	卷边长度(m)	屋脊线长度(m)	投影面积(m²)
1 大屋面	大屋面	121.48	635.0344	0	635.0344	0	0	634.3734
2	小计	121.48	635.0344	0	635.0344	0	0	634.3734
3	合计	121.48	635.0344	0	635.0344	0	0	634.3734

图 2-103　屋面面积

4. 屋面防水的处理

根据建施 02 图纸工程构造表,屋面防水用 SBS 改性沥青防水卷材采用 3＋3 做法,上翻 250mm。GTJ2025 中没有单独的防水构件,防水的工程量可以利用所依附的面层构件进行提取,具体操作步骤如下:

（1）设置屋面防水卷边:切换楼层至大屋面层,在导航栏中选择"其它—屋面",选中绘制好的"屋 205"构件,点击工具栏中"设置防水卷边",选择"指定图元",输入屋面防水卷边高度"250",点击"确定"即可,如图 2-104 所示。

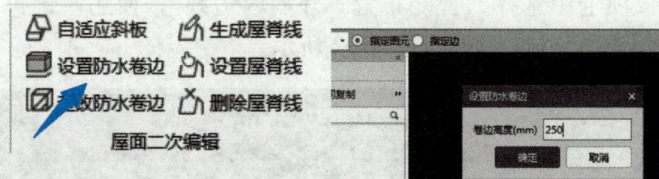

图 2-104　设置防水卷边

（2）查改防水卷边：通过"查改防水卷边"命令可以查看和修改已设置的防水卷边高度，如果不正确可以进行调整，如图 2-105 所示。

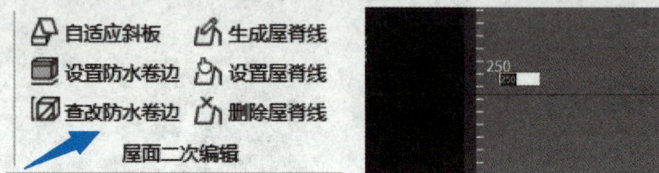

图 2-105　查改防水卷边

5. 雨篷处保温及防水的处理

由建施 04 图纸雨篷详图可知，雨篷板及上翻栏板内侧、挑檐部位需进行防水处理，雨篷板及上翻部位四周做保温处理，如图 2-106 所示。

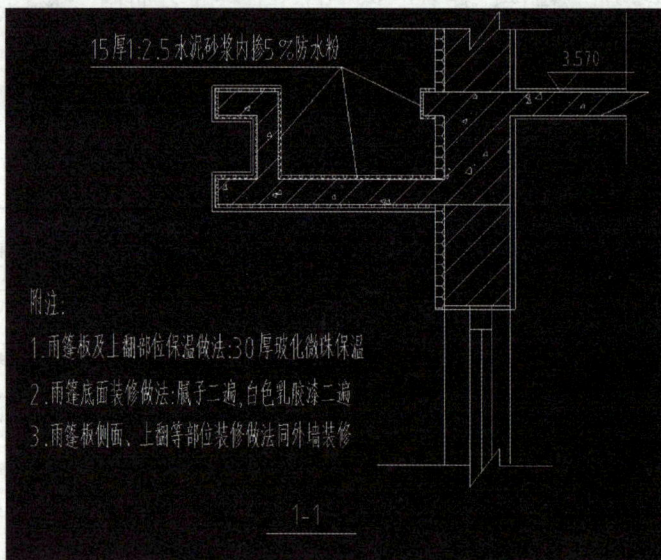

图 2-106　雨篷处的保温及防水做法

（1）雨篷防水的处理

雨篷的侧壁防水可以利用"自定义贴面"构件进行处理，在导航栏中选择"自定义—自定义贴面"，在构件列表中选择"新建自定义贴面"，将名称修改为"雨篷防水砂浆＋30厚保温"，然后在图示位置进行"点"绘制即可，绘制完成如图 2-107 所示。底部的防水可以利用屋面构件进行处理，选择"新建屋面构件"，名称改为"雨篷防水砂浆＋30 厚保温"，在雨篷内部进行"矩形"布置，布置完成如图 2-108 所示。这两部分面积之和即为雨篷内侧防水的面积。

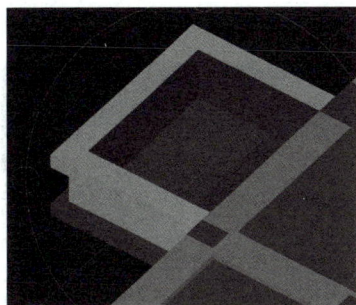

图 2-107　雨篷侧壁防水和保温

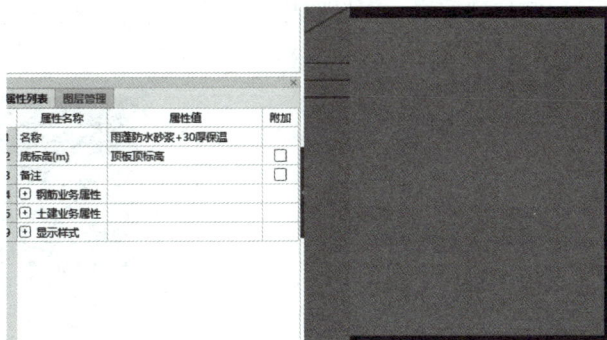

图 2-108　雨篷底部防水和保温

（2）雨篷保温的处理

由于雨篷在雨篷板及上翻造型位置均存在保温，除了上述防水部位包含的保温以外，雨篷上翻栏板四周、雨篷板底部、边缘部位也要做保温，上翻栏板四周同样可以利用自定义贴面功能进行处理，雨篷板边缘可以提取雨篷板侧面模板面积，雨篷底部和四周边缘的保温工程量则可以利用天棚、屋面等构件灵活进行处理，这些构件在命名的时候都包含"30 厚保温"字样，提量的时候汇总到一起即可，绘制完成如图 2-109 所示。

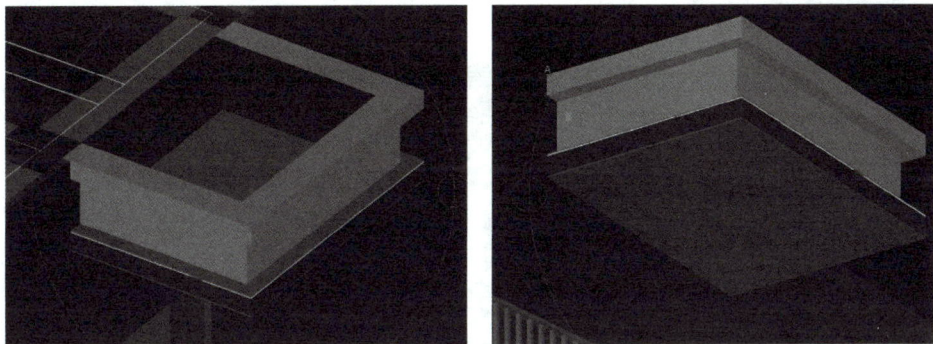

图 2-109　雨篷底部及外侧壁的保温

6. 其他部位防水的处理

（1）卫生间防水的处理

根据厂区办公楼建筑设计说明可知，本工程卫生间防水选用聚氨酯涂膜防水 2mm，防水层四周卷起 300mm 高，具体做法如图 2-110 所示。与屋面防水的处理方法类似，由

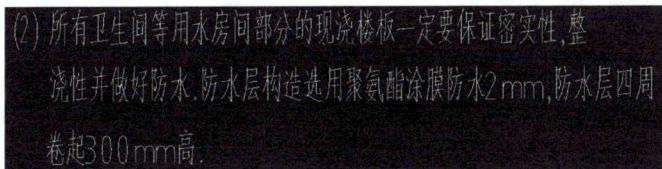

图 2-110　卫生间防水做法

于软件中没有单独的防水构件，所以这里我们借助已经绘制好的"楼地面"构件进行处理，具体操作步骤如下：

1）定位到首层，在导航栏中选择"装修—楼地面"，选中图中已经绘制好的卫生间地面，如图 2-111 所示。

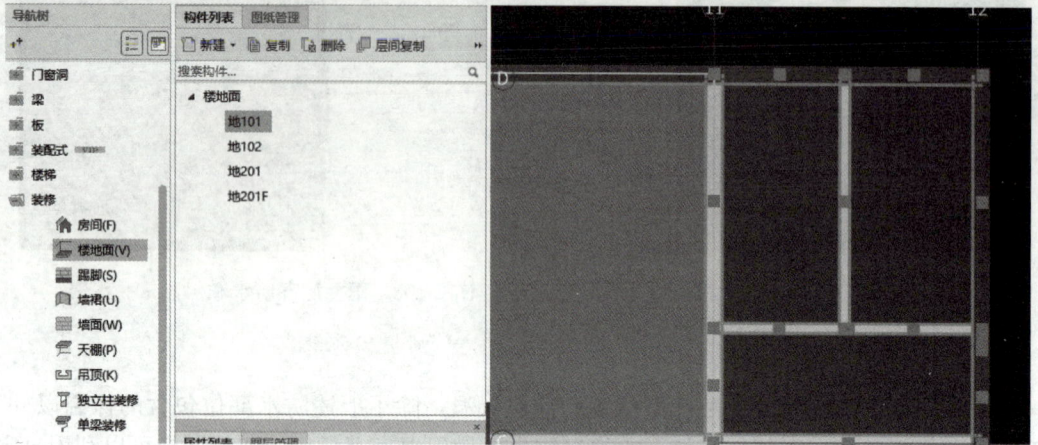

图 2-111　已绘制好的卫生间楼地面

2）在"建模"菜单下"楼地面二次编辑"选项卡中单击"设置防水卷边"命令，通过"指定图元"的方式使用左键选择需要设置卷边的卫生间地面图元，点击右键确认。在弹出的对话框中输入防水高度"300"，点击"确定"，如图 2-112 所示。

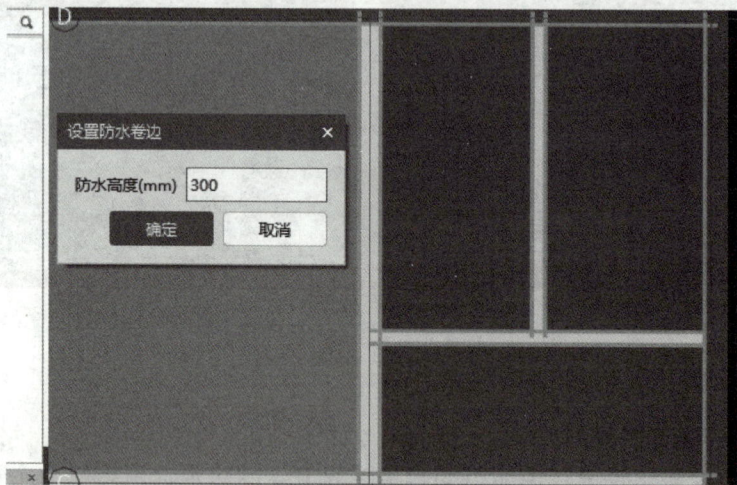

图 2-112　设置卫生间楼地面防水卷边

3）通过"查改防水卷边"命令可以对已经设置好防水卷边的楼地面进行检查，如需修改可以进行单独调整，如图 2-113 所示。

4）防水工程量的提取

修改立面防水高度之后，软件会计算该地面的防水面积，可以在工程量计算式中进行提取，如图 2-114 所示。

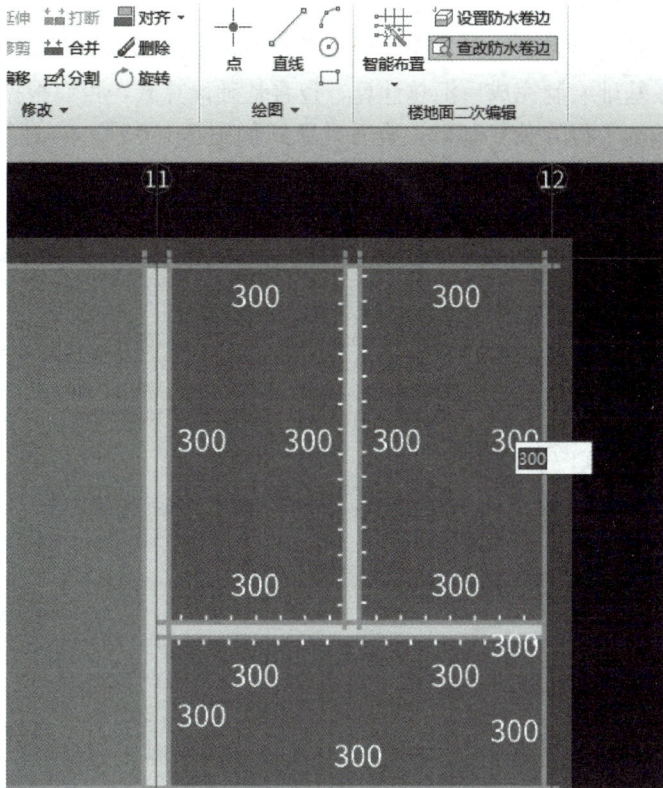

图 2-113　查改卫生间四周防水卷边设置

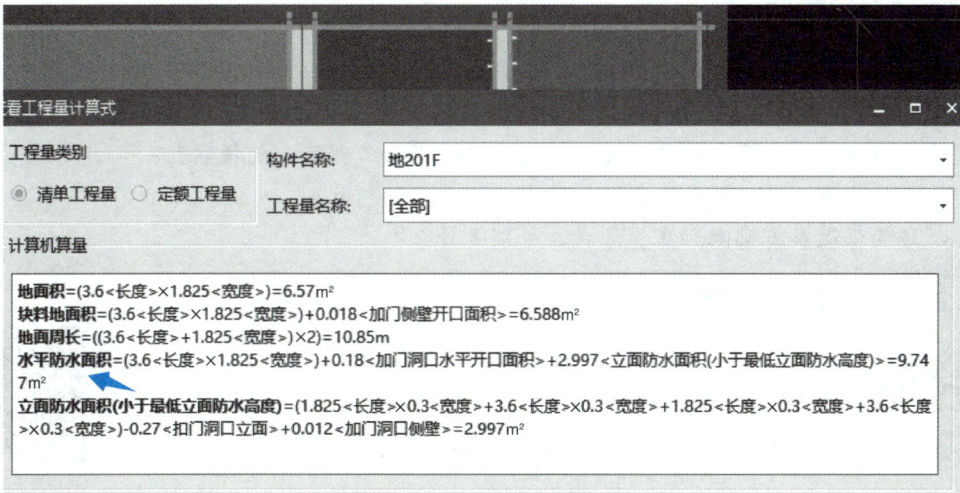

图 2-114　防水面积的提取

（2）地下室防水的处理

地下室的墙面如果需要做防水，处理方法与地上相同，可以利用"装修—墙面"构件来进行提量。定义好"墙面"构件后，在需要布置防水的墙上绘制，汇总计算后提取"墙面"构件工程量即可。

（3）基础的防水处理

如果建筑物基础需要做防水，首先要明确需要做防水的部位，一般基础与土壤接触面都需要做防水。在基础绘制完成后汇总计算，查看基础计算式，可以根据防水部位提取相应的工程量。例如本工程为独立基础，查看计算式如图 2-115 所示，计算式中底面面积、顶面面积、侧面面积都会被计算出来，根据需要提取即可。

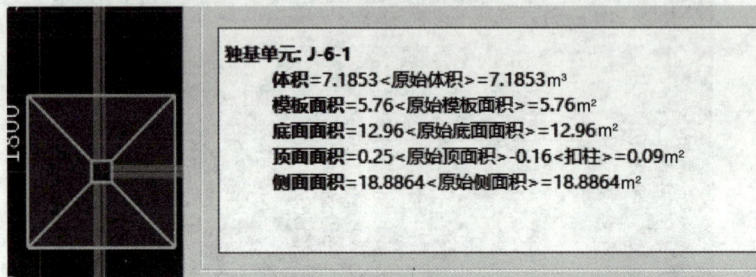

独基单元: J-6-1
体积=7.1853<原始体积>=7.1853m³
模板面积=5.76<原始模板面积>=5.76m²
底面面积=12.96<原始底面面积>=12.96m²
顶面面积=0.25<原始顶面积>-0.16<扣柱>=0.09m²
侧面面积=18.8864<原始侧面积>=18.8864m²

图 2-115　基础四周面积

任务总结

1. 软件的保温构件只能布置在立面上，其他位置的保温工程量可以借助相关构件进行提取。

2. 软件并没有单独的防水构件，楼地面、屋面、基础、墙面等构件的防水工程量可以借助相关构件提取。

复习思考题

1. 保温层可以布置在哪些位置，其他位置的保温工程量如何提取？

2. 软件中有无防水构件，各部位防水工程量该如何处理？

3. 墙面保温层有哪两种布置方式，分别是什么？

2.3.2　垫层及土方建模

任务工单

利用 GTJ2025，完成厂区办公楼工程垫层及土方模型建立工作。

垫层及土方建模

任务说明

根据厂区办公楼施工图设计文件，对本工程的垫层、土方及平整场地构件进行定义和绘制。

任务分析

1. 本工程哪些部位设计垫层？
2. 如何定义和绘制垫层？
3. 本工程土方有几种形式？如何定义与绘制？
4. 本工程土方回填包括哪些内容？如何处理？

任务实施

1. 分析图纸

根据厂区办公楼结施 04 独立基础 1-1 剖面图，独立基础下方设计素混凝土垫层，垫层厚度 100mm，每侧出边 100mm，垫层混凝土强度等级为 C20。根据结施 04 设计说明第 4 条可知，基础联系梁下方同样设计素混凝土垫层，混凝土强度等级为 C20，出边为 100mm。

由于本工程基础形式为独立基础，因而基础土方选用基坑开挖的形式，开挖的深度由设计室外地坪到垫层底，土方回填包括基础土方回填和室内房心回填两部分。

2. 平整场地的定义与绘制

工程开工之前需要进行平整场地，平整场地工程量按《房屋建筑与装饰工程工程量计算标准》GB/T 50854—2024 和山东 2016 版定额计算规则均为首层建筑面积，软件中处理平整场地的具体操作步骤如下：

（1）平整场地的定义

定位到"首层"，在导航栏中选择"其它—平整场地"，在构件列表中新建"平整场地"构件，在属性列表中修改属性信息如图 2-116 所示。

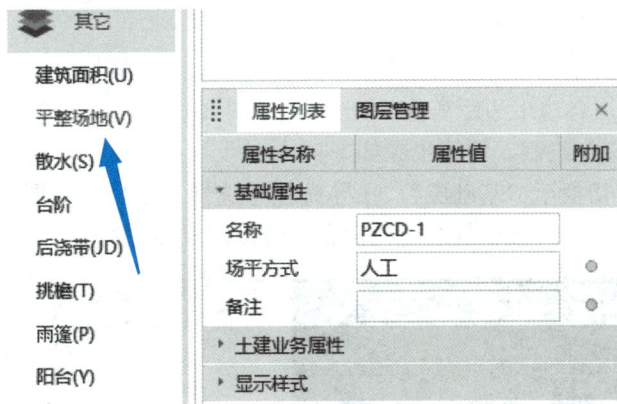

图 2-116　平整场地的定义

（2）平整场地的绘制

切换至"绘图"界面，在"建模"菜单下绘图选项卡中单击"点"绘制命令，在外墙围成的封闭区域内任何一点单击左键，平整场地构件绘制完成如图 2-117 所示。

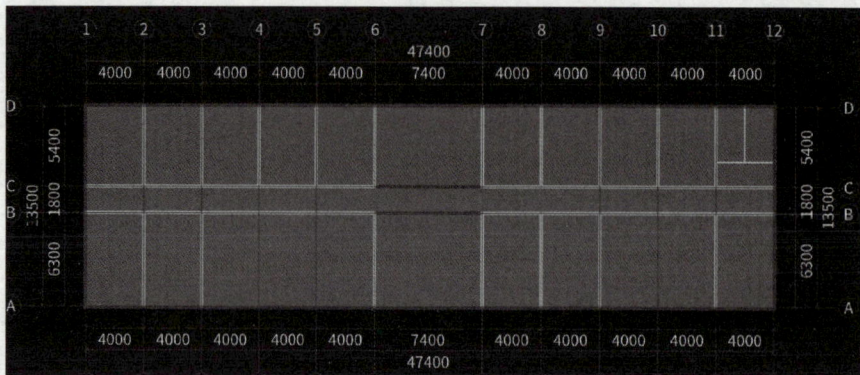

图 2-117 平整场地绘制完成

> **注 意**
>
> 1）根据山东 2016 版定额，平整场地按首层建筑面积计算。在查看计算式时，可以看到软件计算出的平整场地没有考虑保温层的建筑面积，可以将该部分面积手算加到平整场地工程量中，并进行备注。
>
> 2）在"点"绘制平整场地过程中，如果出现"点"绘制失败的情况，则是外墙不连续封闭所致，这时要隐藏掉柱子并检查外墙的封闭性，修改完成后再进行平整场地的"点"绘制。

3. 垫层的定义与绘制

（1）面式垫层的定义与绘制

根据厂区办公楼结施 04 独立基础 1-1 剖面图，本工程在独立基础下部有厚度为 100mm 的垫层，垫层各边出边距离为 100mm，如图 2-118 所示。独立基础垫层可以利用面式垫层构件来定义与绘制，具体步骤如下：

1）定义垫层：切换至"基础层"，在导航栏中选择"基础—垫层"，在构件列表中新建"面式垫层"，在属性列表中修改属性信息，修改完成如图 2-119 所示。

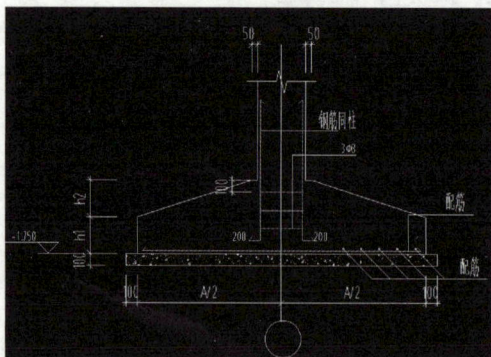

图 2-118 独立基础垫层信息

	属性名称	属性值
1	名称	独基垫层
2	形状	面型
3	厚度(mm)	100
4	材质	混凝土
5	混凝土类型	(现浇混凝土碎石<40)
6	混凝土强度等级	(C20)
7	混凝土外加剂	(无)
8	泵送类型	(混凝土泵)
9	顶标高(m)	基础底标高

图 2-119 独基垫层定义

①　名称：修改为"独基垫层"。

②　厚度：修改为"100"。

③　顶标高：垫层的顶标高为"基础底标高"，无须修改。

2）绘制垫层：在"建模"菜单下"垫层二次编辑"选项卡中选择"智能布置—独基"，使用左键拉框选择需要布置垫层的独立基础，点击右键确认，弹出对话框中输入出边距离为"100"，点击"确定"，如图 2-120 所示，垫层布置完成后动态观察垫层绘制是否准确，如图 2-121 所示。

图 2-120　设置垫层出边

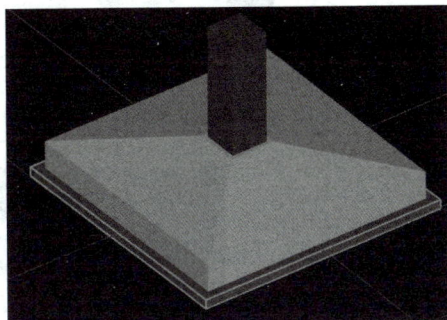

图 2-121　垫层绘制完成

说　明

面式垫层除了可以作为独立基础的垫层之外，还能作为集水坑、后浇带、筏板基础、桩承台等基础构件的下部垫层。

（2）线式垫层的定义与绘制

本工程除了独立基础下部设计了垫层，根据结施 04 图纸设计说明第 4 条，基础联系梁下方同样设计了垫层。基础联系梁属于线形构件，其下方的垫层可以使用"线式垫层"来定义和绘制，具体步骤如下：

1）定义垫层：切换至"基础层"，在导航栏中选择"基础—垫层"，在构件列表中新建"线式矩形垫层"，在"属性列表"中修改属性信息，修改完成如图 2-122 所示。

①　名称：基础联系梁垫层。

②　宽度：软件自动判断，这里不需要输入。

③　厚度：100mm。

④　顶标高：垫层的顶标高为"基础底标高"，保持默认即可。

	属性名称	属性值
	属性列表	图层管理
1	名称	基础联系梁垫层
2	形状	线型
3	宽度(mm)	
4	厚度(mm)	100
5	轴线距左边线…	(0)
6	材质	混凝土
7	混凝土类型	(现浇混凝土碎石<40)
8	混凝土强度等级	(C20)
9	混凝土外加剂	(无)
10	泵送类型	(混凝土泵)
11	截面面积(m²)	0
12	起点顶标高(m)	基础底标高
13	终点顶标高(m)	基础底标高

图 2-122　定义基础联系梁垫层

2）绘制垫层：在"建模"菜单下"垫层二次编辑"选项卡中选择"智能布置—梁中心线"，使用左键拉框选择所有基础联系梁，点击右键确认。在弹出框中输入左右出边距离为"100"，单击"确定"，如图 2-123 所示。

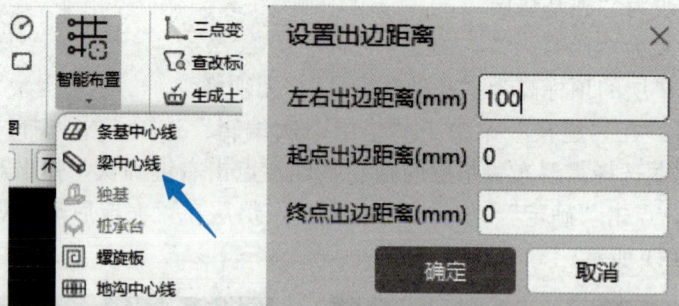

图 2-123　基础联系梁垫层的绘制

3）布置完成，如图 2-124 所示。

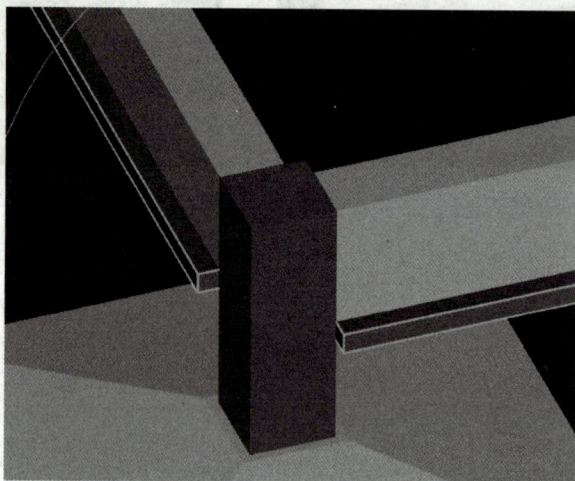

图 2-124　基础联系梁垫层布置完成

4. 土方的定义与绘制

厂区办公楼工程中无地下室，有独立基础和基础联系梁，按《房屋建筑与装饰工程工程量计算标准》GB/T 50854—2024 和山东 2016 版定额，本工程采用基坑和基槽结合开挖的方式进行施工，因此在独立基础位置挖基坑土方，在基础联系梁位置挖基槽土方。土方的定义和绘制具体步骤如下：

（1）基坑土方

1）定位到基础层，在导航栏中选择"基础—垫层"，在"建模"菜单下"垫层二次编辑"选项卡中单击"生成土方"命令，弹出生成土方窗口，如图 2-125 所示。

2）土方类型选择"基坑土方"，"起始放坡位置"选择"垫层底"，"生成方式"选择"手动生成"，"生成范围"选择"基坑土方"，土方相关属性中工作面宽选择"0"，放坡系数填写"0"（如果当地定额规则需要考虑工作面和放坡，则按当地要求输入工作面和放坡即可），单击"确定"。

3）使用快捷键"F3"或"批量选择"选择"独基垫层"，单击"确定"，如图 2-126 所示，基坑土方生成完毕，独立基础基坑土方生成后动态观察，如图 2-127 所示。

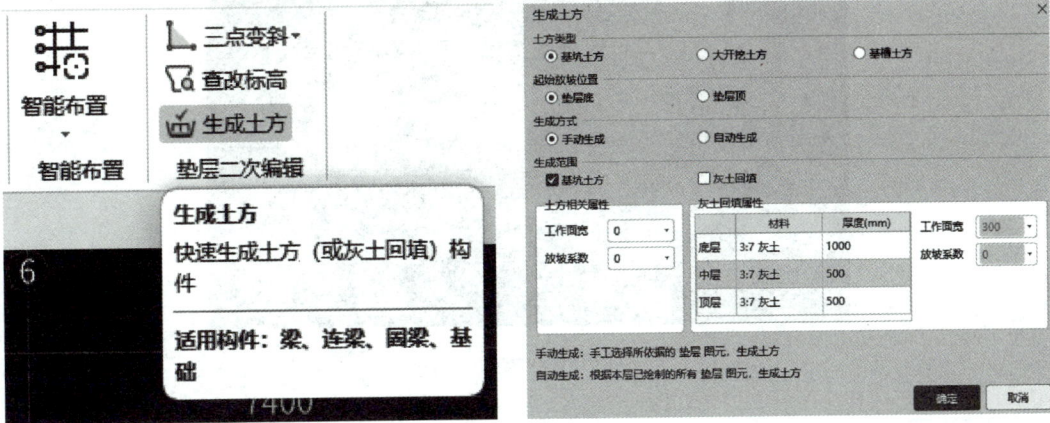

图 2-125　生成土方

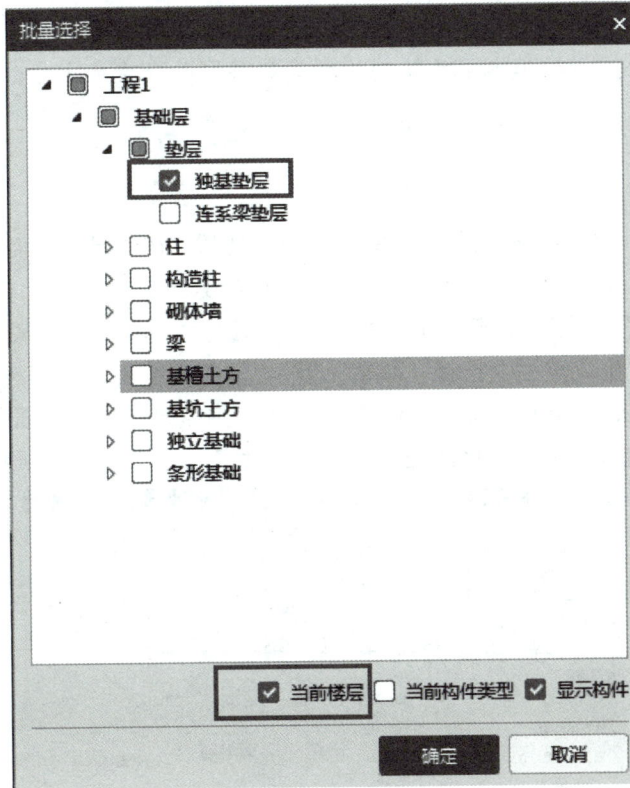

图 2-126　选择生成范围

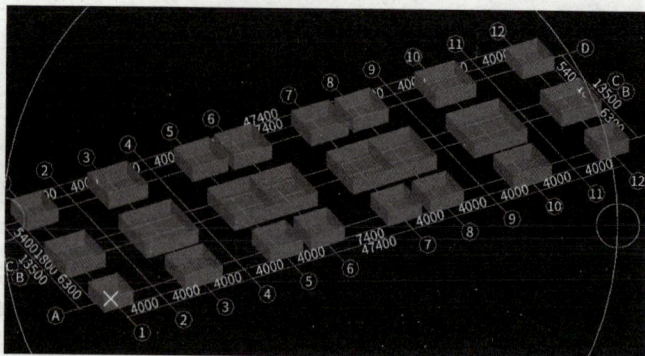

图 2-127　基坑土方

（2）基槽土方

1）定位到基础层，在导航栏中选择"基础—垫层"，在"建模"菜单下"垫层二次编辑"选项卡中单击"生成土方"命令，弹出"土方生成"窗口。

2）"土方类型"选择"基槽土方"，"起始放坡位置"选择"垫层底"，"生成方式"选择"手动生成"，"生成范围"选择"基槽土方"，清单计算土方工程量不考虑工作面宽，不考虑放坡，土方相关属性均为 0（如果当地定额规则需要考虑工作面和放坡，则按当地要求输入工作面和放坡即可），修改完成后点击"确定"，如图 2-128 所示。

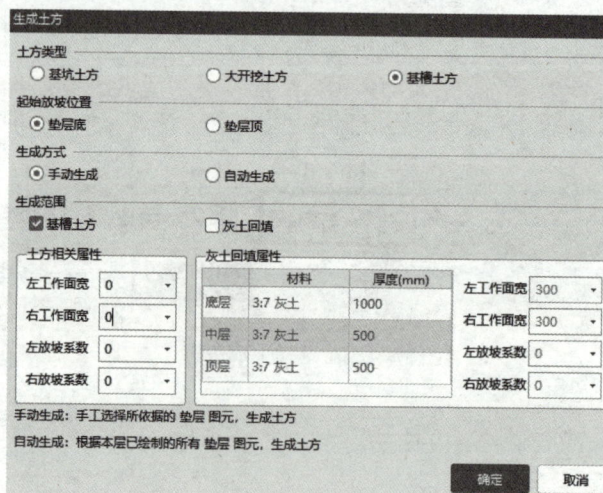

图 2-128　生成基槽土方

3）使用快捷键“F3”或“批量选择”选择“基础联系梁垫层”，单击“确定”，基础联系梁土方生成后动态观察，如图 2-129 所示。

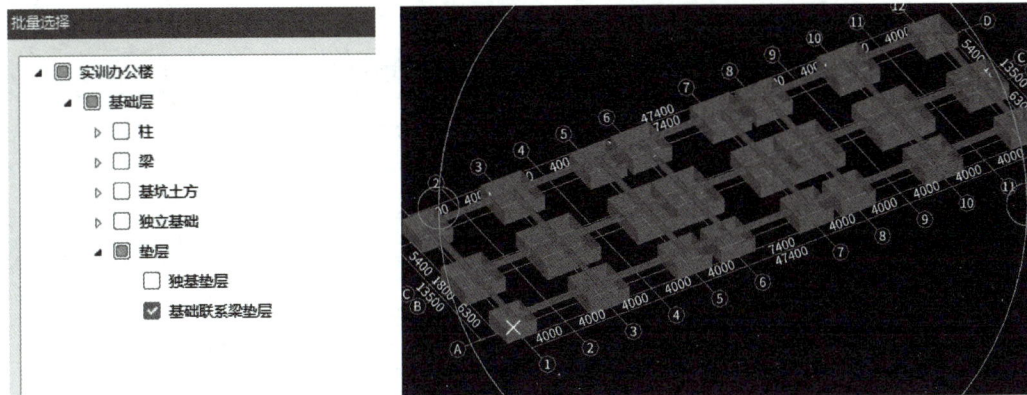

图 2-129　基槽土方

（3）回填土

厂区办公楼回填土分为基础土方回填和房心回填两部分。基础土方回填可以提取素土回填体积（素土回填体积=土方体积−室外地坪以下所有构件所占体积）。土方绘制完成后，对土方构件进行汇总计算，查看工程量，在提取基础土方回填工程量时，按照该部分工程量提取即可，如图 2-130 所示。

查看构件图元工程量

构件工程量　做法工程量

清单工程量　定额工程量　显示房间、组合构件量　只显示标准层单层量

	楼层	名称	工程量名称					
			土方体积（m³）	冻土体积（m³）	基坑土方侧面面积（m²）	基坑土方底面面积（m²）	素土回填体积（m³）
1	基础层	JK-1	21.952	0	29.56	15.68	13.7008
2		JK-2	80.864	0	79.62	57.76	41.6729
3		JK-3	25.2	0	31.75	18	15.281
4		JK-4	70	0	52.35	50	32.1499
5		JK-5	72.576	0	74.316	51.84	39.0562
6		JK-6	32.368	0	35.43	23.12	17.3318
7		JK-7	107.52	0	66.28	76.8	55.4154
8		JK-8	57.344	0	66.48	40.96	33.5568
9		**小计**	**467.824**	**0**	**435.786**	**334.16**	**248.1648**
10	合计		467.824	0	435.786	334.16	248.1648

图 2-130　素土回填体积

房心回填部分，根据厂区办公楼建筑施工图可知，本工程的室外地坪是−0.45m，首层室内地坪是±0.000m，即室内外高差为 0.45m。所以房心回填的厚度即为 0.45m 减去地面做法的厚度，如图 2-131 所示。

根据建施 02 图纸室内装修做法表可知，首层有四种地面做法，地 101、地 102、地 201 和地 201F，具体做法参见 L13J1 图集。下面以地 101 为例介绍房心回填土方构件的定义与绘制，根据 L13J1 图集，地 101 地面做法如图 2-132 所示。

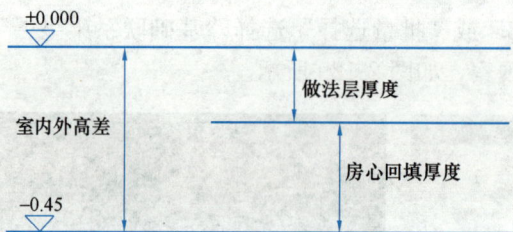

图 2-131　房心回填厚度确定

编号	名称	建筑做法	
地101 楼101	水泥砂浆地面／楼	1. 20厚1:2水泥砂浆抹平压光 2. 素水泥浆一道 3. 60厚C15混凝土垫层 4. 150厚3:7灰土或碎石灌M5水泥砂浆 5. 素土夯实	3. 现浇钢筋混凝土楼板

图 2-132　地 101 地面做法

　　地 101 为水泥砂浆地面，其素土夯实层以上各层的厚度分别是 150mm、60mm、20mm，合计 230mm，因此地 101 做法的房间房心回填的厚度为 450－230＝220mm，同时可以据此对其房心回填土方构件进行定义与绘制，具体操作步骤如下：

　　1）房心回填的定义

　　定位到首层，在导航栏中选择"土方—房心回填"，在构件列表中"新建房心回填"，在属性列表中修改构件属性，名称为"地 101 房心回填"，厚度为 220mm，顶标高为－0.23m，修改完成如图 2-133 所示。

　　2）房心回填的绘制

　　在构件列表中选择房心回填构件，在"建模"菜单下"绘图"选项卡中选择"点"绘制命令，在对应的房间内部"点"绘制即可，绘制完成后动态观察，如图 2-134 所示。

	属性名称	属性值
1	名称	地101房心回填
2	厚度(mm)	220
3	回填方式	机械
4	顶标高(m)	−0.23

图 2-133　定义房心回填　　　　图 2-134　房心回填绘制完毕

注意

　　绘制房心回填之前同样需要检查房间的封闭性，如果房间不封闭将无法布置。同理可以完成其他房间室内房心回填的布置。

任务总结

1. 垫层模型采用手动定义和绘制的方式处理，根据基础构件类型选择垫层样式。
2. 土方开挖模型需要在垫层下进行生成，根据土方特点选择基础土方形式。
3. 基础土方回填在土方开挖工程量中已计算，房心回填部分需要手动定义和绘制。

复习思考题

1. 独立基础下垫层与基础联系梁下垫层可否用一个构件进行处理，为什么？
2. 平整场地工程量是否包含保温层的面积，如何处理？
3. 房心回填厚度如何确定？

2.3.3 其他零星构件建模

任务工单

其他零星
构件建模

利用 GTJ2025，完成厂区办公楼工程其他零星构件模型建立工作。

任务说明

根据厂区办公楼施工图设计文件，完成其他零星构件的定义和绘制。

任务分析

1. 建筑物哪些位置有台阶？台阶高度是多少？
2. 本工程散水宽度是多少？
3. 坡道可以用什么构件进行定义与绘制？
4. 建筑面积定义和绘制的原则是什么？

任务实施

1. 分析图纸

根据厂区办公楼一层平面图，本工程室内外高差为 0.45m，有三个台阶，台阶踏步宽 300mm，散水宽 900mm，建筑物东侧有一处残疾人坡道，坡道宽 1500mm，在坡道外侧及楼梯井处设计了栏杆扶手。

2. 台阶的定义与绘制

通过分析立面图得知，台阶总高度 450mm，3 个踏步，每个踏步宽是 300mm，台阶的定义和绘制步骤如下：

（1）台阶的定义

在导航栏中选择"其它—台阶"，在构件列表中"新建台阶"构件，在属性列表中修改台阶属性信息，名称改为"台阶"，台阶高度 450mm，顶标高改为"0"。

（2）台阶的绘制

将 CAD 底图显示出来，在"绘图"选项卡中选择"矩形"绘制，用左键拉框选择台

阶的两个对角点完成绘制，在没有 CAD 底图的情况下也可以利用"Shift＋鼠标左键"偏移命令捕捉矩形的两个对角点完成绘制，绘制完成如图 2-135 所示。

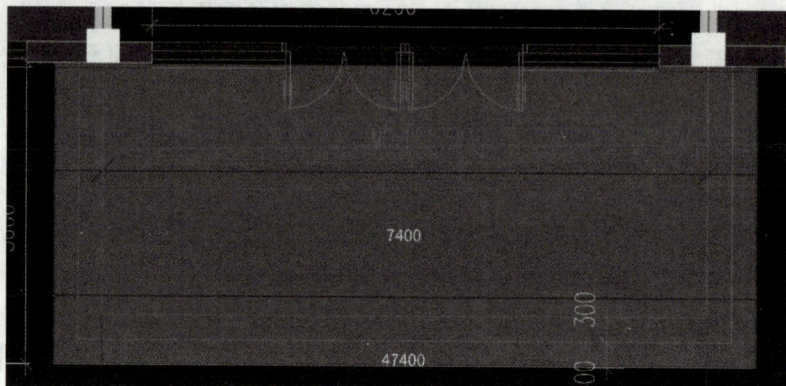

图 2-135　台阶绘制完成

（3）设置踏步边

绘制完成后，显示只有一个平台，还未设置台阶踏步，接下来需要设置 3 个踏步。点击"台阶二次编辑"选项卡中的"设置踏步边"命令，使用左键选择需要设置踏步的台阶边线，点击右键确认。在弹出的窗口中输入踏步的个数以及踏步宽度，如图 2-136 所示，点击"确定"，台阶绘制完成如图 2-137 所示。

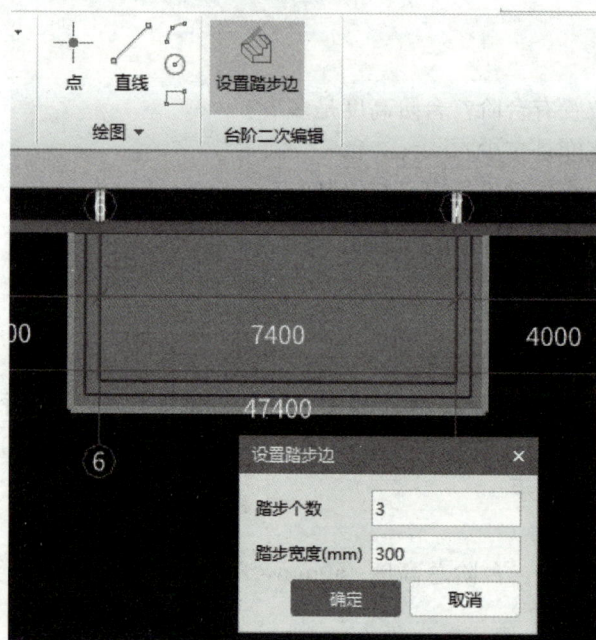

图 2-136　设置台阶踏步信息

使用同样的方法绘制出建筑物东西两侧的台阶（注意⑫轴外侧的台阶只有两侧有踏步，另一侧连接的是残疾人坡道）。

图 2-137　台阶踏步设置完成

3. 坡道的定义与绘制

由于软件中没有坡道构件，根据《房屋建筑与装饰工程工程量计算标准》GB/T 50854—2024 和山东 2016 版定额，坡道按水平投影面积计算。所以对于坡道，可以借助其他构件来代替处理，或者后期进行手算补充。本工程利用"筏板基础"构件来处理坡道。

（1）坡道的定义

定位到首层，在导航栏中选择"基础—筏板基础"，在构件列表中单击"新建筏板基础"，在属性列表中修改坡道的属性信息，名称：坡道；厚度：450mm；底标高：—0.45m。修改完成如图 2-138 所示。

	属性名称	属性值
1	名称	坡道
2	厚度(mm)	450
3	材质	混凝土
4	混凝土类型	(现浇混凝土碎石<40)
5	混凝土强度等级	(C30)
6	混凝土外加剂	(无)
7	泵送类型	(混凝土泵)
8	类别	有梁式
9	顶标高(m)	0
10	底标高(m)	—0.45
11	备注	

图 2-138　定义坡道

（2）坡道的绘制

根据坡道的位置采用"矩形"绘制命令捕捉对角线两点进行绘制，也可以利用 CAD 底图采用描图的方式进行绘制。

（3）坡道边坡的设置

在"筏板基础二次编辑"选项卡中点击"设置边坡"命令，选择"多边"的方式，左键选择下方需要设置的边坡，在弹出窗口中选择节点 3，输入边坡尺寸，点击"确定"，如图 2-139 所示。坡道设置完成后动态观察，与周围构件的空间关系如图 2-140 所示。

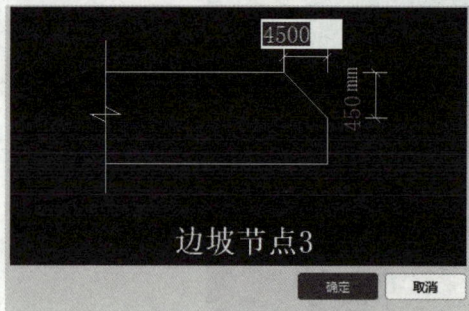

图 2-139　设置坡道边坡

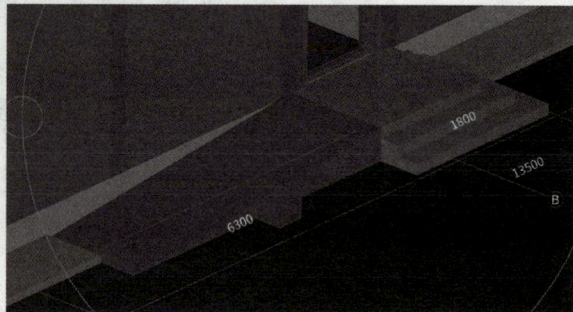

图 2-140　坡道绘制完成

4. 散水的定义与绘制

由首层平面图分析可知，建筑物周边散水尺寸为从外墙保温外边线以外 900mm 范围沿建筑物四周分布，如图 2-141 所示，散水的定义和绘制步骤如下：

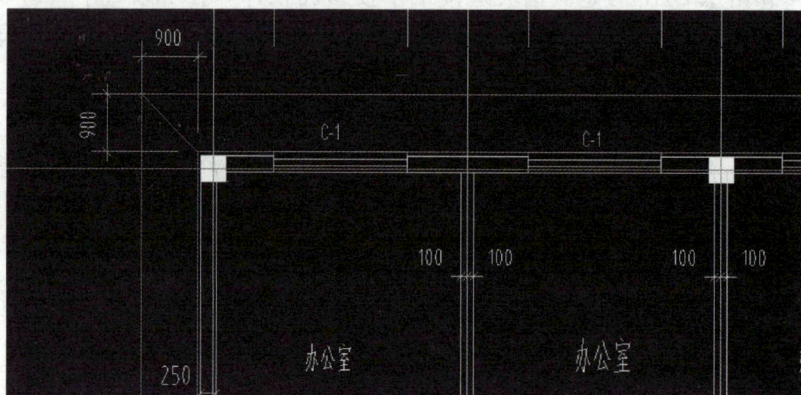

图 2-141　散水信息

（1）散水的定义

切换至首层，在导航栏中选择"其它—散水"，在构件列表中单击"新建散水"构件，在属性列表中修改属性信息，修改完成如图 2-142 所示。

属性列表	图层管理	
	属性名称	属性值
1	名称	散水
2	材质	混凝土
3	混凝土类型	(现浇混凝土碎石 <20)
4	混凝土强度等级	(C30)
5	底标高(m)	(-0.45)

图 2-142　散水的定义

（2）散水的绘制

在"建模"菜单下"散水二次编辑"选项卡中选择"智能布置—外墙外边线"，使用左键拉框选择所有外墙，点击右键确认，在弹出框中输入散水宽度"900"，完成绘制如图 2-143 所示。

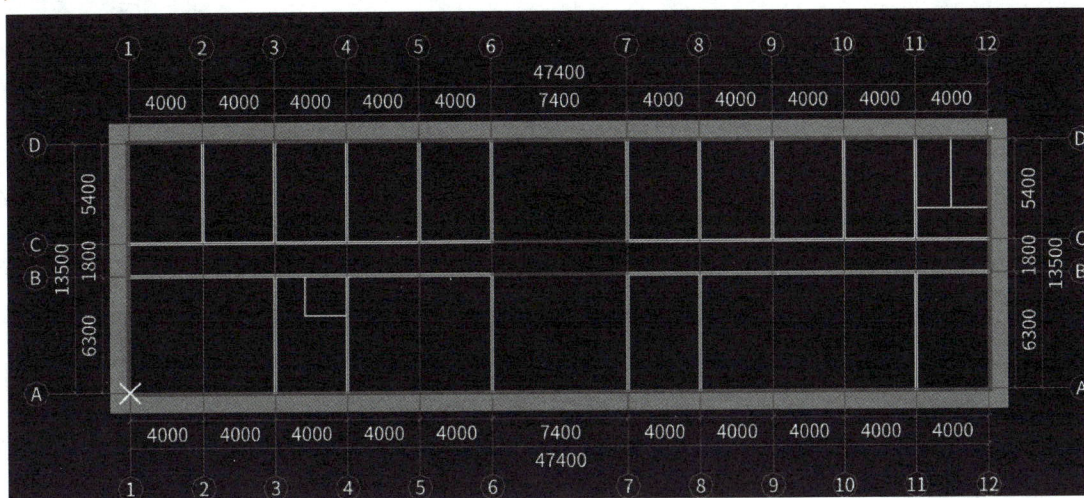

图 2-143　散水绘制完成

（3）散水的修改

散水按照规则计算水平投影面积，从外墙保温边缘算起，由于厂区办公楼外墙保温是 60mm 厚，所以需要将绘制好的散水向外偏移 60mm。在"修改"选项卡中选择"偏移"命令，采用"整体偏移"的方式，使用左键拉框选择绘制好的散水构件，点击右键确认，提示框中输入"60"，绘制完成如图 2-144 所示。

绘制完成的散水与前面绘制的台阶和坡道是重叠的，因为软件在计算设置中已经设置了台阶和散水的扣减关系，所以散水与台阶重叠

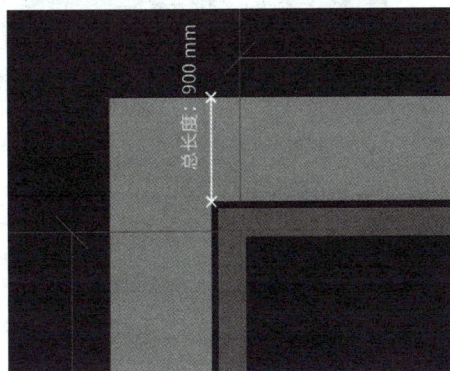

图 2-144　散水的位置调整

的部分不用删除。但散水与坡道没有扣减关系，所以要手动分割并删除与坡道重叠的部分，使用左键选择绘制好的散水图元，"修改"选择"分割"，在与坡道重叠的边缘进行分割，然后将重叠的部位删除。

5. 建筑面积的定义与绘制

根据厂区办公楼工程图纸信息及《建筑工程建筑面积计算规范》GB/T 50353—2013 可知，本工程首层到四层均需要计算建筑面积。首层大厅与二层上下贯通，该空间只需要计算一次建筑面积，即二层大厅位置不再计算建筑面积。具体操作步骤如下：

（1）建筑面积的定义

定位到首层，在导航栏中选择"其它—建筑面积"，在构件列表中单击"新建建筑面积"，在属性列表中修改名称为"全面积"，"建筑面积计算方式"选择"计算全部"，如图 2-145 所示。

图 2-145　定义建筑面积

（2）建筑面积的绘制

在"建模"菜单下"绘图"选项卡中选择"点"绘制，在外墙围成的封闭区域内任何一点"点"绘制即可，绘制完成如图 2-146 所示。

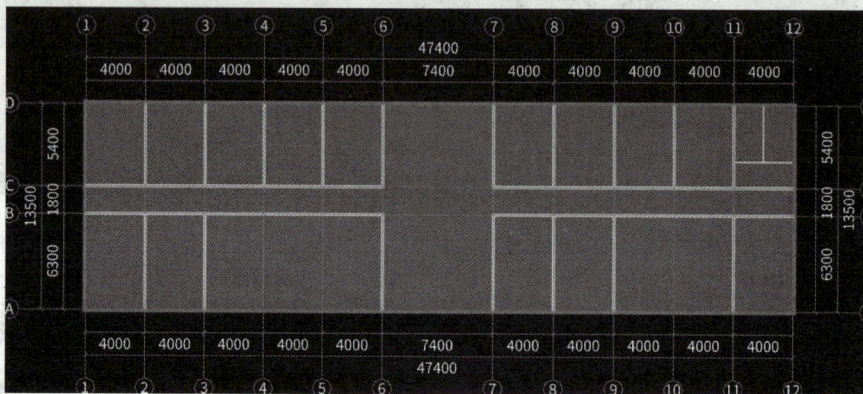

图 2-146　首层建筑面积的绘制

（3）其他楼层建筑面积的绘制

使用相同方式绘制二层到四层的建筑面积（屋面层造型处无须计算建筑面积），二层建筑面积"点"绘制完成后，需要把二层大厅位置建筑面积分割删除。鼠标左键选择绘制好的"全面积"图元，在"建模"菜单下"修改"选项卡中选择"分割"命令，沿着大厅上空的位置拉框绘制出一个闭合的区域，点击右键确认。分割完成后，选中分割好的图元，删除即可，如图 2-147 所示。

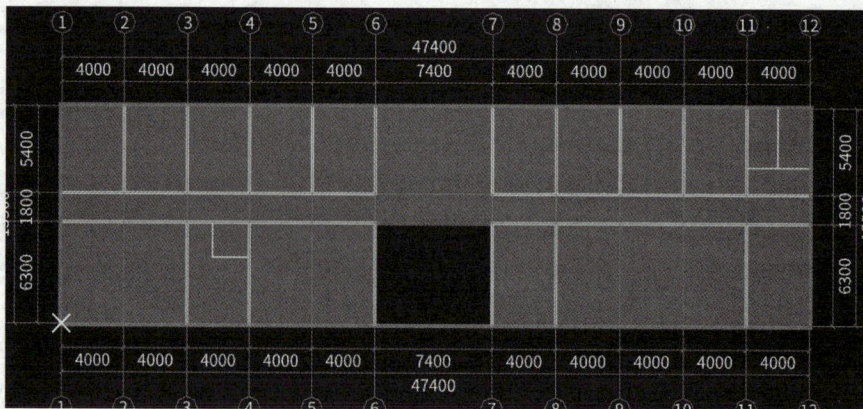

图 2-147　二层建筑面积的绘制

6. 栏杆扶手的定义与绘制

厂区办公楼在坡道处和首层大厅上空临边的位置存在栏杆扶手，楼梯段周围的栏杆扶手在楼梯构件中已进行计算。因此只需要定义和绘制坡道处与大厅上空的栏杆扶手即可。

（1）栏杆扶手的定义

定位到首层，在导航栏中选择"其它—栏杆扶手"，在构件列表中单击"新建栏杆扶手"，在属性列表中修改栏杆扶手的属性信息，例如坡道处的栏杆扶手，修改起点底标高为－0.45m，终点底标高为 0，定义完成如图 2-148 所示。

	属性名称	属性值
1	名称	坡道栏杆
2	材质	金属
3	类别	栏杆扶手
4	扶手截面形状	矩形
5	扶手截面宽度(mm)	50
6	扶手截面高度(mm)	25
7	栏杆截面形状	矩形
8	栏杆截面宽度(mm)	25
9	栏杆截面高度(mm)	25
10	高度(mm)	1100
11	间距(mm)	110
12	起点底标高(m)	－0.45
13	终点底标高(m)	0

图 2-148　坡道栏杆定义完成

（2）栏杆扶手的绘制

根据图示位置采用"直线"绘制方式，捕捉栏杆的起始点即可完成绘制，坡道处的栏杆绘制完成后动态观察，如图 2-149 所示。使用同样的方法可以完成大厅上空处栏杆扶手的定义与绘制。

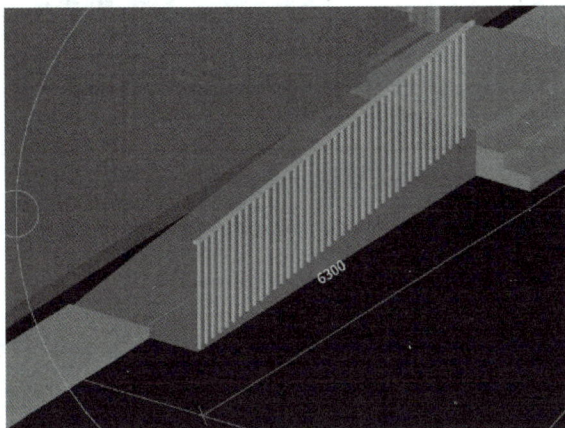

图 2-149　坡道栏杆绘制完成

7. 土建构件的汇总与工程量的查看

在所有土建构件绘制完成后,可以利用"F5"命令进行合法性检查。合法性检查通过后在工程量菜单下"汇总"选项卡中单击"汇总计算"命令,弹出"汇总计算"窗口,在窗口中选择汇总计算的范围,这里选择"全楼"进行汇总计算,汇总计算后即可查看土建工程量。土建部分有两种工程量查看方法,选中具体构件可以查看工程量,也可以查看计算式,如图 2-150 所示。土建构件的计算结果也可以在"查看报表"中进行查看,在"查看报表"中可以通过设置报表范围,分层分构件查看构件的清单工程量或定额工程量,如图 2-151 所示,同时可以将查看结果导出至 Excel 或另存为 Excel 文件。

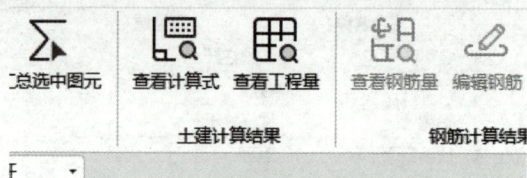

图 2-150　查看土建计算结果

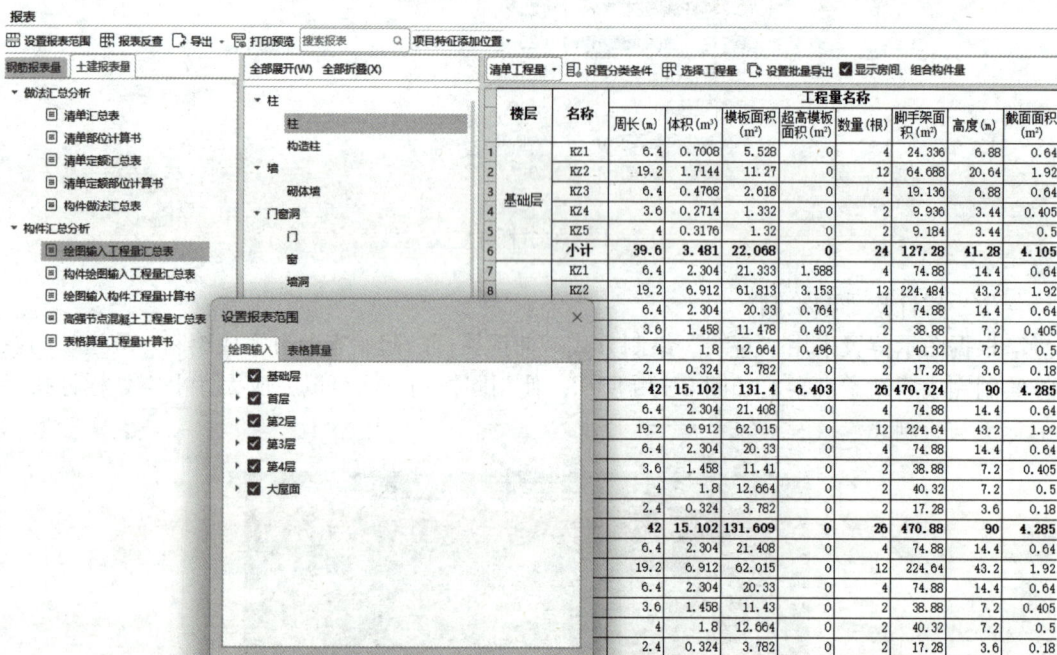

图 2-151　土建构件工程量的汇总与查看

任务总结

1. 建筑物的台阶、散水、建筑面积模型利用手动定义和绘制的方式进行建立。

2. 软件中没有坡道构件,用其他面状构件代替处理。

3. 土建构件模型建立完成后,通过汇总计算可以对土建构件的工程量进行查看,包括查看计算式、查看工程量和查看报表,对工程量报表信息也可以导出。

复习思考题

1. 在台阶处，散水是否需要断开绘制？

2. 如果用自定义面来绘制坡道时，散水和坡道重合处散水是否需要断开绘制？

3. 建筑面积在绘制时需要注意什么？

4. 如何查看土建构件的计算式或工程量？

模块 3   工程造价的确定

3.1   分部分项工程量清单编制及定额组价

知识目标

1. 了解清单的组成和含义。
2. 了解分部分项工程量清单的编制方法。
3. 掌握分部分项工程量清单的编制要求。
4. 掌握分部分项工程量清单编制的流程和要点。

能力目标

1. 能够利用计价软件创建招标项目。
2. 能够利用计价软件编制分部分项工程量清单。
3. 能够利用计价软件对分部分项工程量清单进行定额组价。
4. 能够利用计量软件提取清单工程量和定额工程量。

素养目标

1. 养成规范意识，具备根据国家标准、规范开展工作的思想意识。
2. 培养克服困难、勇于开拓进取的优秀品质。

3.1.1   创建招标项目

创建招标项目

任务工单

利用 GCCP6.0，完成厂区办公楼招标项目的建立工作。

任务说明

根据厂区办公楼施工图设计文件和拟定招标文件要求，利用计价软件创建招标项目及单位工程。

任务分析

1. 工程量清单编制的流程是什么？
2. 工程量清单包含哪些内容？

3. 如何利用计价软件创建招标项目？

4. 建设项目组成及分类有哪些？

任务实施

1. 工程量清单编制的基本知识

（1）工程量清单概述

工程量清单是载明拟建工程的分部分项工程项目、措施项目、其他项目的名称和相应数量以及规费、税金项目等内容的明细清单，是招标人按照"计价规范"附录中统一的项目编码、项目名称、计量单位和工程量计算规则进行编制的。

工程量清单编制的成果文件应该包括工程量清单封面、总说明、分部分项工程量清单与计价表、措施项目清单与计价表（一）和（二）、其他项目清单与计价汇总表（包括暂列金额明细表、材料（工程设备）暂估单价表、专业工程暂估价表、计日工表、总承包服务费计价表）、规费、税金项目清单与计价表、工程项目汇总表。分部分项工程量清单应载明项目编码、项目名称、项目特征、计量单位、工程量计算规则，如表 3-1 所示。

土方工程（编号：010101）　　　　　　　　表 3-1

项目编码	项目名称	项目特征	计量单位	工程量计算规则	工作内容
010101001	平整场地	1. 土壤类别 2. 弃土运距 3. 取土运距	m^2	按设计图示尺寸以建筑物首层建筑面积计算	1. 土方挖填 2. 场地找平 3. 运输

（2）工程量清单编制方法

招标工程量清单作为招标文件的组成部分，其准确性和完整性由招标人负责。招标工程量清单是工程量清单计价的基础，应作为编制招标控制价、投标报价、计算工程量、工程索赔等的依据之一。招标工程量清单应由具有编制能力的招标人或受其委托、具有相应资质的工程造价咨询人或招标代理编制。编制工程量清单的主要依据包括：

1）《建设工程工程量清单计价标准》GB/T 50500—2024 和相关工程的国家计量规范；

2）国家或省级、行业建设主管部门颁发的计价依据和办法；

3）建设工程设计文件及相关资料；

4）与建设工程有关的标准、规范、技术资料；

5）拟定的招标文件；

6）施工现场情况、地勘水文资料、工程特点及常规施工方案；

7）其他相关资料。

（3）分部分项工程量清单编制要求

分部分项工程量清单必须载明拟建工程分部分项工程项目编码、项目名称、项目特征、计量单位和工程量，必须依据附录规定的项目编码、项目名称、项目特征、计量单位和工程量计算规则进行编制。

1）项目编码的设置

项目编码是分部分项工程和措施项目清单名称的阿拉伯数字标识。分部分项工程量清单项目编码分五级设置，用 12 位阿拉伯数字表示，其中 1、2 位为专业工程代码，3、4

位为附录分类顺序码，5、6 位为分部工程顺序码，7～9 位为分项工程项目名称顺序码，这九位应按《房屋建筑与装饰工程工程量计算标准》GB/T 50854—2024、《通用安装工程工程量计算标准》GB/T 50856—2024、《市政工程工程量计算标准》GB/T 50857—2024、《园林绿化工程工程量计算标准》GB/T 50858—2024、《仿古建筑工程工程量计算标准》GB/T 50855—2024 等各专业计量标准（上述规范以下简称计量标准）的规定设置；10～12 位为清单项目编码，应根据拟建工程的工程量清单项目名称设置，同一招标工程编码不得有重码，这三位清单项目编码由招标人针对招标工程项目具体编制，并应自 001 起顺序编制。项目编码结构如图 3-1 所示（以《房屋建筑与装饰工程工程量计算标准》GB/T 50854—2024 为例）：

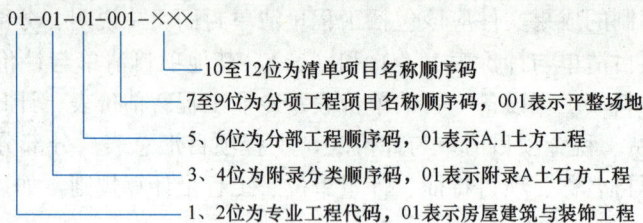

```
01—01—01—001—×××
              └──── 10至12位为清单项目名称顺序码
          └──────── 7至9位为分项工程项目名称顺序码，001表示平整场地
       └─────────── 5、6位为分部工程顺序码，01表示A.1土方工程
    └────────────── 3、4位为附录分类顺序码，01表示附录A土石方工程
 └───────────────── 1、2位为专业工程代码，01表示房屋建筑与装饰工程
```

图 3-1 项目编码

2）项目名称的确定

分部分项工程量清单的项目名称应根据计量标准的项目名称结合拟建工程的实际确定。计量标准中规定的"项目名称"为分项工程项目名称，一般以工程实体命名。编制工程量清单时，应以附录中的项目名称为基础，考虑该项目的规格、型号、材质等特征要求，并结合拟建工程的实际情况，对其进行适当的调整或细化，使其能够反映影响工程造价的主要因素。如《房屋建筑与装饰工程工程量计算标准》GB/T 50854—2024 中编号为"010502001"的项目名称为"矩形柱"，可根据拟建工程的实际情况写成"C30 现浇混凝土矩形柱 400×400"。

3）项目特征的描述

项目特征指工程实体的特征，直接决定工程的价值，项目特征是构成分部分项工程项目、措施项目自身价值的本质特征。项目特征是对项目的准确描述，是确定一个清单项目价格不可缺少的重要依据，也是区分清单项目的依据，是履行合同义务的基础。分部分项工程量清单的项目特征应按各专业工程工程量计算规则附录中规定的项目特征，结合技术规范、标准图集、施工图纸，按照工程结构、使用材质及规格或安装位置等，予以详细而准确的表述和说明。凡计算规则附录中项目特征未描述到其他独有特征，由清单编制人视项目具体情况而定，以准确描述清单项目为准。项目特征描述不清，将导致投标人对招标人的需求理解不全面，达不到正确报价的目的。清单项目特征不同的项目应分别列项，如基础工程，混凝土强度等级不同，足以影响投标人的报价，故应分开列项。

4）计量单位的选择

分部分项工程量清单的计量单位应按计量规范的计量单位确定。当计量单位有两个或两个以上时，应根据所编工程量清单项目的特征要求，选择最适宜表述该项目特征并方便计量的单位。除各专业另有特殊规定外，均按以下基本单位计量：

① 以重量计算的项目——吨或千克（t 或 kg）。

② 以体积计算的项目——立方米（m³）。

③ 以面积计算的项目——平方米（m²）。

④ 以长度计算的项目——米（m）。

⑤ 以自然计量单位计算的项目——个、套、块、组、台……

⑥ 没有具体数量的项目——宗、项……

以"吨"为计量单位的应保留小数点后三位数字，第四位小数四舍五入；以"立方米""平方米""米""千克"为计量单位的应保留小数点后二位数字，第三位小数四舍五入；以"项""个"等为计量单位的应取整数。

5）工程量的计算

分部分项工程量清单中所列工程量应按计量规范的工程量计算规则计算。工程量计算规则是指对清单项目工程量计算的规定。除另有说明外，所有清单项目的工程量以实体工程量为准，并以完成后的净值来计算。因此，在计算综合单价时应考虑施工中的各种损耗和需要增加的工程量，或在措施费清单中列入相应的措施费用。采用工程量清单计算规则，工程实体的工程量是唯一的。统一的清单工程量为各投标人提供了一个公平竞争的平台，也方便招标人对各投标人的报价进行对比。

6）补充项目

编制工程量清单时如果出现计量规范附录中未包括的项目，编制人应做补充，并报省级或行业工程造价管理机构备案。补充项目的编码由对应计量规范的代码 X（即 01～09）与 B 和三位阿拉伯数字组成，并应从 XB001 起顺序编制，同一招标工程的项目不得重码。工程量清单中需附有补充项目的名称、项目特征、计量单位、工程量计算规则、工作内容。

（4）定额组价概述

定额组价的目的就是根据工程量清单中某个清单项目的项目特征，判断完成该清单项目所需要的定额项子目，通过套取相应定额子目算出人工、材料、机械费用。在计算定额人材机费用的基础上，根据定额规定的计算基数算出管理费和利润。最后所有定额项目的费用全部加在一起就等于该条清单项目的合价，用这个合价除以工程量清单中按清单计算规则算出来的清单工程量就得到综合单价，从而也就使清单具备费用的信息。

2. 新建工程

下面以厂区办公楼建筑工程为例介绍工程项目清单编制及定额组价流程，以下操作基于广联达云计价平台 GCCP6.0 山东版。工程清单编制可以按照施工顺序，也可以按照清单附录顺序结合编制依据进行编制，选择正确的清单项和计量单位，做到不漏项，项目特征表述准确、全面，工程量计算准确。

（1）新建招标项目

双击"广联达云计价平台 GCCP6.0"图标进入计价软件，在主界面选择"新建预算"，根据项目自身工程性质，选择地区、计价方式及项目是招标、投标还是单位工程。本工程选择"招标项目"，按照招标文件依次输入：项目名称、项目编码、地区标准、定额标准、工程地区、单价形式、计税方式。本工程项目名称为"厂区"，项目编码暂按001 输入（实际招标时每个工程有自己的项目编码，按实输入即可），地区标准选择

"2013 年山东清单计价规则"，定额标准选择"山东 2016 序列定额"，工程地区选择"济南"，单价形式和计税方式均按实选择，本工程暂时选"非全费用模式"和"一般计税方法"，点击"立即新建"，如图 3-2 所示。

根据厂区办公楼建筑设计说明，本项目为某厂区，办公楼为该厂区的一个单项工程，据此进行单项工程的建立，将软件默认新建完项目的单项工程重命名为"厂区办公楼"，如需继续新建单项工程，只需在工程项目上右键选择新建单项工程即可，如图 3-3 所示。

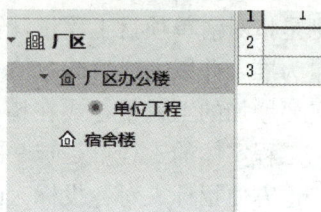

图 3-2　新建招标项目

图 3-3　新建单项工程

（2）新建单位工程

在厂区办公楼这一单项工程上点击鼠标右键，选择"新建单位工程"，在弹出的窗口中修改相应信息，工程名称按专业输入"建筑工程"，定额专业选择"建筑工程"，价目表根据拟定的招标文件进行选择，这里选择"省 20 年-土建 128 装饰 138（一般计税）"，模板类别选择"规费含安责险删环保税"，如图 3-4 所示。同理，建立装饰工程的时候，工程名称按专业输入"装饰工程"，定额专业选择"装饰工程"，其他保持不变。以下以厂区办公楼建筑工程为例介绍清单编制与定额组价相关内容。

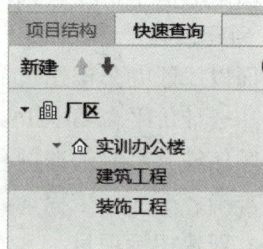

图 3-4　新建单位工程

注意

新建单位工程需按实选择定额专业、价目表及费用模板。

任务总结

1. 根据招标文件要求创建招标项目、单项工程、单位工程。
2. 根据招标文件要求按实选择影响取费的所有因素。

复习思考题

1. 全费用模式与非全费用模式的区别是什么？
2. 一般计税法与简易计税法的区别是什么？
3. 创建单位工程时价目表选择依据是什么，后期可否调整？

3.1.2　土方工程工程量清单编制及定额组价

任务工单

利用 GCCP6.0，完成厂区办公楼土方工程工程量清单编制及定额组价。

土方工程工程量
清单编制及定额
组价

任务说明

根据厂区办公楼设计文件和常规施工方案等相关资料，完成厂区办公楼土方工程工程量清单的编制与定额组价。

任务分析

1. 厂区办公楼土方工程都包含哪些内容？
2. 如何准确完成土方工程的列项工作？
3. 如何准确描述土方工程工程量清单的项目特征？
4. 土方工程提量时清单工程量和定额工程量有何区别？

任务实施

1. 土石方工程工程量清单、定额内容

根据《房屋建筑与装饰工程工程量计算标准》GB/T 50854—2024，附录 A 土石方工程包含 A.1 土方工程、A.2 石方工程、A.3 回填三部分。山东 2016 版定额第一章土石方工程对应清单"附录 A 土石方工程"相关定额项目，包括单独土石方、基础土方、基础石方、平整场地及其他四节内容。

2. 清单编制

根据厂区办公楼相关设计文件可知，附录 A 涉及的清单项有：平整场地、挖基坑土方、挖沟槽土方、回填方、竣工清理。依据《房屋建筑与装饰工程工程量计算标准》GB/T 50854—2024 规定，进行清单编制及项目特征描述。

（1）清单列项

在软件中可以通过采用"插入清单"和"查询清单"的方式进行清单项的建立，例如点击"查询"—查询清单—找到对应的附录部分的清单项，双击左键选择清单，如图 3-5 所示。

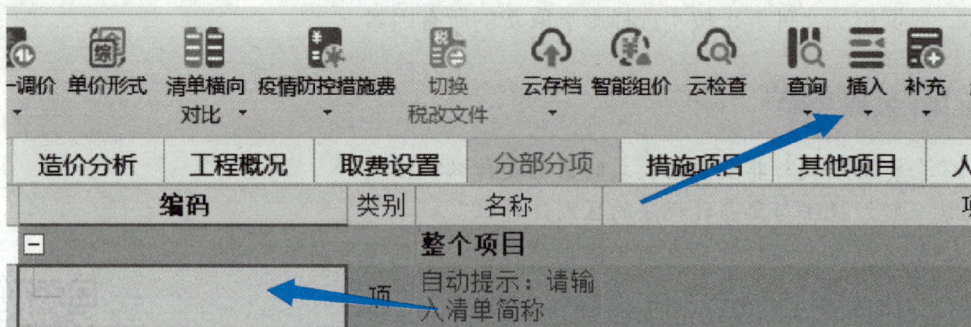

图 3-5　查询及插入清单

根据厂区办公楼土石方工程涉及的工作内容，依次为：平整场地、挖沟槽土方、挖基坑土方、回填方和竣工清理，回填方包括基础土石方回填和房心回填，需要单独列项，如图 3-6 所示。

⊞ 010101001001	项	平整场地
⊞ 010101003001	项	挖沟槽土方
⊞ 010101004001	项	挖基坑土方
⊞ 010103001001	项	回填方
── 010103001002	项	回填方
⊞ 010103004001	项	竣工清理

图 3-6　土方工程清单列项

（2）项目特征描述

1）平整场地项目特征

平整场地的项目特征包括土壤类别、平整方式和弃土运距，以及余土外运是否单独考虑。本工程土壤为粉质黏土，结合土壤分类表判断土壤类别为普通土，场地平整方式为机械平整，土方外运施工单位可自行综合考虑，包含到综合单价中。项目特征可以在"项目特征"编辑框中直接输入，或从下方"属性区—特征及内容"窗口中编辑输入，如图 3-7 所示。

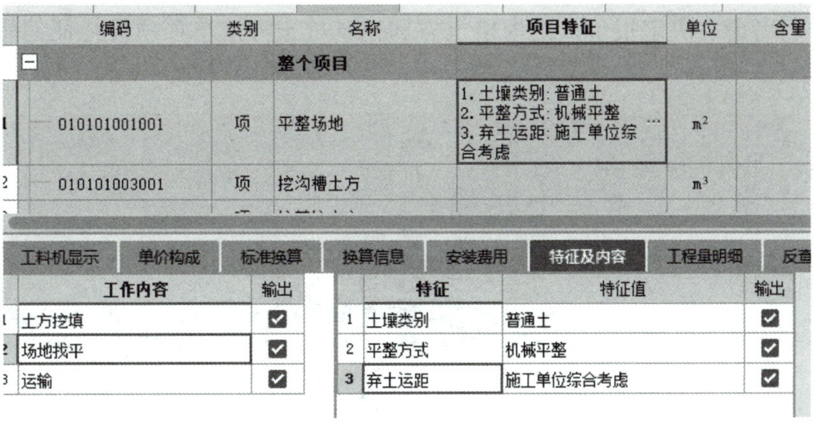

图 3-7　平整场地项目特征描述

注　意

① 当土壤类别不能准确划分时，招标人可注明为综合，由投标人根据地勘报告决定报价。土壤分类表如图 3-8 所示。

定额分类	《房屋建筑与装饰工程工程量计算标准》GB/T 50854—2024分类		
	土壤分类	土壤名称	开挖方法
普通土	一、二类土	粉土、砂土（粉砂、细砂、中砂、粗砂、砾砂）、粉质黏土、弱中盐渍土、软土（淤泥质土、泥炭、泥炭质土）、软塑红黏土、冲填土	用锹、少许用镐、条锄开挖 机械能全部直接铲挖满载者
坚土	三类土	黏土、碎石土（圆砾、角砾）混合土、可塑红黏土、硬塑红黏土、强盐渍土、素填土、压实填土	主要用镐、条锄，少许用锹开挖 机械需部分刨松方能铲挖满载者，或可直接铲挖但不能满载者
	四类土	碎石土（卵石、碎石、漂石、块石）、坚硬红黏土、超盐渍土、杂填土	全部用镐、条锄挖掘，少许用撬棍挖掘 机械须普遍刨松方能铲挖满载者

图 3-8　土壤分类表

② 取土运距可以不描述，但应注明由投标人根据施工现场实际情况自行考虑，决定报价。

2）挖沟槽和基坑土方项目特征

土方开挖项目特征包括：土壤类别、挖土深度、弃土运距等，开挖方式也在此描述，因为基底钎探没有相应的清单项，其费用在土方开挖综合单价中考虑。挖土方平均厚度应按自然地面测量标高至设计地坪标高之间的平均厚度确定。其中，基础土方开挖深度应按基础垫层底面标高至交付施工场地标高确定，无交付施工场地标高时，应按自然地面标高确定，弃、取土运距根据实际情况确定，也可以不描述，但应注明由投标人根据施工现场实际情况自行考虑、决定报价。挖沟槽土方和挖基坑土方清单项项目特征编辑完成，如图 3-9 所示。

			挖沟槽土方 1. 土壤类别:普通土 2. 挖土方式:机械挖土 3. 弃土运距:自卸车运距1km以内 4. 含基底钎探	
⊞ 010101003001	项	挖沟槽土方		m³
⊞ 010101005001	项	挖基坑土方	挖基坑土方 1. 土壤类别:普通土 2. 挖土方式:机械挖土 3. 弃土运距:自卸车运距1km以内 4. 含基底钎探	m³

图 3-9　挖土方项目特征描述

3）回填方项目特征

回填方项目特征包括密实度要求、填方材料品种、填方粒径要求、填方来源和运距等，另外回填方式、部位等也可在此补充。厂区办公楼工程为机械夯填土，土质为素土，土方来源默认为现场取土。

竣工清理指的是建筑物（构筑物）内、外围四周 2m 范围内建筑垃圾的清理、场内运输和场内指定地点的集中堆放，建筑物（构筑物）竣工验收前的清理、清洁等工作内容。如果竣工清理内容与定额描述不一致可以在项目特征中描述竣工清理的范围及要求，由投标人在投标价中综合考虑。回填方及竣工清理项目特征编辑完成，如图 3-10 所示。

			回填方 1. 土质要求：二类土 2. 密实度要求:满足设计和规范要求 3. 回填方式:机械夯填土
⊞ 010103001001	项	回填方	
⊞ 010103001002	项	回填方	回填方 1. 土质要求：二类土 2. 密实度要求：满足设计和规范要求 3. 回填方式:机械夯填土 4. 部位：房心回填
⊞ 010103004001	项	竣工清理	竣工清理 建筑物内外及建筑物四周建筑垃圾清理

图 3-10　回填方及竣工清理项目特征描述

注　意

① 填方密实度要求，在无特殊要求情况下，项目特征可描述为满足设计和规范的要求。

② 填方材料品种可以不描述，但应注明由投标人根据设计要求检验后方可填入，并符合相关工程的质量规范要求。

③ 填方粒径要求，在无特殊要求情况下，项目特征可以不描述。

④ 如需买土回填应在项目特征填方来源中描述，并注明买土方数量。

3. 定额组价

根据土方工程各清单项的项目特征来进行定额组价，并按实际情况进行换算及含量的调整。

（1）平整场地的定额组价

该清单项目特征描述为机械平整场地，"查询定额"套"1-4-2 机械平整场地"定额子目。查询定额有两种方式：

1）查询定额：点击"查询"—查询定额—定额—第一章　土石方工程—四、平整场地及其他，双击"1-4-2 机械平整场地"，如图 3-11 所示。

2）查询清单指引：点击"查询"—查询清单指引—双击"1-4-2 机械平整场地"，如图3-12 所示。

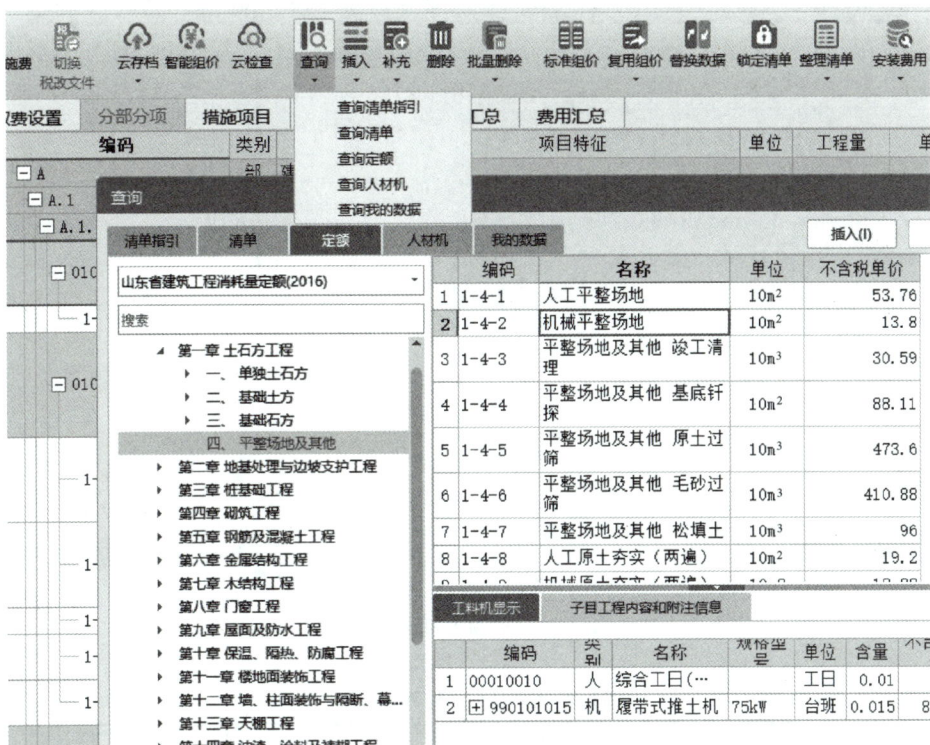

图 3-11　查询定额—机械平整场地

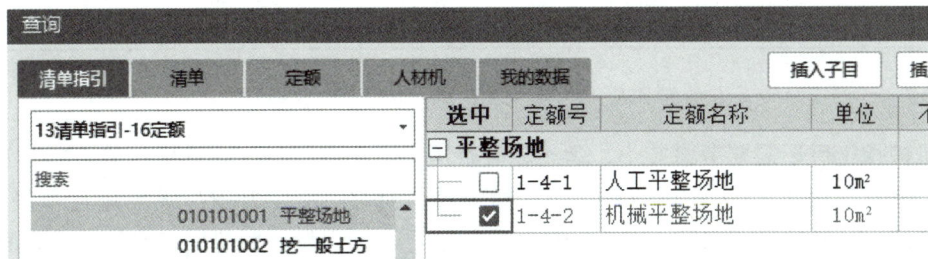

图 3-12　查询清单指引—机械平整场地

定额子目套取后，如果定额子目的计量单位与清单项计量单位一致，定额工程量会自动匹配清单工程量。如果不同则需要回到计量软件中提取相应的定额工程量进行填写。若清单与定额计量单位一致，但是计算规则不同，则定额工程量也是要按实填写的。

（2）挖沟槽土方的定额组价

本工程条形基础土方工程按土方属性为沟槽土方，由于沟槽垫层宽 500mm 小于 1.2m，故根据山东 2016 版定额规定，需套用小型挖掘机定额子目"1-2-47 小型挖掘机挖槽坑土方 普通土"，此时弹出换算窗口，如图 3-13 所示。由于本工程地下常水位埋深为 3.3～5.5m，水位变化为 1～2m，实际挖土深度为 1.4m，故挖土范围均为干土。根据山东 2016 版定额关于机械挖土及人工清理的说明，选择选项"7"单价乘以 0.9，另套用相应人工清理修整子目并乘以相应系数，如图 3-14 所示。

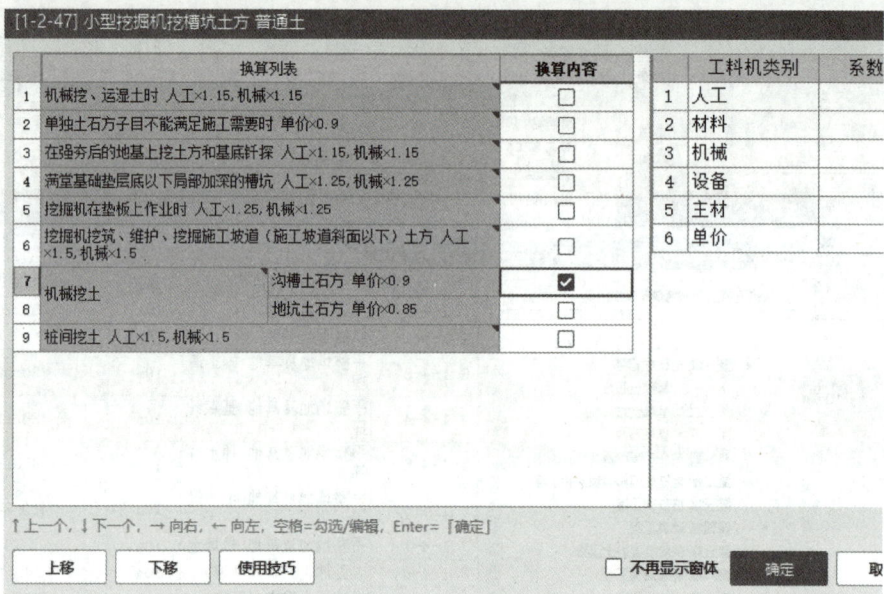

图 3-13　定额子目换算窗口

机械挖土及人工清理修整系数

基础类型	机械挖土		人工清理修整	
	执行子目	系数	执行子目	系数
一般土方	相应子目	0.95	1-2-1	0.063
沟槽土方		0.90	1-2-6	0.125
地坑土方		0.85	1-2-11	0.188

图 3-14　机械挖土及人工清理修整系数表

机械挖土后还需要考虑装土、运土相关费用，可套取"1-2-53 挖掘机装土方"和"1-2-58 自卸汽车运土方 运距≤1km"的定额子目。同时，由于开挖后需要进行基底钎探，套取"1-4-4 平整场地及其他 基底钎探"定额子目，工程量按照垫层（或基础）底面积提取。挖沟槽土方定额子目套取如图 3-15 所示。同理可以将挖基坑土方的清单参照上述流程套取定额进行组价。

	010101003001	项	挖沟槽土方	挖沟槽土方 1. 土壤类别:普通土 2. 挖土方式:机械挖土 3. 弃土运距:自卸车运距1km以内 4. 含基底钎探	m³	54.01
	1-2-47×0.9	换	小型挖掘机挖槽坑土方 普通土　沟槽土石方 单价×0.9		10m³	11.882
	1-2-6×0.125	换	人工挖沟槽普通土 槽深≤2 人工清理与修整 单价×0.125		10m³	11.882
	1-2-53	定	挖掘机装土方		10m³	11.882
	1-2-58	定	自卸汽车运土方 运距≤1km		10m³	11.882
	1-4-4	定	平整场地及其他 基底钎探		10m²	6.77051

图 3-15　挖沟槽土方定额组价

（3）回填方的定额组价

土方回填包括基础土方回填和房心回填，有人工夯填和机械夯填两种方式。根据回填方清单项目特征描述，基础土方回填套"1-4-13 机械夯填槽坑"定额子目，房心回填套"1-4-12 机械夯填地坪"定额子目，如图 3-16 所示。当填方来源、运距不详时，也可以在项目特征中描述为综合考虑，投标人根据现场踏勘情况考虑土方来源及运距进行报价。

	010103001001	项	回填方	回填方 1. 土质要求:二类土 2. 密实度要求:≥0.95 3. 回填方式:机械夯填土	m³	270.53	
	1-4-13	定	机械夯填槽坑		10m³	75.018	158.2
	010103001002	项	回填方	回填方 1. 土质要求:二类土 2. 密实度要求:≥0.95 3. 回填方式:机械夯填土 4. 部位:房心回填	m³	126.22	
	1-4-12	定	机械夯填地坪		10m³	12.622	121.64

图 3-16　回填方定额组价

（4）竣工清理的定额组价

竣工清理清单项目套"1-4-3 平整场地及其他 竣工清理"定额子目，如图 3-17 所示。

	010103004001	项	竣工清理	竣工清理 建筑物内外及建筑物四周建筑垃圾清理	m³
	1-4-3	定	平整场地及其他 竣工清理		10m³

图 3-17　竣工清理定额组价

4. 工程量的提取

从 GTJ2025 模型中提取所需的清单工程量和定额工程量，并将提取出的工程量填写到工程量一列。

（1）清单工程量的提取

在软件中提取的清单工程量，填写到计价软件清单项目中。清单提量有两种方式，一种是从 GTJ2025 工程文件报表中提取，另一种是利用 GCCP6.0 计价软件中"量价一体化"功能"导入算量文件"进行提量。

1）算量文件报表提量

例如提取"平整场地"工程量，打开 GTJ2025 算量文件，"工程量"菜单下"查看报表—土建报表量"，选择"绘图输入工程量汇总表"—"其它"—"平整场地"—"清单工程量"，提取清单工程量，如图 3-18 所示。根据清单工程量计算规则，平整场地按设计图示尺寸以建筑物首层建筑面积计算，而软件中的平整场地清单工程量不包含保温层的建筑面积，因此需要将保温层建筑面积手动加上，故平整场地工程量为 $664.42+0.06\times2\times(47.8+13.9)=671.824\text{m}^2$，将此结果输入到计价软件清单工程量单元格中。

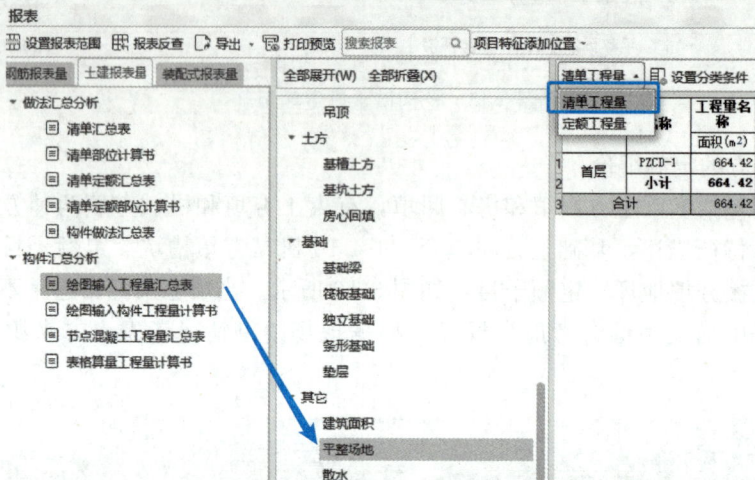

图 3-18　提取平整场地清单工程量

同理，在"报表—土方"下找到"基槽土方"和"基坑土方"，将工程量抄写到对应的清单项，另外在基槽土方和基坑土方的工程量中，可以提取到素土回填的体积，如图 3-19 和图 3-20 所示。竣工清理清单工程量按照工程量计算规则手算后直接填写。土方工程量提取填写完毕后可以按自己需求进行清单整理，点击"分部整理"命令，选择分部整理的方式，清单整理完毕如图 3-21 所示。

图 3-19　基槽土方开挖与素土回填清单工程量

2）量价一体化工程量的提取

在计价软件中还可以利用"量价一体化"命令来实现清单和定额工程量的提取，点击"量价一体化"命令，选择"导入算量文件"，选择工程算量文件，点击"确定"，如

图 3-20 基坑土方开挖与素土回填清单工程量

编码	类别	名称	项目特征	单位	工程量
B1	□ A	部	建筑工程			
B2	□ A.1	部	土石方工程			
B3	□ A.1.1	部	土方工程			
1	⊞ 010101001001	项	平整场地	平整场地 1. 土壤类别:普通土 2. 工作内容:机械平整	m²	671.82
2	⊞ 010101003001	项	挖沟槽土方	挖沟槽土方 1. 土壤类别:普通土 2. 挖土方式:机械挖土 3. 弃土运距:自卸车运距1km以内 4. 含基底钎探	m³	54.01
3	⊞ 010101005001	项	挖基坑土方	挖基坑土方 1. 土壤类别:普通土 2. 挖土方式:机械挖土 3. 弃土运距:自卸车运距1km以内 4. 含基底钎探	m³	467.82
B3	□ A.1.3	部	回填			
4	⊞ 010103001001	项	回填方	回填方 1. 土质要求:二类土 2. 密实度要求:满足设计和规范要求 3. 回填方式:机械夯填土	m³	270.53
5	⊞ 010103001002	项	回填方	回填方 1. 土质要求:二类土 2. 密实度要求:满足设计和规范要求 3. 回填方式:机械夯填土 4. 部位:房心回填	m³	126.22
6	⊞ 010103004001	项	竣工清理	竣工清理 建筑物内外及建筑物四周建筑垃圾清理	m³	9710.45

图 3-21 分部整理完毕后的土石方工程

图 3-22 所示。导入并在计价软件中选择相应的清单项后,在"提取工程量"窗口中就能对应显示出该清单对应的清单工程量,如图 3-23 所示。

(2) 定额工程量的提取

将 GTJ2025 算量软件中提取的定额工程量填写到计价软件的定额子目中。当清单工程量与定额工程量计量单位一致时,软件默认定额工程量等于清单工程量;单位不一致时,定额工程量默认为 0,此时需要到算量文件中进行提量。特殊情况下,有些构件虽然清单量和定额量的单位一致,但是由于清单和定额的计算规则不同,定额工程量也需要到算量文件中单独提取。例如,案例工程 010103001001 回填方清单、定额工程量提取后,如图 3-24 所示。

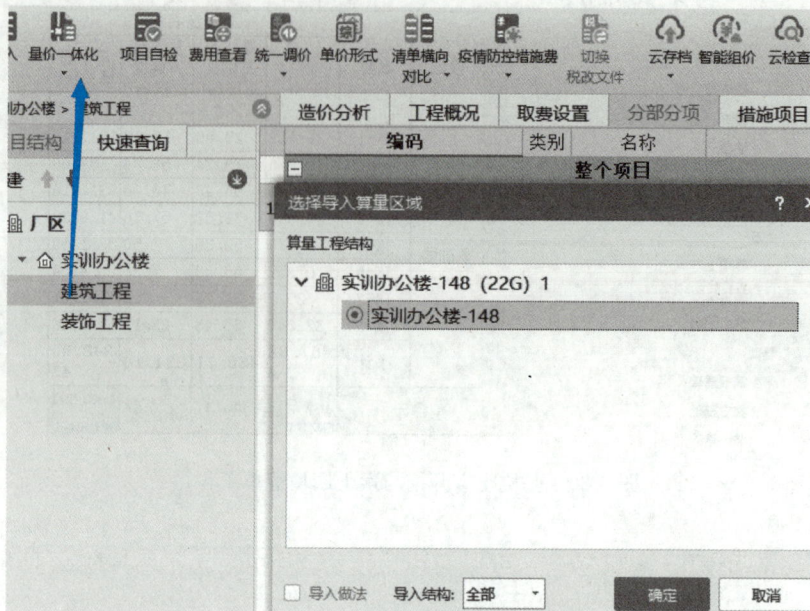

图 3-22　算量工程的导入

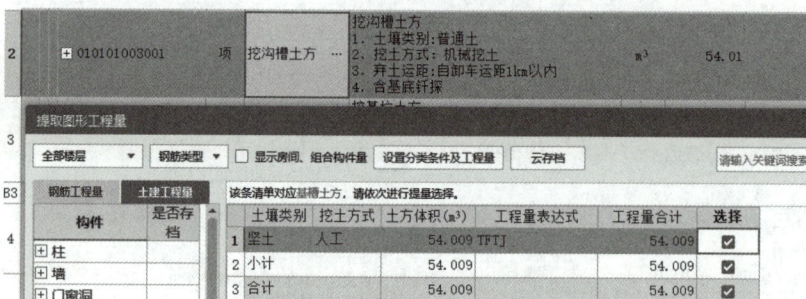

图 3-23　量价一体化提取工程量

图 3-24　010103001001 回填方提量

任务总结

1. 根据工程信息和工作内容编制土方工程招标工程量清单，完善项目特征。

2. 根据清单项目特征对平整场地、基础土方、回填方、竣工清理等清单进行定额组价，并注意定额是否需要进行换算。

3. 在 GTJ2025 中提取相应清单工程量和定额工程量，并填写到 GCCP6.0 中。

复习思考题

1. 单独土石方与基础土石方的划分原则是什么？
2. 房心回填工程量如何提取，可否在"房间"构件当中进行处理？
3. 采用量价一体化进行清单工程量的提取有何优点？

3.1.3　砌筑工程工程量清单编制及定额组价

砌筑工程工程
量清单编制及
定额组价

任务工单

利用 GCCP6.0，完成厂区办公楼砌筑工程工程量清单编制及定额组价。

任务说明

根据厂区办公楼设计文件等相关资料，完成厂区办公楼砌筑工程的工程量清单编制与定额组价。

任务分析

1. 厂区办公楼砌筑工程都包含哪些内容？
2. 砌筑工程项目特征描述内容有哪些？
3. 砌筑工程基础与墙体的划分界限是什么？
4. 砌筑工程的工程量提取时清单工程量和定额工程量有何区别？

任务实施

1. 砌筑工程工程量清单、定额内容

根据《房屋建筑与装饰工程工程量清单计算标准》GB/T 50854—2024，附录 D 砌筑工程包含 D.1 砖砌体、D.2 砌块砌体、D.3 石砌体和 D.4 垫层四个部分。根据山东 2016 版定额，第四章砌筑工程包括砖砌体、砌块砌体、石砌体、轻质板墙四节内容。

2. 清单编制

根据厂区办公楼图纸信息和已建立的算量模型可知，本章涉及的清单项：砖砌体、砌块砌体和垫层。砌筑工程清单列项可遵循先材质，再部位，最后按照施工工艺划分的原则进行列项，下面依据《房屋建筑与装饰工程工程量清单计算标准》GB/T 50854—2024 规定，进行清单列项及项目特征的描述。

（1）清单列项

根据《房屋建筑与装饰工程工程量清单计算标准》GB/T 50854—2024 与山东 2016 版定额的规定，无地下室的砌筑工程，分为基础和墙体两类，另外如台阶、台阶挡墙、阳台栏板、施工过人洞、梯带、蹲台、池槽、池槽腿、花台、隔热板下砖墩、炉灶、锅台等归为零星砌砖。厂区办公楼砌筑工程所包含的清单项依次为：砖基础、实心砖墙、零星砌砖、砌块墙和垫层，由于砌块墙材质不同，需要单独列项，如图 3-25 所示。

图 3-25　砌筑工程列项

（2）项目特征描述

砌体墙的项目特征一般包括砌块品种、规格、强度等级，砂浆强度等级、墙体类型等，本工程各部位砌筑工程项目特征描述编辑完成如图 3-26 所示。

图 3-26　砌筑工程的项目特征

1）砖基础部分为基础联系梁顶到首层地面之间的墙体，材质为标准灰砖，砌筑砂浆为 M5.0 水泥砂浆。

2）女儿墙为 240mm 实心砖墙，砌筑砂浆为 M5.0 混合砂浆。

3）砌块墙材质不同，一种为 250mm 及 200mm 加气混凝土砌块，砌筑砂浆为 M7.5 混合砂浆；另一种为 100mm 空心砌块，砌筑砂浆为 M5 混合砂浆。

4）零星砌砖部位为首层室外出入口处砖砌台阶，品种为煤矸石烧结砖，砌筑砂浆为 M5.0 水泥砂浆。

5）垫层部位为房间内各地面的 3：7 灰土垫层。

3. 定额组价

根据砌筑工程各清单项的项目特征来进行定额组价，并注意是否需要进行定额的换算。

（1）砌块墙的定额组价

010402001001 砌块墙清单，项目特征中描述了砌块品种为加气混凝土砌块、砌筑砂浆为 M7.5 混合砂浆，查询定额套“4-2-1 M5.0 混合砂浆加气混凝土砌块墙”定额子目，在弹出的换算窗口中选择“混合砂浆 M7.5”，点击“确定”，如图 3-27 所示。

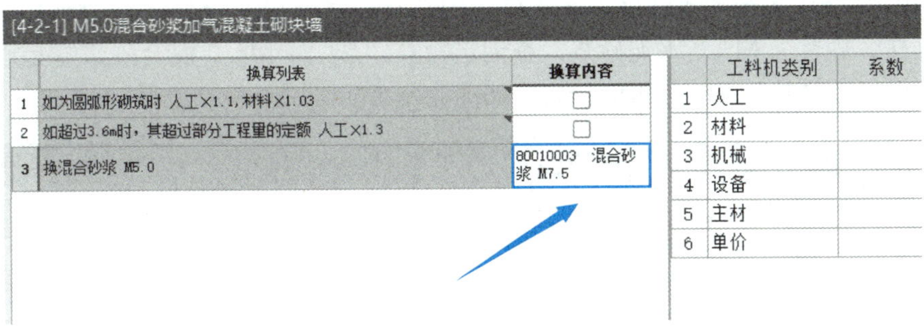

图 3-27 “4-2-1 M5.0 混合砂浆加气混凝土砌块墙”定额子目换算

由于山东 2016 版定额没有按照墙体厚度区分砌块墙子目，当墙体采用的砌块规格和型号与定额子目不同时无须修改。如果需要修改，可以增加定额子目并根据《交底资料》描述，手动调整规格、型号和价格，即“定额中砖、砌块和石料按标准或常用规格编制，设计材料规格与定额不同时，可以换算，但每定额单位消耗量不变。定额单位消耗量不变，是指定额材料块数折合体积与定额砂浆体积的总体积不变”。在 4-2-1 定额子目的工料机显示中所看到的“烧结煤矸石普通砖 240×115×53”指的是砌块墙下方的墙底小青砖所需工料，如果实际砌筑时不发生墙底砌砖情况，墙身全部为砌筑砌块，那就需要去掉砖的定额含量，并根据砌块的规格、灰缝以及损耗率计算补入砌块含量，调整完成如图 3-28所示。

编码	类别	名称	规格及型号	单位	含量	数量
00010010	人	综合工日(土建)		工日	15.0…	798.8…
04150015	材	蒸压粉煤灰加气…	600×200×240	m³	9.464	502.6…
04130005	材	烧结煤矸石普通砖	240×115×53	m³	0.434	23.05…
GB8001…	材	混合砂浆(干拌)	M7.5	m³	1.019	54.12…
34110003	材	水		m³	1.485	78.87…
⊞ 9906…	机	干混砂浆罐式搅…		台班	0.04…	2.21914

图 3-28 “4-2-1 M5.0 混合砂浆加气混凝土砌块墙”子目工料机显示

010402001002 砌块墙清单，该清单是卫生间处墙体，100mm 空心砌块，砌筑砂浆为 M5 混合砂浆，查询定额套“4-2-3 M5.0 混合砂浆承重混凝土小型空心砌块墙”定额子目。

（2）砖基础的定额组价

010401001001 砖基础清单，该清单为基础联系梁顶到首层地面的砖基础，材质为标准灰砖，砌筑砂浆为 M5 水泥砂浆，查询定额套“4-1-1 M5.0 水泥砂浆砖基础”定额子目。

（3）实心砖墙的定额组价

010401003001 实心砖墙清单，该清单是 240mm 厚女儿墙，砌筑材料为实心砖墙，砌筑砂浆为 M5.0 混合砂浆，查询定额套“4-1-7 M5.0 混合砂浆实心砖墙 厚 240mm”定额子目。

（4）零星砌砖的定额组价

010401012001 零星砌砖清单，该清单指的是首层室外出入口处砖砌台阶，品种为煤矸石烧结砖，砂浆为 M5.0 水泥砂浆，查询定额套“4-1-24 M5.0 混合砂浆零星砌体”定额子目，将砂浆换算为 M5.0 水泥砂浆，如图 3-29 所示。

[4-1-24] M5.0混合砂浆零星砌体

	换算列表	换算内容
1	如为圆弧形砌筑时 人工×1.1，材料×1.03	☐
2	如用多孔砖砌筑时 单价×1.15	☐
3	换混合砂浆 M5.0	80010011 水泥砂浆 M5.0

	工料机类别	系数
1	人工	1
2	材料	1
3	机械	1
4	设备	1
5	主材	1
6	单价	1

图 3-29 M5.0 混合砂浆零星砌体标准换算

（5）垫层的定额组价

010404001001 垫层清单，该清单指的是地面做法中的 3：7 灰土垫层，查询定额套“2-1-1 3：7 灰土垫层 机械振动”定额子目，如图 3-30 所示。

010404001001	项	垫层	灰土垫层 1. 150厚3:7灰土 2. 素土夯实 3. 部位:地面垫层	m^3	89.69
2-1-1	定	3:7灰土垫层 机械振动		$10m^3$	8.969

图 3-30 3：7 灰土垫层定额组价

当砌筑工程所使用的砂浆为预拌砂浆时，可以通过在相应定额子目上右键选择砂浆换算，将现浇砂浆换成预拌砂浆即可，换算后可以应用到整个当前项目。

4. 工程量的提取

（1）清单提量

在 GTJ2025 算量文件中对模型文件进行汇总计算，在工程量菜单下，点击“工程量—查看报表”命令，选择“土建报表量”，在绘图输入工程量汇总表中选择“墙—砌体墙”，提取工程量，填入到 GCCP6.0 计价软件清单工程量单元格中。其中基础层的体积合计为砖基础的工程量，可以通过“设置报表范围”和“设置分类条件”来快速提取所需工程量。其中 100mm 厚的墙体为卫生间隔墙，240mm 厚的为女儿墙，其他为加气混凝土砌块墙，算量文件中墙体清单工程量，如图 3-31 所示。

（2）定额提量

在 GTJ2025 算量文件中选择“工程量—查看报表—土建报表量—绘图输入工程量汇

1	内墙-100 [内墙]	100	11.7776
2		**小计**	**11.7776**
3	内墙-200 [内墙]	200	355.3468
4		**小计**	**355.3468**
5	女儿墙-240 [外墙]	240	16.1684
6		**小计**	**16.1684**
7	外墙-250 [外墙]	250	177.7748
8		**小计**	**177.7748**
9	合计		561.0676

图 3-31　砌筑工程清单工程量

总表"，查看定额工程量，提取砌筑工程的定额工程量并填入定额子目中。需要注意100mm 厚卫生间隔墙，由于该位置墙体工程量清单和定额计算规则不同，所以清单工程量和定额工程量有差别，要单独提取。

任务总结

1. 根据工程所包含砌筑工程的部位、材质、墙体类型编制清单并完善项目特征。
2. 根据清单项目特征进行定额组价，并注意定额是否需要进行换算。
3. 在 GTJ2025 中提取相应清单工程量和定额工程量，并填写到 GCCP6.0 中。

复习思考题

1. 墙体清单工程量计算规则和定额工程量计算规则是否相同？
2. 定额子目包含的材料规格与实际不符时该如何处理？
3. 砌体墙顶部有斜砌砖时如何考虑？
4. 基础与墙体的划分界限是什么？

3.1.4　混凝土工程工程量清单编制及定额组价

任务工单

利用 GCCP6.0，完成厂区办公楼混凝土工程工程量清单编制及定额组价。

混凝土工程工程量清单编制及定额组价

任务说明

根据厂区办公楼设计文件和施工组织设计等相关资料，完成厂区办公楼现浇混凝土工程的工程量清单编制与定额组价。

1. 厂区办公楼现浇混凝土工程都包含哪些内容?
2. 现浇混凝土工程项目特征描述内容有哪些?
3. 现浇混凝土工程量提取时清单工程量和定额工程量有何区别?

任务实施

1. 混凝土工程工程量清单、定额内容

根据《房屋建筑与装饰工程工程量计算标准》GB/T 50854—2024,附录 E 混凝土及钢筋混凝土工程中的现浇混凝土部分包括 E.1 现浇混凝土基础、E.2 现浇混凝土柱、E.3 现浇混凝土梁、E.4 现浇混凝土墙、E.5 现浇混凝土板、E.6 现浇混凝土楼梯和 E.7 现浇混凝土其他构件七个部分。根据山东 2016 版定额,第五章钢筋及混凝土工程包括现浇混凝土、预制混凝土、混凝土搅拌制作及泵送、钢筋工程和预制混凝土构件安装五节内容。

2. 清单编制

根据厂区办公楼图纸信息和已建立的工程算量模型可知,本工程涉及现浇混凝土的清单项包括:现浇混凝土基础、现浇混凝土柱、现浇混凝土梁、现浇混凝土板、现浇混凝土楼梯和现浇混凝土其他构件六类。混凝土工程清单列项遵循先按工艺(现浇还是预制),再按构件类型,最后按照构件样式进行划分的原则进行列项,下面依据《房屋建筑与装饰工程工程量计算标准》GB/T 50854—2024 规定,进行清单列项及项目特征描述。

(1)清单列项

1)现浇混凝土基础清单

厂区办公楼现浇混凝土基础所包含的清单项包括垫层、条形基础和独立基础,其中垫层包括基础垫层和房间内的地面垫层,由于在山东 2016 版定额中独立基础和条形基础下的垫层因消耗量不同,人工、机械需要乘以不同的系数,所以在此清单需要分开编制,列项完成如图 3-32 所示。

− A.5.1		现浇混凝土基础	
+ 010501001001	项	垫层	m³
+ 010501001002	项	垫层	m³
+ 010501001003	项	垫层	m³
+ 010501002001	项	条形基础	m³
+ 010501003001	项	独立基础	m³

图 3-32　现浇混凝土基础清单列项

2)现浇混凝土柱清单

厂区办公楼现浇混凝土柱包括矩形柱和构造柱,列项完成如图 3-33 所示。

− A.5.2		现浇混凝土柱	
+ 010502001001	项	矩形柱	m³
+ 010502002001	项	构造柱	m³

图 3-33　现浇混凝土柱清单列项

3）现浇混凝土梁清单

厂区办公楼现浇混凝土梁包括框架梁、非框架梁、基础联系梁、楼梯垫梁、圈梁和过梁，框架梁和非框架梁工程量根据平板和有梁板划分原则提取，本工程归入有梁板提量，本工程基础联系梁以基础梁列项。由于楼梯垫梁未包含在楼梯的水平投影面积中，根据山东 2016 版定额楼梯基础按基础相应规定进行计算，因此要单独列项，这里将楼梯垫梁按照基础梁列项，列项完成如图 3-34 所示。

编码	类别	名称	单位
− A.5.3		现浇混凝土梁	
+ 010503001002	项	基础梁	m³
+ 010503004001	项	圈梁	m³
+ 010503005001	项	过梁	m³

图 3-34　现浇混凝土梁清单列项

4）现浇混凝土板清单

厂区办公楼现浇混凝土板包括有梁板、栏板、天沟（檐沟）、挑檐板和雨篷板，列项完成如图 3-35 所示。

− A.5.5		现浇混凝土板	
+ 010505001001	项	有梁板	m³
+ 010505006001	项	栏板	m³
+ 010505007001	项	天沟（檐沟）、挑檐板	m³
+ 010505008001	项	雨篷、悬挑板、阳台板	m³

图 3-35　现浇混凝土板清单列项

5）现浇混凝土楼梯清单

厂区办公楼现浇混凝土楼梯为直形楼梯，根据山东 2016 版定额规定，整体楼梯混凝土工程量按水平投影面积计算，而阳台、雨篷、楼梯等构件定额编制都是按照板厚100mm 编制，所以编制清单时需要区分不同厚度而分开列项，本工程梯段板和休息平台板板厚不同，故单独列项，列项完成如图 3-36 所示。

− A.5.6		现浇混凝土楼梯	
+ 010506001001	项	直形楼梯	m²
+ 010506001002	项	直形楼梯	m²

图 3-36　现浇混凝土楼梯清单列项

6）现浇混凝土其他构件清单

厂区办公楼现浇混凝土其他构件包括散水、坡道和压顶，列项完成如图 3-37 所示。

− A.5.7		现浇混凝土其他构件	
+ 010507001001	项	散水、坡道	m²
+ 010507001002	项	散水、坡道	m²
+ 010507005001	项	扶手、压顶	m³

图 3-37　现浇混凝土其他构件清单列项

（2）项目特征描述

现浇混凝土构件项目特征主要描述混凝土的种类和强度等级等信息，混凝土强度等级可从结构设计说明中获取，由于目前各省市规定城市及周边禁止现场搅拌混凝土，故混凝土种类按照商品混凝土考虑，柱、梁、板项目特征描述如图 3-38 所示。楼梯可描述楼梯类型、厚度和有无斜梁等信息，如图 3-39 所示。散水、坡道需描述具体做法，如图 3-40 所示。垫层需描述所在部位，以便组价时按实进行换算，如图 3-41 所示。

A.5.2	部	现浇混凝土柱	
010502001001	项	矩形柱	矩形柱 1. 混凝土强度等级：C30 2. 混凝土拌和料要求：商品混凝土 3. 类型：框架柱
010502002001	项	构造柱	构造柱 1. 混凝土强度等级：C25 2. 混凝土拌和料要求：商品混凝土 3. 类型：构造柱
A.5.3	部	现浇混凝土梁	
010503001002	项	基础梁	1. 混凝土强度等级：C30 2. 混凝土拌和料要求：商品混凝土 3. 部位：地梁、楼梯垫梁
010503004001	项	圈梁	卫生间混凝土带 1. 混凝土强度等级：C25 2. 混凝土拌和料要求：商品混凝土
010503005001	项	过梁	过梁 1. 混凝土强度等级：C25 2. 混凝土拌和料要求：商品混凝土
A.5.5	部	现浇混凝土板	
010505001001	项	有梁板	有梁板 1. 混凝土强度等级：C30 2. 混凝土拌和料要求：商品混凝土
010505006001	项	栏板	栏板 1. 部位：雨篷栏板 2. 混凝土强度等级：C30 3. 混凝土拌和料要求：商品混凝土

图 3-38　现浇混凝土柱、梁、板项目特征描述

A.5.6	部	现浇混凝土楼梯		
010506001001	项	直形楼梯	直形楼梯 1.混凝土强度等级：C30 2.梯板结构型式：无斜梁 3.板厚：120mm	m²
010506001002	项	直形楼梯	直形楼梯 1.混凝土强度等级：C30 2.梯板结构型式：无斜梁 3.板厚：180mm	m²

图 3-39　现浇混凝土楼梯项目特征描述

| 010507001001 | 项 | 散水、坡道 | 散水、坡道4
详L13J1-坡4
1.20 厚1：2 水泥砂浆抹面，15 宽水泥金刚砂粒防滑条，中距150mm，突出坡面4mm 横向中距80mm，凸出坡道面3～4mm
2.素水泥浆一道
3.100厚C20 混凝土
4.300 厚3：7 灰土夯实
5.素土夯实，压系数大于0.90 | m² |
| 010507001002 | 项 | 散水、坡道 | 散水、坡道
详L13J1-散3
1.20 厚1：2.5 水泥砂浆压实赶光
2.素水泥浆一道
3.60 厚C20 混凝土
4.150 厚3：7 灰土
5.素土夯实，向外坡4% | m² |

图 3-40　现浇混凝土散水、坡道项目特征描述

图 3-41　现浇混凝土垫层项目特征描述

3. 定额组价

混凝土清单项目定额组价除了根据项目特征套取相应混凝土构件定额子目外，有些构件还需要对混凝土输送方式定额子目进行选择，方法是在混凝土定额子目上右键选择"关联泵送子目"。根据《山东省建设工程费用项目组成及计算规则》（2022 版），混凝土泵送属于专业工程措施项目，所以很多工程会按照费用组成划分在措施项目中考虑泵送。对于二次结构的混凝土构件，由于不具备泵送条件，故无须关联泵送子目。混凝土泵送有两种方式，汽车泵和固定泵，选择哪种泵送方式要根据实际情况进行确定，当选择固定泵时要选择固定泵送和管道输送两条子目。厂区办公楼泵送均按照固定泵考虑。

（1）现浇混凝土主体结构的定额组价

山东 2016 版定额规定主体结构构件定额子目均按照 C30 混凝土编制，如果拟建工程混凝土强度等级与 C30 不一致可以进行材料换算，主体结构构件定额子目除了套现浇混凝土定额子目外，还需套取泵送子目，例如基础清单定额套取完成如图 3-42 所示。

图 3-42　现浇混凝土基础定额组价

（2）现浇混凝土二次结构构件的定额组价

山东 2016 版定额规定混凝土二次结构构件均按照 C20 混凝土编制，由于本工程二次结构构件混凝土强度等级为 C25，故在定额套取时需进行材料换算。另外，山东 2016 版定额规定雨篷等悬挑板均按照厚度 100mm 编制，若设计厚度与定额编制厚度不同时，则需按 5-1-47 定额子目进行厚度调整，可在套取 5-1-46 雨篷定额时进行标准换算，按实输入实际厚度，软件自动调整含量，是否考虑泵送需根据实际情况确定。构造柱、雨篷等二次结构构件定额选择完成如图 3-43 所示。

			构造柱 1. 混凝土强度等级：C25 2. 混凝土拌和料要求：商品混凝土 3. 类型：构造柱	
⊟ 010502002001	项	构造柱		m³
5-1-17 H80210009 80210017	换	C20现浇混凝土 构造柱 换为【C25现浇混凝土 碎石＜31.5】[干拌砂浆]		10m³
			雨篷 1. 混凝土强度等级：C30 2. 混凝土拌和料要求：商品混凝土 3. 部位：雨篷	
⊟ 010505008001	项	雨篷、悬挑板、阳台板		m³
5-1-46 + 5-1-47 × 2	换	C30雨篷 板厚100mm 实际厚度：120mm		10m²
5-3-13	定	泵送混凝土 其他构件 固定泵		10m³
5-3-18	定	其他管道输送混凝土 输送高度≤50m		10m³

图 3-43　构造柱、雨篷定额组价

（3）现浇混凝土楼梯的定额组价

山东 2016 版定额规定现浇混凝土楼梯子目（含直形楼梯和旋转楼梯）按踏步底板（不含踏步和踏步底板下的梁）和休息平台板板厚均为 100mm 编制。本工程楼梯为直形楼梯，踏步底板板厚 120mm，休息平台板板厚 180mm，在套取定额子目时需根据实际填写厚度，是否需要泵送需按实际进行选择，楼梯清单定额选择完成如图 3-44 所示。

⊟ A.5.6			现浇混凝土楼梯	
⊟ 010506001001	项	直形楼梯	直形楼梯 1. 混凝土强度等级:C30 2. 梯板结构型式:无斜梁 3. 板厚：120mm	m²
5-1-39 + 5-1-43 × 2	换	C30无斜梁直形楼梯 板厚100mm 实际厚度：120mm		10m²
5-3-13	定	泵送混凝土 其他构件 固定泵		10m³
5-3-18	定	其他管道输送混凝土 输送高度≤50m		10m³

图 3-44　楼梯定额组价

（4）混凝土垫层的定额组价

垫层定额子目在山东 2016 版定额中第二章地基处理与边坡支护工程的第一节地基处理中规定垫层定额按地面垫层编制。若为基础垫层，人工、机械分别乘以下列系数：条形基础 1.05，独立基础 1.10，满堂基础 1.00。若为场区道路垫层，人工乘以系数 0.9，按实换算。混凝土垫层是否需要泵送需根据实际进行选择。机械碾压垫层定额适用于厂区道路垫层采用压路机械的情况。本工程垫层定额选择完成如图 3-45 所示。

（5）散水、坡道的定额组价

散水、坡道在山东 2016 版定额第十六章构筑物及其他工程第六节构筑物综合项目中规定其工作内容包括：清理基层、夯实、铺设垫层；调制砂浆，混凝土浇捣、养护；抹面（铺块料面层），根据做法套取相应的定额子目，根据项目特征对工料机内容进行换算和含量的调整。散水、坡道定额套取完成如图 3-46 所示。

010501001001	项	垫层	垫层 1. 混凝土强度等级：C20 2. 混凝土拌和料要求：商品混凝土 3. 部位：独立基础垫层	m³
2-1-28	换	C15无筋混凝土垫层　换为【C20现浇混凝土碎石＜20】		10m³
5-3-9	定	泵送混凝土 基础 固定泵		10m³
5-3-16	定	基础管道输送混凝土 输送高度≤50m		10m³
010501001002	项	垫层	垫层 1. 混凝土强度等级：C20 2. 混凝土拌和料要求：商品混凝土 3. 部位：地梁、楼梯垫梁垫层	m³
2-1-28 R×1.05,J×1.05	换	C15无筋混凝土垫层　若为条形基础垫层 人工×1.05,机械×1.05　换为【C20现浇混凝土碎石＜20】		10m³
5-3-9	定	泵送混凝土 基础 固定泵		10m³
5-3-16	定	基础管道输送混凝土 输送高度≤50m		10m³
010501001003	项	垫层	地面垫层 1. 混凝土强度等级：C20 2. 混凝土拌和料要求：商品混凝土 3. 部位：地面垫层	m³
2-1-28	换	C15无筋混凝土垫层　换为【C20现浇混凝土碎石＜20】		10m³

图 3-45　垫层定额组价

010507001001	项	散水、坡道	散水、坡道 详L13J1-坡4 1.20 厚1：2 水泥砂浆抹面，15 宽水泥金刚砂粒防滑条，中距150，突出坡面4 横向中距80，凸出坡道面3～4 2.素水泥浆一道 3.100厚C20 混凝土 4.300 厚3：7 灰土夯实 5.素土夯实，压系数大于0.90	m²
16-6-84	换	水泥砂浆金刚砂防滑条坡道 3:7灰土垫层 混凝土60厚		10m²
010507001002	项	散水、坡道	散水、坡道 详L13J1-散3 1.20 厚1:2.5 水泥砂浆压实赶光 2.素水泥浆一道 3.60 厚C20 混凝土 4.150 厚3:7 灰土 5.素土夯实，向外坡4%	m²
16-6-79	定	水泥砂浆抹面散水 3:7灰土垫层		10m²

编码	类别	名称	规格及型号	单位	含量
00010010	人	综合工日(土建)		工日	7.1
04010021	材	普通硅酸盐水泥	42.5MPa	kg	18.2
04030037	材	金刚砂		kg	55.809
80210011	商混凝土	C20现浇混凝土	碎石＜40	m³	1.01

图 3-46　散水、坡道定额组价

4. 工程量的提取

在 GTJ2025 算量文件中对模型文件进行汇总计算，在工程量菜单下，点击"工程量—查看报表"命令，选择"土建报表量"，在"绘图输入工程量汇总表"中选择相应构件，可以通过设置报表范围和分类条件来帮助我们快速提取所需的清单工程量和定额工程量，如提取混凝土柱工程量，设置分类条件后显示如图 3-47 所示，将汇总的工程量填写到计价软件工程量单元格中。同理，完成其他现浇混凝土构件工程量的提取。

名称	工程量名称							
	周长(m)	体积(m³)	模板面积(m²)	超高模板面积(m²)	数量(根)	脚手架面积(m²)	高度(m)	截面面积(m²)
1 KZ1	32	9.9568	91.809	1.588	20	323.856	64.48	3.2
2 KZ2	102.4	30.6176	271.577	3.201	64	994.916	199.56	10.24
3 KZ3	32	9.8048	86.158	0.764	20	318.656	64.48	3.2
4 KZ4	21.6	6.8242	53.104	0.402	12	181.98	35.3	2.43
5 KZ5	20	7.61	53.576	0.496	10	170.464	32.24	2.5
6 TZ1	7.2	1.0926	12.954	0	6	58.272	12.14	0.54
7 合计	215.2	65.906	569.178	6.451	132	2048.144	408.2	22.11

图 3-47　现浇混凝土矩形柱清单工程量的提取

注　意

（1）在提取梁的工程量时不包含楼梯垫梁和楼梯的连接梁，在算量文件梁界面下，梁二次编辑中进行梁跨分类，分别修改为楼梯垫梁和楼梯连接梁，在"设置分类条件"时按"土建汇总类别"设置，只提取土建汇总类别为"梁"的工程量。

（2）基础联系梁与楼梯垫梁的混凝土工程量并入基础梁清单项目。不在整体楼梯投影范围内的平台梁算入有梁板。框架梁、非框架梁和板的工程量统一提取到有梁板中。

（3）卫生间止水带的工程量并入圈梁的工程量内。

（4）整体楼梯按计算规则计算水平投影面积，若软件参数化楼梯的范围为规则中的整体楼梯则可以提取软件参数化楼梯的投影面积，若其范围不等于规则中的整体楼梯，则手算即可。

（5）雨篷板提水平投影面积。

（6）屋面造型处上翻高度≤300mm 的造型部分并入挑檐。

（7）栏杆基座处上翻部位并入有梁板工程量。

任务总结

1. 混凝土构件按照构件施工工艺、类型和样式编制清单并完善项目特征。

2. 根据清单项目特征进行定额组价，并注意定额是否需要换算，以及根据实际情况考虑是否需要泵送。

3. 在 GTJ2025 中提取相应清单工程量和定额工程量，并填写到 GCCP6.0 中。

复习思考题

1. 短肢剪力墙、直形墙、柱该如何划分，如何准确提取其工程量？
2. 有梁板、平板该如何划分？
3. 为了准确提取梁的工程量，在建模时需要注意哪些问题？
4. 混凝土中含有外加剂时，如何考虑计取？
5. 在分部分项工程清单项中如果不考虑泵送，还有何种处理方式？

3.1.5　钢筋工程工程量清单编制及定额组价

任务工单

利用 GCCP6.0，完成厂区办公楼钢筋工程工程量清单编制及定额组价。

钢筋工程工程
量清单编制及
定额组价

任务说明

根据厂区办公楼设计文件等相关资料，完成厂区办公楼钢筋工程的工程量清单编制与定额组价。

任务分析

1. 厂区办公楼钢筋包含哪几种类型？
2. 钢筋工程项目特征描述内容有哪些？
3. 钢筋工程定额组价时什么情况下需要进行换算？

任务实施

1. 钢筋工程工程量清单、定额内容

根据《房屋建筑与装饰工程工程量计算标准》GB/T 50854—2024，钢筋工程属于附录 E 混凝土及钢筋混凝土工程的子分部工程，按照施工工艺分为现浇构件钢筋、预制构件钢筋、钢筋网片、钢筋笼、先张法预应力钢筋、后张法预应力钢筋、预应力钢丝、预应力钢绞线、支撑钢筋（铁马）、声测管 10 项清单。山东 2016 版定额第五章钢筋及混凝土工程第四节钢筋工程包括现浇构件钢筋、预制构件钢筋、预应力钢筋、钢筋连接、砌体加固筋、钢丝网等相关子目。

2. 清单编制

根据厂区办公楼图纸信息和已建立的算量模型可知，厂区办公楼现浇构件钢筋的钢筋种类为 HPB300 和 HRB400，钢筋的连接方式为机械连接和绑扎连接。根据钢筋工程清单列项遵循先按钢筋施工工艺，再按照钢筋的规格和直径范围，最后按照钢筋作用的原则，本案例工程包括现浇构件钢筋、钢筋网片、机械连接，其中现浇构件钢筋有直筋、箍筋、砌体加筋和马凳筋。下面依据《房屋建筑与装饰工程工程量计算标准》GB/T 50854—2024 规定，结合山东 2016 版定额进行清单列项及项目特征描述。

（1）清单列项

根据《房屋建筑与装饰工程工程量计算标准》GB/T 50854—2024，对钢筋工程进行清单列项。其中现浇构件钢筋按照山东 2016 版定额分为钢筋的种类和规格进行编制，并对直筋、箍筋、马凳筋、砌体加筋分别予以列项。钢筋接头根据结构设计说明进行列项，直螺纹连接选择机械连接清单项即可。砌体加筋和钢丝网片根据图纸和规范要求进行列项。

（2）项目特征描述

由于钢筋的级别和直径影响价格，所以列项时在钢筋的项目特征描述中要明确钢筋的种类和规格，钢筋接头要明确连接方式、钢筋规格和直径，直筋和箍筋有单独的定额子目，需分别列项。钢丝网片可按施工规范描述钢丝网规格、挂设部位、挂设方式和挂设范围，需注意钢丝网片按规范相关编码列项。本工程钢筋工程清单项完善项目特征如图 3-48 所示。

⊞ 010515001001	项	现浇构件钢筋	1.钢筋种类、规格:钢筋HRB400≤Φ25 2.直筋	t
⊞ 010515001002	项	现浇构件钢筋	1.钢筋种类、规格:钢筋HRB400≤Φ10 2.直筋	t
⊞ 010515001003	项	现浇构件钢筋	1.钢筋种类、规格:钢筋HRB400≤Φ18 2.直筋	t
⊞ 010515001004	项	现浇构件钢筋	1.钢筋种类、规格:钢筋HRB400≤Φ10 2.箍筋	t
⊞ 010515001005	项	现浇构件钢筋	1.钢筋种类、规格:钢筋HRB400＞Φ10 2.箍筋	t
⊞ 010515001006	项	现浇构件钢筋	1.钢筋种类、规格:钢筋HRB400 Φ6 2.砌体拉结筋	t
⊞ 010515009001	项	支撑钢筋（铁马）	1.钢筋种类、规格:马凳钢筋 HPB300直径（mm）6	t
⊞ 010515009002	项	支撑钢筋（铁马）	1.钢筋种类、规格:马凳钢筋 HPB300直径（mm）8	t
⊞ 010515009003	项	支撑钢筋（铁马）	1.钢筋种类、规格:马凳钢筋 HPB300直径（mm）10	t
⊞ 010516003001	项	机械连接	1.连接方式:直螺纹连接 2.规格:直径≤20	个
⊞ 010516003002	项	机械连接	1.连接方式:直螺纹连接 2.规格:直径≤25	个
⊞ 010607005001	项	砌块墙钢丝网加固	1.材料品种、规格:满足质量验收规范 2.加固方式:满足质量验收规范 3.抹灰面不同材质交界处钢丝网	m²

图 3-48　钢筋工程清单项目特征描述

3. 定额组价

（1）现浇构件钢筋直筋的定额组价

010515001002 现浇构件钢筋清单，项目特征中描述了钢筋的直径≤10mm，选择"5-4-5 现浇构件钢筋 HRB335（HRB400）≤Φ10"定额子目，点开子目的工料机显示，将钢筋规格及型号改为"HRB400≤Φ10"，如图 3-49 所示。

同样的方法完成所有现浇构件钢筋直筋的定额组价，如图 3-50 所示。

（2）现浇构件钢筋箍筋的定额组价

山东 2016 版定额规定构件箍筋按钢筋规格 HPB300 编制，实际箍筋采用 HRB335 及以上规格钢筋时，执行构件箍筋 HPB300 子目，换算钢筋种类，机械乘以系数 1.38。010515001004 现浇构件钢筋清单，项目特征中描述了箍筋为 HRB400 直径≤10mm，由此选择定额 5-4-30，按照箍筋钢筋种类进行换算，换算后如图 3-51 所示，在定额子目中修改换算材料的规格和型号，同理完成其他箍筋项目的定额组价。

图 3-49　修改钢筋规格

图 3-50　现浇构件钢筋直筋定额组价

图 3-51　现浇构件钢筋箍筋定额组价

（3）砌体加筋的定额组价

砌体加固筋有单独的定额子目，如 010515001006 现浇构件钢筋清单，项目特征描述砌体加固筋为 HRB400 级钢筋且直径≤6.5mm，查询定额套"5-4-67 砌体加固筋焊接≤Φ6.5"定额子目，无须换算，如图 3-52 所示。在子目工料机显示中修改钢筋的规格和直径。山东 2016 版定额规定砌体加固筋按照焊接连接编制，实际采用非焊接方式连接时，不得调整。

（4）马凳筋的定额组价

马凳筋有单独的定额子目，如 010515009001 支撑钢筋（铁马）清单，项目特征描述马凳筋为 HPB300 级钢筋，直径 6mm，查询定额套"5-4-75 马凳钢筋"定额子目，在工料机显示中修改钢筋为"HPB300"，直径"6mm"，如图 3-53 所示。

| 6 | ⊟ 010515001006 | 项 | 现浇构件钢筋 | 现浇混凝土钢筋：
1. 钢筋种类、规格：砌体加固筋HRB400直径
≤6.5mm | t | 4.29 |
| | └ 5-4-67 | 定 | 砌体加固筋焊接≤Φ6.5 | | t | 4.29 |

图 3-52　砌体加固筋定额组价

| ⊟ 010515009001 | 项 | | 支撑钢筋（铁马） | 1. 钢筋种类、规格：马凳钢筋 HPB300直径（mm）6 | | |
| └ 5-4-75 | 换 | | 马凳钢筋　换为【钢筋
Φ6.5】 | | | |

编码	类别	名称	规格及型号	单位	含量	数量
00010010	人	综合工日(土建)		工日	23.14	23.14
0101006…	材	钢筋	Φ6	t	1.02	1.02
01030049	材	镀锌低碳钢丝	22#	kg	8.8	8.8

图 3-53　马凳筋定额组价

（5）机械连接

机械连接套螺纹套筒钢筋连接子目，查询定额根据钢筋直径选择相对应的螺纹套筒钢筋接头定额子目即可，如图 3-54 所示。

3	⊟ A.5.16		螺栓、铁件		
1	⊟ 010516003001	项	机械连接	现浇混凝土钢筋机械接头 1. 钢筋种类、规格：HRB400，Φ20以内 2. 接头方式：综合考虑，满足规范及验收要求
	└ 5-4-46	定	螺纹套筒钢筋接头≤Φ20	
2	⊟ 010516003002	项	机械连接	现浇混凝土钢筋机械接头 1. 钢筋种类、规格：HRB400，Φ25以内 2. 接头方式：综合考虑，满足规范及验收要求
	└ 5-4-47	定	螺纹套筒钢筋接头≤Φ25	

图 3-54　机械连接定额组价

（6）钢丝网片的定额组价

对于钢丝网片，山东 2016 版定额设置了墙面钉钢板网和墙面钉钢丝网两项定额子目。根据本工程项目特征描述，确定为墙面钉钢丝网，查询定额套"5-4-70 墙面钉钢丝网"定额子目，如图 3-55 所示。

⊟ 010607005001	项	砌块墙钢丝网加固	1. 材料品种、规格：满足质量验收规范 2. 加固方式：满足质量验收规范 3. 抹灰面不同材质交界处钢丝网
└ 5-4-70	定	墙面钉钢丝网	

图 3-55　钢筋网片定额组价

4. 提取工程量

对 GTJ2025 算量文件进行汇总计算，在"钢筋报表量"中查看钢筋定额表和接头定额表，按照直筋、箍筋、马凳筋、砌体加筋、钢筋接头分别提取工程量，钢丝网片工程量则在"土建报表量"—绘图输入工程量汇总表—砌体墙下提取外墙内侧钢丝网片总面积和内墙两侧钢丝网片总面积之和。在钢筋和接头定额表中可以提取不同规格、直径范围的钢筋及接头的工程量，如图 3-56 所示。

定额号	定额项目	单位	钢筋量
5-4-5	现浇构件钢筋HRB400（RRB400）直径 ≤10㎜	t	22.739
5-4-6	现浇构件钢筋HRB400（RRB400）直径 ≤18㎜	t	26.72
5-4-7	现浇构件钢筋HRB400（RRB400）直径 ≤25㎜	t	47.651
5-4-67	砌体加固筋焊接 直径 ≤6.5㎜	t	4.291
5-4-75	马凳钢筋 直径6㎜	t	0.007
	马凳钢筋 直径8㎜	t	0.285
	马凳钢筋 直径 >8㎜	t	0.035

电渣压力焊接头 直径 <14㎜	10个	
电渣压力焊接头 直径 >28㎜	10个	
直螺纹套筒钢筋接头 直径 ≤20㎜	10个	82.8
直螺纹套筒钢筋接头 直径 ≤25㎜	10个	85.6
直螺纹套筒钢筋接头 直径 ≤32㎜	10个	

图 3-56　钢筋及接头定额表

任务总结

1. 按照钢筋的种类和直径范围对钢筋进行列项，并在项目特征中描述钢筋的级别和直径。

2. 根据清单项目特征进行定额组价，并考虑是否需要进行换算或修改钢筋信息。

3. 在 GTJ2025 中提取钢筋定额表和接头定额表中的工程量，并填写到 GCCP6.0 中。

4. 在砌体墙下提取钢丝网片工程量，并填写到 GCCP6.0 中。

复习思考题

1. 钢筋工程量计算时，设计搭接与施工搭接的长度如何考量？

2. 图纸未明确工程中是否包含马凳筋，该如何处理？

3.1.6　门窗工程工程量清单编制及定额组价

门窗工程工程量清单编制及定额组价

任务工单

利用 GCCP6.0，完成厂区办公楼门窗工程的工程量清单编制和定额组价。

任务说明

根据厂区办公楼设计文件等相关资料，完成厂区办公楼门窗工程的工程量清单编制与定额组价。

任务分析

1. 厂区办公楼门窗包含哪些种类？

2. 门窗工程项目特征描述内容有哪些？

3. 门窗工程量提取时清单工程量和定额工程量有何区别？

任务实施

1. 门窗工程工程量清单、定额内容

根据《房屋建筑与装饰工程工程量计算标准》GB/T 50854—2024，附录H门窗工程主要包括H.1木门，H.2金属门，H.3金属卷帘（闸）门，H.4厂库房大门、特种门，H.5其他门，H.6木窗，H.7金属窗，H.8门窗套，H.9窗台板，H.10窗帘、窗帘盒、轨十个部分。山东2016版定额第八章门窗工程定额子目的划分与清单类似，同样包括木门，金属门，金属卷帘门，厂库房大门、特种门，其他门，木窗和金属窗七节内容。

2. 清单编制

根据厂区办公楼图纸信息和已建立的工程算量模型可知，门窗工程清单列项按照门窗材质、开启方式进行编制，以樘或者平方米为计量单位，按照“先列项，再描述项目特征，最后提量”的步骤进行。下面依据《房屋建筑与装饰工程工程量计算标准》GB/T 50854—2024规定，进行清单列项及项目特征描述。

（1）清单列项

根据厂区办公楼门窗表，可以查看门窗对应的图集和材质，如图3-57所示，本工程的门共有五种，分别是木门、塑钢门、防盗门、卷帘门和门连窗。本工程的窗共有三种，分别是推拉窗、平开窗和固定窗，其中推拉窗又分为单框单玻和单框双玻两种材质。据此对门窗的清单项目进行列项。

门窗明细表

类别	设计编号	洞口尺寸	层数				采用标准图集	备注
		宽X高(　) mm	一层	二层	三层	四层		
门	M-1	1200X2100	2	1	2	2	由厂家设计制作	防盗门
	M-2	900X2100	17	17	17	17	由厂家设计制作	成品实木门
	M-3	700X2100	4	5	5	5	由厂家设计制作	塑钢门
	CKM-1	3000X2700	2				由厂家设计制作	成品卷帘门
洞口	D1230	1200X3050	1	1	1	1		
窗	C-1	2100X2100	17	19	19	19	参见本页立面	单框双玻塑钢窗
	C-2	5700X2100	1	1	1	1	参见本页立面	单框双玻塑钢窗
	C-3	600X2100	2	2	2	2	参见本页立面	单框双玻塑钢窗
	C-4	1200X2100		2	2	2	参见本页立面	单框双玻塑钢窗
	C-5	1800X2100	1				参见本页立面	单框单玻塑钢窗
	C-6	6200X3000		1	1	1	参见本页立面	单框双玻塑钢窗
	MC-1	6200X3000	1				参见本页立面	单框双玻塑钢窗

图3-57　厂区办公楼门窗表

（2）项目特征描述

门窗的项目特征主要是描述门窗的材质、功能、开启方式等。以樘计量，项目特征必须描述洞口尺寸，没有洞口尺寸必须描述门框或扇外围尺寸；以平方米计量，项目特征可不描述洞口尺寸及框、扇的外围尺寸。本工程门窗项目特征描述如图3-58所示。

3. 定额组价

清单列项完成后，选用合适的定额子目进行组价。目前大部分门窗都是以成品门窗现

⊞ 010802004001	项	防盗门	1. 门代号及洞口尺寸:M-1 2. 防盗门	m²
⊞ 010801001001	项	木质门	1. 门代号及洞口尺寸:M-2 2. 成品实木门	m²
⊞ 010802001001	项	金属(塑钢)门	1. 门代号及洞口尺寸:M-3 2. 塑钢门	m²
⊞ 010803001001	项	金属卷帘(闸)门	1. 门代号及洞口尺寸:CKM-1 2. 成品卷帘门 3. 综合考虑启动装置	m²
⊞ 010802001002	项	金属(塑钢)门	1. 门代号及洞口尺寸:MC-1 2. 门联窗的门 3. 单框双玻塑钢门	m²
⊞ 010807001001	项	金属（塑钢、断桥）窗	1. 窗代号及洞口尺寸:C-1、C-2 2. 单框双玻塑钢窗 3. 推拉窗	m²
⊞ 010807001002	项	金属（塑钢、断桥）窗	1. 窗代号及洞口尺寸:C-3、C-4 2. 单框双玻塑钢窗 3. 平开窗	m²
⊞ 010807001003	项	金属（塑钢、断桥）窗	1. 窗代号及洞口尺寸:C-5 2. 单框单玻塑钢窗 3. 推拉窗	m²
⊞ 010807001004	项	金属（塑钢、断桥）窗	1. 窗代号及洞口尺寸:C-6、MC-1的窗 2. 单框双玻塑钢窗 3. 固定窗	m²

图 3-58　门窗项目特征描述

场安装，以山东 2016 版定额为例，第八章门窗工程说明中描述"本章主要为成品门窗安装项目"。

（1）门的定额组价

在山东 2016 版定额中选择合适的定额子目进行套取，其中门的定额子目包括门框与门扇，需要分别套取，如果仅套取门扇安装定额子目，可以在工料机显示中调整成品门的单价，使其包含门扇和门框的费用，010801001001 木质门定额子目调整完成如图 3-59 所示。

A.8			门窗工程				
⊟ A.8.1		部	木门				
⊟ 010801001001		项	木质门	1. 材质：成品实木门		m²	134.19
8-1-3		定	普通成品门扇安装			10m…	13.419

	编码	类别	名称	规格及型号	单位	含量	数量	不含税省单价	不含税济南价	不含税市场价
1	00010010	人	综合工日(土建)		工日	1.45	19.45…	128	128	128
2	11010011	材	普通成品木门 …		m²	10	134.19	415.93	415.93	707.96

图 3-59　木质门定额组价

本工程金属门 010802001001 清单项为金属（塑钢）门，定额分为推拉门和平开门两种。本工程为平开的塑钢门，根据门的材质和开启方式选择相应的定额子目，查询定额套"8-2-4 塑钢平开门"定额子目，如图 3-60 所示。

清单及定额中均无单独的门连窗清单项和定额子目，所有门连窗清单项分为门和窗两项清单，定额也按相应材质分别套取，山东 2016 版定额规定门连窗中窗的工程量算至门框外边线。根据图示大样图可知，窗是固定窗，门是平开门，计算门和窗对应的定额工程量，套取完成如图 3-61 所示。

⊟ 010802001001	项	金属(塑钢)门	1.门代号及洞口尺寸:M-3 2.塑钢门
└ 8-2-4	定	塑钢平开门	

图 3-60　金属门定额组价

⊟ 010802001002	项	金属(塑钢)门	1.门代号及洞口尺寸:MC-1 2.门联窗的门 3.单框双玻塑钢门
└ 8-2-4	定	塑钢平开门	
⊟ 010807001004	项	金属(塑钢、断桥)窗	1.窗代号及洞口尺寸:C-6、MC-1的窗 2.单框双玻塑钢窗 3.固定窗
└ 8-7-8	定	塑钢固定窗	

图 3-61　门连窗定额组价

卷帘门定额包括金属卷帘(闸)门、防火卷帘(闸)门两项定额子目,根据实际情况选择相应材质定额即可。需要注意卷帘门的定额工程量按洞口高度增加600mm乘以门实际宽度以面积计算。若有活动小门,应扣除卷帘门中小门所占面积。电动装置安装以"套"为单位按数量计算,小门安装以"个"为单位按数量计算。而卷帘门清单工程量以"樘"计量,按设计图示数量计算;以平方米计量,按设计图示洞口尺寸以面积计算。本工程卷帘门定额子目套取如图 3-62 所示。

⊟ 010803001001	项	金属卷帘(闸)门	1.门代号及洞口尺寸:CKM-1 2.成品卷帘门 3.综合考虑启动装置
└ 8-3-1	定	铝合金卷帘门	

图 3-62　金属卷帘门定额组价

（2）窗的定额组价

根据窗清单项目特征描述中窗的材质和开启方式套取相应的定额子目。本工程窗为塑钢窗,分为单框单玻和单框双玻两种材质,按照开启方式分为平开窗、推拉窗和固定窗三种,套取定额子目如图 3-63 所示。其中塑钢窗的材质(单框单玻或单框双玻)需在工料机显示中窗的规格和型号下进行备注,以便后期调整价格。

4. 提取工程量

门窗的工程量可以按照面积提量,也可以按照数量"樘"提量,根据清单编制的计量单位提量。在GTJ2025算量文件中对模型文件进行汇总计算,在工程量菜单下,点击"工程量—查看报表"命令,选择"土建报表量",在绘图输入工程量汇总表中选择相应构件,可以通过设置报表范围和分类条件来快速提取所需的清单工程量和定额工程量,如提取门的工程量,设置分类条件后显示如图 3-64 所示,将汇总的工程量填写到计价软件工程量单元格中。注意卷帘门的清单工程量和定额工程量不同,应分别提取。

010807001001	项	金属（塑钢、断桥）窗	1.窗代号及洞口尺寸:C-1、C-2 2.单框双玻塑钢窗 3.推拉窗
8-7-6	定	塑钢推拉窗	
010807001002	项	金属（塑钢、断桥）窗	1.窗代号及洞口尺寸:C-3、C-4 2.单框双玻塑钢窗 3.平开窗
8-7-7	定	塑钢平开窗	
010807001003	项	金属（塑钢、断桥）窗	1.窗代号及洞口尺寸:C-5 2.单框单玻塑钢窗 3.推拉窗
8-7-6	定	塑钢推拉窗	
010807001004	项	金属（塑钢、断桥）窗	1.窗代号及洞口尺寸:C-6、MC-1的窗 2.单框双玻塑钢窗 3.固定窗

图 3-63　窗定额组价

名称	工程量名称						
	洞口面积 (m²)	框外围面 积(m²)	数量(樘)	洞口三面 长度(m)	洞口宽度 (m)	洞口高度 (m)	洞口周长 (m)
CKM-1	16.2	16.2	2	16.8	6	5.4	22.8
M-1	17.64	17.64	7	37.8	8.4	14.7	46.2
M-2	134.19	134.19	71	362.1	63.9	149.1	426
M-3	4.41	4.41	3	14.7	2.1	6.3	16.8
合计	172.44	172.44	83	431.4	80.4	175.5	511.8

图 3-64　厂区办公楼门工程提量

任务总结

1. 按照门窗的代号及尺寸、材质、功能和开启方式等特点进行列项，并在项目特征中描述门窗的特征。

2. 根据清单项目特征进行定额组价，门连窗中门和窗要分开列项、套定额和提量。

3. 在 GTJ2025 中提取相应清单工程量和定额工程量，并填写到 GCCP6.0 中。

复习思考题

1. 门窗清单如何列项、定额如何套取？

2. 金属卷帘门定额组价应该套哪些项目？

3. 金属卷帘门清单工程量和定额工程量有何区别，如何提取？

3.1.7　屋面及防水工程工程量清单编制及定额组价

任务工单

利用 GCCP6.0，完成厂区办公楼屋面及防水工程的工程量清单编制和

屋面及防水工程
工程量清单编制
及定额组价

定额组价。

任务说明

根据厂区办公楼设计文件等相关资料，完成厂区办公楼屋面及防水工程的工程量清单编制与定额组价。

任务分析

1. 本工程哪些部位需要做防水层或防潮层？
2. 防水工程的项目特征是什么？
3. 防水工程在定额组价时需要注意哪些问题？
4. 防水工程量该如何提取？

任务实施

1. 屋面及防水工程工程量清单、定额内容

根据《房屋建筑与装饰工程工程量计算标准》GB/T 50854—2024，附录 J 屋面及防水工程包括 J.1 瓦、型材及其他屋面，J.2 屋面防水及其他，J.3 墙面防水、防潮，J.4 楼（地）面防水、防潮四个部分。山东 2016 版定额第九章屋面及防水工程分为屋面工程、防水工程、屋面排水和变形缝与止水带四节内容。

2. 清单编制

屋面建筑做法包括保护层、防水层、保温层、找坡层、找平层等内容。本节主要围绕厂区办公楼屋面做法中的防水工程来进行清单编制。防水工程清单按照部位、材质、做法进行编制，以"先列项，再描述项目特征，最后提量"的步骤进行，下面依据《房屋建筑与装饰工程工程量计算标准》GB/T 50854—2024 规定，进行清单列项及项目特征描述。

（1）清单列项

厂区办公楼屋面做法如图 3-65 所示，屋面防水采用 3＋3 厚 SBS 改性沥青防水卷材，

编号	构造名称	构造做法	适用部位	备注
屋面	不上人屋面	L13J1屋205	平屋面	防水用SBS改性沥青卷材3＋3厚,上翻250mm 保温层用70厚挤塑聚苯板
屋205（材料找坡） 屋206（结构找坡）	细石混凝土保护层倒置式屋面	1. 保护层: 40厚C20细石混凝土随打随抹平 或a.50厚C20细石混凝土内配φ4@100双向钢筋网片 (6m×6m分格, 缝宽20mm, 密封胶嵌缝, 钢筋网在分格缝处断开) 2. 保温层 3. 防水层 4. 20厚1∶2.5水泥砂浆找平层 5. 最薄处30厚找坡3%找坡层: 　1∶6水泥憎水型膨胀珍珠岩 　或a.1∶8水泥加气混凝土碎块 　　b.1∶6水泥焦渣 　　c. LC5.0轻骨料混凝土 6. 钢筋混凝土屋面板		5. 钢筋混凝土屋面板 结构找坡

图 3-65　厂区办公楼屋面做法 L13J1 屋 205

卷材上翻 250mm；本工程卫生间防水如图 3-66 所示，采用 2mm 厚聚氨酯涂膜防水，四周上翻 300mm，墙面采用 1.5mm 厚聚合物水泥防水涂料；雨篷及栏板顶部采用刚性防水做法；屋面排水管详见建筑设计说明和屋面平面布置图。

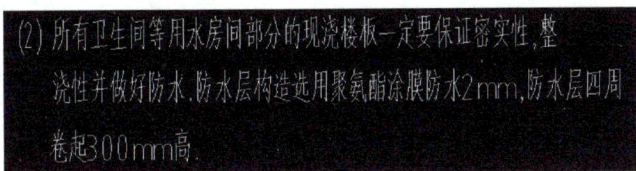

> （2）所有卫生间等用水房间部分的现浇楼板一定要保证密实性，整浇性并做好防水，防水层构造选用聚氨酯涂膜防水2mm，防水层四周卷起300mm高。

图 3-66　厂区办公楼卫生间防水做法

（2）项目特征描述

屋面及防水工程的项目特征主要描述屋面及防水工程的部位、材质、做法、规格等，本工程屋面及防水工程清单项目特征描述如图 3-67 所示。

+ 010902001001	项	屋面卷材防水	屋面卷材防水 L13J1屋205 1. 部位：不上人屋面 2. 防水材料：防水3+3厚SBS沥青卷材防水以及分格缝上200宽防水	m²
+ 010902003001	项	屋面刚性防水	1. 部位：雨篷、栏板 2. 做法：15厚1:2.5水泥砂浆内掺5%防水粉	m²
+ 010902004001	项	水落管	水落管 1. 材质：PVC Φ100	m
+ 010903002001	项	墙面涂膜防水	墙面涂膜防水 L13J1内墙6BF 1. 部位：卫生间墙面 2. 防水材料：1.5厚聚合物水泥防水涂料	m²
+ 010902003002	项	屋面刚性层	L13J1屋205 1. 部位：大屋面 2. 做法：50厚C20细石混凝土随打随抹内配Φ4@100双向钢筋网片(6m×6m分格，缝宽20mm，密封胶嵌缝，钢筋网在分隔缝处断开)；20厚1:2.5水泥砂浆找平层；	m²
+ 010903003001	项	墙面砂浆防水（防潮）	基础防水防潮 1. 部位：砖基础防潮层 2. 材质：20厚1:2水泥砂浆掺防水剂	m²
+ 010904002001	项	楼（地）面涂膜防水	楼（地）面涂膜防水 1. 部位：卫生间防水 2. 聚氨酯涂抹防水2mm 3. 刷基层处理剂一道	m²

图 3-67　厂区办公楼防水工程项目特征描述

3. 定额组价

清单列项完成后，按定额章节查询合适的定额子目进行组价。在选取定额子目时，有时找不到完全匹配的定额，可以利用相近材质及做法的定额子目，其施工工艺、人工、材料与机械的消耗一致或相近，就可以借用该定额，将材料进行替换，若某些含量需要调整，也可按实际消耗量调整。

（1）屋面卷材防水的定额组价

本工程屋面卷材防水采用 3＋3 厚 SBS 沥青防水卷材，查询定额套"9-2-10 改性沥青

卷材热熔法 一层 平面"定额子目，层数改为 2 层；防水卷材附加层依然套"9-2-10 改性沥青卷材热熔法 一层 平面"定额子目，标准换算中人工乘以 1.82 即可，卷材附加层工程量要单独进行计算。套取完成如图 3-68 所示。

□ 010902001001	项	屋面卷材防水	屋面卷材防水 L13J1屋205 1. 部位：不上人屋面 2. 防水材料：防水3+3厚 SBS沥青卷材防水以及分 格缝上200宽防水
9-2-10 + 9-2-12	换	改性沥青卷材热熔法 一层 平面 实际层数(层)：2	
└ 9-2-10 R×1.82	换	改性沥青卷材热熔法 一层 平面 卷材防水附加层 人工×1.82	

图 3-68 屋面防水卷材定额组价

（2）楼地面涂膜防水的定额组价

本工程卫生间采用 2mm 厚聚氨酯涂膜防水做法，查询定额套"9-2-47 聚氨酯防水涂膜 厚 2mm 平面"，由于本工程单个卫生间楼地面面积小于 8m²，在标准换算窗口中选择对应换算内容人工乘以 1.3；项目特征中包括刷基层处理剂一道，分析 9-2-47 子目工料机及工作内容不包含基层处理内容，故需要加套"9-2-59 冷底子油 第一遍"定额子目作为基层处理，套取完成如图 3-69 所示。

□ 010904002001	项	楼（地）面涂膜防水	楼（地）面涂膜防水 1. 部位：卫生间防水 2. 聚氨酯涂抹防水2mm 3. 刷基层处理剂一道
9-2-47 R×1.3	换	聚氨酯防水涂膜 厚2mm 平面 单个房间楼地面面积≤8m²时 人工×1.3	
└ 9-2-59	换	冷底子油 第一遍	

图 3-69 楼地面聚氨酯涂膜防水定额组价

（3）墙面涂膜防水的定额组价

本工程卫生间墙面采用 1.5mm 厚聚合物水泥防水涂料，查询定额套"9-2-52 聚合物水泥防水涂料 厚 1mm 立面"定额子目，将实际厚度改为"1.5"，选择"3"选项单个房间楼地面面积≤8m² 时人工乘以 1.3，套取完成如图 3-70 所示。

□ 010903002001	项	墙面涂膜防水	墙面涂膜防水 L13J1内墙6BF 1. 部位：卫生间墙面 2. 防水材料：1.5厚聚合物水泥防水涂料	m²
9-2-52 + 9-2-54,R×1.3	换	聚合物水泥防水涂料 厚1mm 立面 实际厚度：1.5mm 单个房间楼地面面积≤8m²时 人工×1.3		10m²

图 3-70 卫生间墙面聚合物水泥防水涂料定额组价

（4）墙基防潮层的定额组价

本工程墙基防潮层设在－0.06m 处，做法为 20mm 厚 1：2 水泥砂浆掺防水剂，查询定额套"9-2-71 防水砂浆掺防水剂厚 20mm ［干拌砂浆］"定额子目，套取完成如

图 3-71 所示。

□ 010903003001	项	墙面砂浆防水（防潮）	基础防水防潮 1. 部位：砖基础防潮层 2. 材质：20厚1：2水泥砂浆掺防水剂	m²
└─ 9-2-71	换	防水砂浆掺防水剂 厚20mm[干拌砂浆]		10m²

图 3-71　墙基防潮层定额组价

（5）雨篷、栏板刚性防水层的定额组价

本工程雨篷和栏板处为 15mm 厚 1：2.5 水泥砂浆内掺 5％防水粉的做法，查询定额套"9-2-69 防水砂浆掺防水粉 厚 20mm"定额子目，修改实际厚度为 15mm，按零星部位施工，人工乘以 1.82，水泥砂浆配合比修改为 1：2.5，工料机中素水泥浆含量调整为 0，套取完成如图 3-72 所示。

□ 010902003001	项	屋面刚性防水	1. 部位：雨篷、栏板 2. 做法：15厚1：2.5水泥砂浆内掺5%防水粉	m²
└─ 9-2-69 + 9-2-70 × -0.5,R×1.82 ,H80050009 80050011	换	防水砂浆掺防水粉 厚20mm 实际厚度：15mm 实际施工桩头、地沟、零星部位时 人工×1.82 换为【水泥抹灰砂浆 1：2.5】[干拌砂浆]		10m²

图 3-72　雨篷、栏板刚性防水层定额组价

（6）屋面刚性层的定额组价

本工程屋面做法中包含 20mm 厚 1：2.5 水泥砂浆找平层和 50mm 厚 C20 细石混凝土保护层，内配置双向钢筋网片，分格缝宽 20mm。细石混凝土保护层查询定额套"9-2-65 细石混凝土 厚 40mm"定额子目，标准换算中修改实际厚度为 50mm；套"9-2-77 分格缝细石混凝土面 厚 40mm"定额子目，标准换算中修改实际厚度为 50mm；套"5-4-71 地面铺钉钢丝网"定额子目，工料机显示中根据项目特征备注钢筋网规格。水泥砂浆找平层，查询定额套"11-1-2 水泥砂浆 在填充材料上 20mm"定额子目，标准换算中将砂浆换为 1：2.5 水泥抹灰砂浆，在工料机显示中将素水泥浆含量修改为 0，套取完成如图 3-73 所示。

□ 010902003002	项	屋面刚性层	L13J1屋205 1. 部位：大屋面 2. 做法：50厚C20细石混凝土 随打随抹内配Φ4@100双向钢筋网片（6m×6m分格，缝宽20mm，密封胶嵌缝，钢筋网在分隔缝处断开）；20厚1：2.5水泥砂浆找平层	m²
└─ 9-2-65 + 9-2-66	换	细石混凝土 厚40mm 实际厚度：50mm		10m²
└─ 9-2-77 + 9-2-79	换	分格缝 细石混凝土面 厚40mm 实际厚度：50mm		10m
└─ 5-4-71	定	地面铺钉钢丝网		10m²
└─ 11-1-2 H80050013…	换	水泥砂浆 在填充材料上 20mm 换为【水泥抹灰砂浆 1：2.5】		10m²

图 3-73　屋面刚性层定额组价

（7）屋面排水的定额组价

本工程屋面排水做法详见建筑设计说明和屋面平面布置图，屋面排水方式为外排水，

管径≤100mm 的 PVC 管，屋面排水坡度为 2‰。查询定额套"9-3-10 塑料管排水 水落管 Φ110mm"定额子目；套"9-3-14 塑料管排水 弯头落水口"定额子目；套"9-3-13 塑料管排水 落水斗"定额子目，套取完成如图 3-74 所示。

⊟ 010902004001	项	水落管	水落管 1. 材质:PVC Φ100	m
9-3-14	定	塑料管排水 弯头落水口		10个
9-3-13	定	塑料管排水 落水斗		10个
9-3-10	定	塑料管排水 水落管Φ≤110mm		10m

图 3-74 屋面排水定额组价

4. 提取工程量

在 GTJ2025 算量文件中对模型文件进行汇总计算，在工程量菜单下，点击"工程量—查看报表"命令，选择"土建报表量"，在绘图输入工程量汇总表中选择相应构件，可以通过设置报表范围和分类条件来快速提取所需的清单工程量和定额工程量。

防水卷材附加层的工程量需要根据女儿墙内边线长度乘以防水附加层宽度 500mm 单独手算。屋面分格缝，按设计图示尺寸以长度计算。

水落管按设计图示尺寸以长度计算，水斗、下水口、雨水口、弯头等，均按数量以"套"计算，结合平面布置图和外立面图计算即可。

楼地面防水及屋面防水是否包含上翻部分，按照规则相关规定如实计算，根据《房屋建筑与装饰工程工程量计算标准》GB/T 50854—2024 规定，屋面的女儿墙、伸缩缝和天窗等处的弯起部分，并入屋面工程量内；楼（地）面防水翻边高度≤300mm 算作地面防水，翻边高度＞300mm 按墙面防水计算。根据山东 2016 版定额规定，平面与立面交接处，上翻高度≤300mm 时，并入平面工程量内计算；上翻高度≤300mm 时，按立面防水层计算。厂区办公楼楼地面及屋面防水上翻高度均未超过 300mm，上翻处工程量并入水平防水面积。

🪜 任务总结

1. 防水工程按照防水的部位、材质、做法进行列项，并在项目特征中进行准确描述。

2. 根据清单项目特征进行定额组价，注意定额的换算和含量的调整。

3. 在 GTJ2025 中提取相应清单工程量和定额工程量，并填写到 GCCP6.0 中。

🔍 复习思考题

1. 屋面分格缝如何计算工程量？

2. 平面防水与立面防水划分的原则是什么？

3. 楼地面及屋面的水平防水面积中是否包含上翻高度的面积？

3.1.8　保温工程工程量清单编制及定额组价

保温工程工程量清单编制及定额组价

任务工单

利用 GCCP6.0，完成厂区办公楼保温工程的工程量清单编制及定额组价。

任务说明

根据厂区办公楼设计文件等相关资料，完成厂区办公楼保温工程的工程量清单编制与定额组价。

任务分析

1. 本工程哪些部位需要做保温？
2. 编制清单及组价时是否需要区分部位？
3. 保温工程的项目特征主要有哪些？
4. 保温工程定额组价时，哪些需要做换算？

任务实施

1. 保温工程工程量清单、定额内容

根据《房屋建筑与装饰工程工程量计算标准》GB/T 50854—2024，附录 K 保温、隔热、防腐工程包含 K.1 保温、隔热，K.2 防腐面层和 K.3 其他防腐三个部分，其中 K.1 保温、隔热工程按照部位分为保温隔热屋面，保温隔热天棚，保温隔热墙面，保温柱、梁，保温隔热楼地面，其他保温隔热六项清单。山东 2016 版定额第十章保温、隔热、防腐工程分为保温、隔热和防腐两节内容。

2. 清单编制

厂区办公楼只涉及保温工程，保温工程按部位进行划分，以"先列项—再描述项目特征—最后提量"的步骤进行，下面依据《房屋建筑与装饰工程工程量计算标准》GB/T 50854—2024 规定，进行清单列项及项目特征描述。

（1）清单列项

厂区办公楼主要涉及屋面、墙面、雨篷处的保温，其中屋面保温层采用 70mm 厚挤塑聚苯板，最薄处 30mm 厚 1∶10 水泥珍珠岩找坡（详见 L13J1 屋 205）；墙面采用 60mm 厚挤塑聚苯板；门窗洞口侧壁、女儿墙内侧、压顶顶面和侧面、雨篷及栏板采用 30mm 厚玻化微珠保温。

（2）项目特征描述

保温工程项目特征一般包括保温隔热的部位、保温隔热的方式、保温隔热材料品种、规格、厚度，粘结材料种类、做法，增强网及抗裂防水砂浆种类等，结合图纸、图集做法进行项目特征描述，如图 3-75 所示。

⊞ 011001001001	项	保温隔热屋面	保温隔热屋面 不上人屋面-L13J1屋205 1. 部位：大屋面 2. 保温类型：70厚挤塑聚苯板	m²
⊞ 011001001002	项	保温隔热屋面	保温隔热屋面 L13J1屋205 1. 部位：大屋面 2. 做法：最薄处30厚1：10水泥珍珠岩找坡	m²
⊞ 011001003001	项	保温隔热墙面	保温隔热墙面 1. 部位：外墙保温(外墙14) 2. 做法：3～5厚抗裂砂浆复合耐碱玻纤网格布；60mm厚挤塑聚苯板保温层；胶粘剂粘贴	m²
⊞ 011001003002	项	保温隔热墙面	保温隔热墙面 1. 部位：门窗侧壁、雨篷、栏板、女儿墙及压顶 2. 保温类型：30厚玻化微珠保温	m²

图 3-75　保温工程清单项目特征

3. 定额组价

清单列项完成后，按定额章节目录查找匹配的定额子目进行组价。在选取定额子目时，有时找不到完全匹配的定额，可以利用相近材质及做法的定额子目，其施工工艺、人工、材料与机械的消耗一致或相近，就可以借用该定额，将材料进行替换，若某些含量需要调整也可按实际消耗量调整。

（1）屋面保温的定额组价

本工程屋面保温层采用 70mm 厚挤塑聚苯板，最薄处 30mm 厚 1：10 水泥珍珠岩找坡（详见 L13J1 屋 205），按材质不同、定额计量单位不同列两项清单。查询定额，70mm 厚挤塑聚苯板套"10-1-16 混凝土板上保温 干铺聚苯保温板"定额子目，在工料机显示中修改保温材料名称为挤塑聚苯板，规格型号为 70mm；1：10 水泥珍珠岩找坡套"10-1-11 混凝土板上保温 现浇水泥珍珠岩［干拌砂浆］"定额子目，套取完成如图 3-76 所示。

⊟ 011001001001	项	保温隔热屋面	保温隔热屋面 不上人屋面-L13J1屋205 1. 部位：大屋面 2. 保温类型：70厚挤塑聚苯板	m²
└─ 10-1-16	定	混凝土板上保温 干铺聚苯保温板		10m²
⊟ 011001001002	项	保温隔热屋面	保温隔热屋面 L13J1屋205 1. 部位：大屋面 2. 做法：最薄处30厚1：10水泥珍珠岩找坡	m²
└─ 10-1-11	换	混凝土板上保温 现浇水泥珍珠岩［干拌砂浆］		10m³

图 3-76　屋面保温定额组价

（2）墙面保温的定额组价

本工程墙面保温做法为胶粘剂粘贴 60mm 厚挤塑聚苯板，3～5mm 厚抗裂砂浆复合耐碱玻纤网格布。查询定额，套"10-1-48 立面保温 粘结剂点粘聚苯保温板"定额子目，在工料机显示中修改保温板名称和规格型号；套"10-1-73 立面保温 墙面耐碱纤维网格布 一层布"定额子目；套"10-1-67 墙面抗裂砂浆 厚≤5mm"定额子目。门窗洞口侧壁、女儿墙内侧、压顶顶面和侧面、雨篷及栏板采用 30mm 厚玻化微珠保温，查询定额套"10-1-

57 立面保温 无机轻集料保温砂浆 厚度 25mm"，标准换算中修改实际厚度为 30mm，墙面保温定额套取如图 3-77 所示。

⊟ 011001003001	项	保温隔热墙面	保温隔热墙面 1. 部位：外墙保温(外墙14) 2. 做法：3～5 厚抗裂砂浆复合耐碱玻纤网格布；60mm厚挤塑聚苯板保温层，胶粘剂粘贴		m²
— 10-1-48	定	立面保温 粘结剂点粘聚苯保温板			10m²
— 10-1-67	定	墙面抗裂砂浆 厚≤5mm			10m²
— 10-1-73	定	立面保温 墙面耐碱纤维网格布 一层布			10m²
⊟ 011001003002	项	保温隔热墙面	保温隔热墙面 1. 部位：门窗侧壁、雨篷、栏板、女儿墙及压顶 2. 保温类型：30厚玻化微珠保温		m²
— 10-1-57 + 10-1-58	换	立面保温 无机轻集料保温砂浆 厚度25mm 实际厚度：30mm			10m²

图 3-77　墙面保温定额组价

4. 提取工程量

"保温隔热屋面"一般提取屋面中的投影面积，"保温隔热天棚"提取天棚中的天棚保温面积；"保温隔热墙面"提取墙面保温层中的面积，门窗洞口侧壁已包含在墙面保温面积中，如是保温做法与墙面保温一致则无须单独提取，如果与墙面保温做法不一致要分别进行提取；"保温隔热楼地面"提取楼地面的地面积。汇总计算后，点击"工程量—查看报表—土建报表量—构件绘图输入工程量汇总表"，选择相应构件提取以上工程量。

任务总结

1. 保温工程按照保温的部位、材质、做法进行列项，并在项目特征中进行准确描述。
2. 根据清单项目特征进行定额组价，注意定额的换算和含量的调整。
3. 在 GTJ2025 中提取相应清单工程量和定额工程量，并填写到 GCCP6.0 中。

复习思考题

1. 建筑物哪些部位需要做保温？
2. 保温工程定额子目包含的保温材料和项目特征不一致时如何处理？
3. 屋面保温工程量如何提取？
4. 墙面保温分为哪两部分，如何提取工程量？

3.2　措施项目清单编制及定额组价

知识目标

1. 了解单价措施项目的种类及计价方法。
2. 掌握单价措施项目清单的编制要求。
3. 掌握单价措施项目清单编制的流程和要点。

能力目标

1. 能够利用计价软件对脚手架工程进行清单编制及定额组价。
2. 能够利用计价软件对模板工程进行清单编制及定额组价。
3. 能够利用计价软件对其他单价措施项目进行清单编制及定额组价。

素养目标

1. 增强爱国情怀和社会责任感。
2. 养成全面分析、细致周到的工作习惯。

3.2.1　脚手架工程工程量清单编制及定额组价

脚手架工程工程
量清单编制及
定额组价

任务工单

利用 GCCP6.0，完成厂区办公楼脚手架工程工程量清单编制及定额组价。

任务说明

根据厂区办公楼设计文件等相关资料，利用计价软件完成脚手架工程工程量清单编制与定额组价。

任务分析

1. 哪些部位需要计算脚手架?
2. 脚手架有几种类型?
3. 脚手架清单编制时项目特征如何描述?
4. 脚手架组价时需要注意什么问题?

任务实施

1. 脚手架工程工程量清单、定额内容

根据《房屋建筑与装饰工程工程量计算标准》GB/T 50854—2024，附录 S 措施项目 S.1 脚手架工程包括综合脚手架、外脚手架、里脚手架、悬空脚手架、挑脚手架、满堂脚手架、整体提升架、外装饰吊篮八项清单。山东 2016 版定额第十七章脚手架工程将脚手架分为外脚手架，里脚手架，满堂脚手架，悬空脚手架、挑脚手架、防护架，依附斜道，安全网，烟囱（水塔）脚手架、电梯井字架八节内容。

2. 清单编制

脚手架工程清单的项目特征包括建筑物结构形式、檐口高度、搭设方式、搭设高度、脚手架材质等。厂区办公楼建筑工程所涉及的脚手架工程清单项目包括：建筑物外脚手架、框架柱脚手架、内墙砌筑脚手架、内墙面装饰脚手架、满堂脚手架。脚手架工作内容中包含密目网和安全网，综合报价。建筑工程部分脚手架清单编制及项目特征描述如

图 3-78所示。

⊞ 011701002001	外脚手架	1.搭设方式:双排 2.搭设高度:24m内 3.脚手架材质:由投标人根据工程实际情况按照国家现行标准《建筑施工扣件式钢管脚手架安全技术规范》JGJ 130等规范自行确定 4.建筑物外脚手架	m²
⊞ 011701002002	外脚手架	1.搭设方式:单排 2.搭设高度:6m内 3.脚手架材质:由投标人根据工程实际情况按照国家现行标准《建筑施工扣件式钢管脚手架安全技术规范》JGJ 130等规范自行确定 4.框架柱	m²
⊞ 011701003001	里脚手架	1.搭设方式:双排 2.搭设高度:3.6m内 3.脚手架材质:由投标人根据工程实际情况按照国家现行标准《建筑施工扣件式钢管脚手架安全技术规范》JGJ 130等规范自行确定	m²

图 3-78　脚手架工程清单及项目特征

3. 定额组价

（1）建筑物外脚手架的定额组价

外脚手架定额子目编制按搭设材料分为木制、钢管式，按搭设形式及作用分为落地钢管式脚手架、型钢平台挑钢管式脚手架、烟囱脚手架和电梯井脚手架等。另外山东 2016 版定额对于外脚手架定额执行的规定：砌筑高度≤10m，执行单排脚手架子目；高度＞10m，或高度≤10m 但外墙门窗及外墙装饰面积超过外墙表面积的 60%（或外墙为现浇混凝土墙、轻质砌块墙）时，执行双排脚手架子目。

本工程外墙为加气混凝土砌块墙且搭设高度为 15.72m，套"17-1-10 双排外钢管脚手架≤24m"定额子目，套取完成如图 3-79 所示。

⊟ 011701002001		外脚手架	1.搭设方式:双排 2.搭设高度:24m内 3.脚手架材质:由投标人根据工程实际情况按照国家现行标准《建筑施工扣件式钢管脚手架安全技术规范》JGJ 130等规范自行确定 4.建筑物外脚手架	m²
— 17-1-10	定	双排外钢管脚手架≤24m		10m²
— 17-6-6	定	密目网垂直封闭		10m²
— 17-6-1	定	立挂式安全网		10m²

图 3-79　外墙砌筑脚手架定额组价

（2）内墙砌筑脚手架的定额组价

山东 2016 版定额对于砌筑脚手架定额执行的规定：建筑物内墙脚手架，凡设计室内地坪至顶板下表面（或山墙高度 1/2 处）的高度≤3.6m（非轻质砌块墙）时，执行单排里脚手架子目；3.6m＜高度≤6m 时，执行双排里脚手架子目；高度＞6m 时，内墙（非轻质砌块墙）砌筑脚手架执行单排外脚手架子目。不能在内墙上留脚手架洞的各种轻质砌块墙等，执行双排里脚手架子目。本工程内墙均为轻质砌块墙，砌筑高度＜3.6m，查询定额套"17-2-6 双排里钢管脚手架≤3.6m"定额子目，套取完成如图 3-80 所示。

（3）框架柱脚手架的定额组价

山东 2016 版定额对于柱脚手架定额执行的规定：独立柱（现浇混凝土框架柱）按柱图示结构外围周长另加 3.6m，乘以设计柱高以面积计算，执行单排外脚手架子目。各种现浇混凝土独立柱、框架柱、砖柱、石柱等，均需单独计算脚手架，现浇混凝土构造柱，

⊟ 011701003001		里脚手架	1.搭设方式:双排 2.搭设高度:3.6m内 3.脚手架材质:由投标人根据工程实际情况按照国家现行标准《建筑施工扣件式钢管脚手架安全技术规范》JGJ 130等规范自行确定	m²
└ 17-2-6	定	双排里钢管脚手架≤3.6m		10m²

图 3-80　内墙砌筑脚手架定额组价

不单独计算脚手架。本工程为框架结构中的框架柱，需计算脚手架，查询定额套"17-1-6单排外钢管脚手架≤6m"，套取完成如图 3-81 所示。

⊟ 011701002002		外脚手架	1.搭设方式:单排 2.搭设高度:6m内 3.脚手架材质:由投标人根据工程实际情况按照国家现行标准《建筑施工扣件式钢管脚手架安全技术规范》JGJ 130等规范自行确定 4.框架柱	m²
└ 17-1-6	定	单排外钢管脚手架≤6m		10m²

图 3-81　框架柱脚手架定额组价

4. 提取工程量

建筑物外脚手架工程量，汇总计算后点击"查看报表—土建报表"，点击"设置报表范围"，因为基础层不需要计算脚手架，所以选中首层至大屋面，点击"确定"。通过"设置分类条件"，选中"内外墙标志"，就可以提出内外墙的脚手架工程量，外墙脚手架工程量的提取如图 3-82 所示。相同方法可以提取内墙脚手架和框架柱脚手架的工程量。

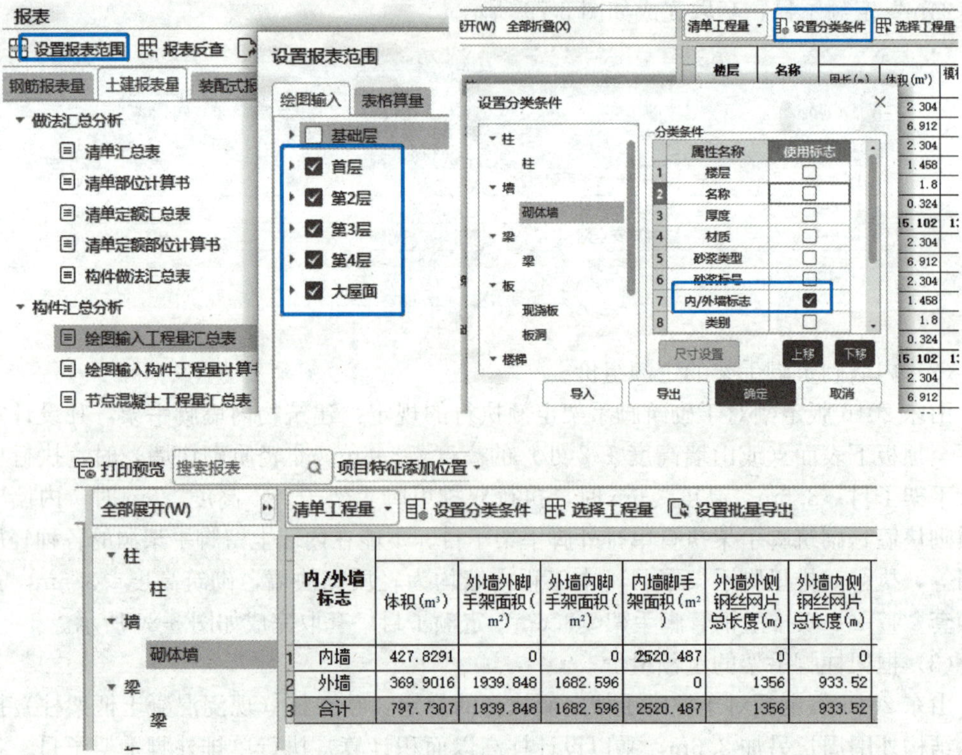

图 3-82　外墙脚手架工程量的提取

山东 2016 版定额计算规则规定，建筑物垂直封闭工程量，按封闭墙面的垂直投影面积计算。平挂式安全网（脚手架外侧与建筑物外墙之间的安全网），按水平挂设的投影面积计算，执行立挂式安全网子目，本工程通过安全网的宽度 1.5m 乘以安全网的中心线长度来手算工程量（可以利用外墙外边线的长度求取）。

任务总结

1. 脚手架工程按照脚手架搭设的部位、搭设方式、搭设高度和脚手架材质等信息进行列项，并在项目特征中进行准确描述。

2. 根据清单项目特征进行定额组价，注意单双排以及脚手架搭设高度的确定。

3. 在 GTJ2025 中提取相应清单工程量和定额工程量，并填写到 GCCP6.0 中。

复习思考题

1. 建筑物脚手架的作用是什么？

2. 砌筑脚手架定额执行的规定是什么？

3. 本工程基础和梁是否需要搭设脚手架？

模板工程工程
量清单编制
及定额组价

3.2.2　模板工程工程量清单编制及定额组价

任务工单

利用 GCCP6.0，完成厂区办公楼模板工程工程量清单编制及定额组价。

任务说明

根据厂区办公楼设计文件等相关资料，利用计价软件完成模板工程工程量清单编制与定额组价。

任务分析

1. 哪些部位需要计算模板？

2. 模板清单项目特征如何描述？

3. 模板清单工程量和定额工程量是否一致？

任务实施

1. 模板工程工程量清单、定额内容

根据《房屋建筑与装饰工程工程量计算标准》GB/T 50854—2024，附录 S 措施项目 S.2 混凝土模板及支架（撑）工程包括基础、矩形柱、构造柱等 32 项清单。山东 2016 版定额第十八章模板工程包括现浇混凝土模板、现场预制混凝土模板、构筑物混凝土模板三节。定额按不同构件，分别以组合钢模板钢支撑、木支撑，复合木模板钢支撑、木支撑，木模板、木支撑编制。

2. 清单编制

模板工程的列项和项目特征描述可以按照模板部位、模板及支撑材质两个维度进行，本工程所使用模板为经甲乙双方共同确认的施工组织设计的复合木模板、木支撑、钢支撑。厂区办公楼涉及的混凝土构件包括：垫层、基础、基础梁、柱、有梁板、圈梁（卫生间止水带）、过梁、构造柱、挑檐、雨篷、挑檐、压顶、栏板、楼梯，本工程模板工程清单及其项目特征如表 3-2 所示。

模板工程清单

表 3-2

序号	项目编码	项目名称 项目特征	计量单位	清单工程量
7	011702001001	基础 混凝土、钢筋混凝土模板及支架 1. 使用部位：垫层	m^2	
8	011702001002	基础 混凝土、钢筋混凝土模板及支架 1. 使用部位：独立基础	m^2	
9	011702005001	基础梁 混凝土、钢筋混凝土模板及支架 1. 使用部位：地梁、楼梯垫梁模板	m^2	
10	011702008001	圈梁 混凝土、钢筋混凝土模板及支架 1. 使用部位：卫生间止水带	m^2	
11	011702002001	矩形柱 混凝土、钢筋混凝土模板及支架 1. 使用部位：矩形柱 2. 模板支撑超高综合考虑	m^2	
12	011702003001	构造柱 混凝土、钢筋混凝土模板及支架 1. 使用部位：构造柱 2. 支撑高度：3.6m 内	m^2	
13	011702009001	过梁 混凝土、钢筋混凝土模板及支架 1. 使用部位：过梁	m^2	
14	011702014001	有梁板 混凝土、钢筋混凝土模板及支架 1. 使用部位：有梁板 2. 模板支撑超高综合考虑	m^2	
15	011702023001	雨篷模板 混凝土、钢筋混凝土模板及支架 1. 使用部位：雨篷	m^2	

续表

序号	项目编码	项目名称 项目特征	计量单位	清单工程量
16	011702023002	挑檐模板 混凝土、钢筋混凝土模板及支架 1. 使用部位：挑檐	m²	
17	011702021001	栏板模板 混凝土、钢筋混凝土模板及支架 1. 使用部位：栏板	m²	
18	011702024001	楼梯 混凝土、钢筋混凝土模板及支架 1. 使用部位：直形楼梯	m²	
19	011702025001	其他现浇构件 混凝土、钢筋混凝土模板及支架 1. 使用部位：压顶	m²	

3. 定额组价

山东 2016 版定额规定模板工程编制时，主要工作内容包括模板制作，模板安装、拆除、整理堆放及场内运输，清理模板粘接物及模内杂物、刷隔离剂等，区分不同构件、模板及支撑材质，按实选择即可。本工程优先选用复合木模板钢支撑、木支撑形式。

（1）垫层模板的定额组价

基础垫层模板使用部位为垫层，查询定额套"18-1-1 混凝土基础垫层木模板"定额子目，套取完成如图 3-83 所示。

0117020010001		垫层	m²	混凝土、钢筋混凝土模板及支架 1. 使用部位：垫层
18-1-1	定	混凝土基础垫层木模板	10m²	

图 3-83　基础垫层模板定额组价

（2）基础模板的定额组价

独立基础模板使用部位为独立基础，查询定额套"18-1-15 独立基础钢筋混凝土复合木模板木支撑"定额子目。基础梁模板使用部位是基础联系梁和楼梯垫梁，查询定额套"18-1-53 基础梁复合木模板木支撑"定额子目，套取完成如图 3-84 所示。

（3）柱模板的定额组价

矩形柱模板使用部位为框架柱，查询定额套"18-1-36 矩形柱复合木模板钢支撑"定额子目，因为首层柱超过 3.6m，故加套"18-1-48 柱支撑高度＞3.6m 每增 1m 钢支撑"定额子目，工程量按首层柱超高支撑工程量按实输入。构造柱模板使用部位是构造柱，构造柱不计算模板支撑超高，查询定额套"18-1-40 构造柱复合木模板钢支撑"定额子目，套取完成如图 3-85 所示。

☐ 011702001002		独立基础	m²	混凝土、钢筋混凝土模板及支架 1. 使用部位:独立基础	
└ 18-1-15	定	独立基础钢筋混凝土复合木模板木支撑	10m²		
☐ 011702005001		基础梁	m²	混凝土、钢筋混凝土模板及支架 1. 使用部位:地梁、楼梯垫梁模板	
└ 18-1-53	定	基础梁复合木模板木支撑	10m²		

图 3-84 基础模板定额组价

☐ 011702002001		矩形柱	m²	混凝土、钢筋混凝土模板及支架 1. 使用部位:矩形柱 2. 模板支撑超高综合考虑	
└ 18-1-36	定	矩形柱复合木模板钢支撑	10m²		
└ 18-1-48	定	柱支撑高度>3.6m 每增1m钢支撑	10m²		
☐ 011702003001		构造柱	m²	混凝土、钢筋混凝土模板及支架 1. 使用部位:构造柱 2. 支撑高度:3.6m内	
└ 18-1-40	定	构造柱复合木模板钢支撑	10m²		

图 3-85 柱模板定额组价

（4）梁模板的定额组价

过梁的模板使用部位为过梁，由于梁的支撑超高是算到梁底，本工程过梁均不超高，查询定额套"18-1-65 过梁复合木模板木支撑"定额子目，套取完成如图 3-86 所示。

☐ 011702009001		过梁	m²	混凝土、钢筋混凝土模板及支架 1. 使用部位:过梁	
└ 18-1-65	定	过梁复合木模板木支撑	10m²		

图 3-86 梁模板定额组价

（5）板模板的定额组价

有梁板模板使用部位为有梁板，并考虑板的支撑超高，查询定额套"18-1-92 有梁板复合木模板钢支撑"定额子目，支撑超高套"18-1-104 板支撑高度>3.6m 每增 1m 钢支撑"定额子目，套取完成如图 3-87 所示。

☐ 011702014001		有梁板	m²	混凝土、钢筋混凝土模板及支架 1. 使用部位:有梁板 2. 模板支撑超高综合考虑	
└ 18-1-92	定	有梁板复合木模板钢支撑	10m²		
└ 18-1-104	定	板支撑高度>3.6m 每增1m钢支撑	10m²		

图 3-87 板模板定额组价

（6）其他部位模板的定额组价

雨篷模板使用部位是雨篷板，查询定额套"18-1-108 雨篷、悬挑板、阳台板直形木模板木支撑"定额子目。挑檐模板使用部位是挑檐，查询定额套"18-1-107 天沟、挑檐木模板木支撑"定额子目，同样方法套取栏板、楼梯、压顶模板定额子目。山东 2016 版定额交底资料中对于现浇混凝土楼梯、阳台、雨篷、栏板、挑檐等其他构件规定，凡其模板子目按木模板、木支撑编制，但实际使用复合木模板，仍执行定额相应模板子目，不另行调整，套取完成如图 3-88 所示。

□ 011702023001		雨篷模板	m²	混凝土、钢筋混凝土模板及支架 1. 使用部位:雨篷
└─ 18-1-108	定	雨篷、悬挑板、阳台板直形木模板木支撑	10m²	
□ 011702023002		挑檐模板	m²	混凝土、钢筋混凝土模板及支架 1. 使用部位:挑檐
└─ 18-1-107	定	天沟、挑檐木模板木支撑	10m²	
□ 011702021001		栏板模板	m²	混凝土、钢筋混凝土模板及支架 1. 使用部位:栏板
└─ 18-1-106	定	栏板木模板木支撑	10m²	
□ 011702024001		楼梯	m²	混凝土、钢筋混凝土模板及支架 1. 使用部位:直形楼梯
└─ 18-1-110	定	楼梯直形木模板木支撑	10m²	
□ 011702025001		其他现浇构件	m²	混凝土、钢筋混凝土模板及支架 1. 使用部位:压顶
└─ 18-1-116	定	压顶木模板木支撑	10m²	

图 3-88　雨篷、挑檐、栏板、压顶、楼梯模板定额组价

4. 提取工程量

模板工程的清单工程量和定额工程量由于计算规则的不同，需要分别提取。卫生间止水带的模板工程量并入有梁板。压顶的清单工程量是按平方米提取，定额工程量按立方米提取。超高支撑的工程量需要单独进行计算。复合木模板周转次数，基础部位按 1 次考虑，其他部位按 4 次考虑，实际工程中复合木模板周转次数与定额不同时，可按实际周转次数，根据以下公式分别对子目材料中的复合木模板、锯成材消耗量进行计算调整，如图 3-89 所示。

1. 复合木模板消耗量＝模板一次使用量×（1＋5%）×模板制作损耗系数÷周转次数
2. 锯成材消耗量＝定额锯成材消耗量－N_1＋N_2
其中　N_1＝模板一次使用量×（1＋5%）×方木消耗系数÷定额模板周转次数
　　　N_2＝模板一次使用量×（1＋5%）×方木消耗系数÷实际周转次数
3. 上述公式中复合木模板制作损耗系数、方木消耗系数见下表。

复合木模板制作损耗系数、方木消耗系数表

构件部位	基础	柱	构造柱	梁	墙	板
模板制作损耗系数	1.1392	1.1047	1.2807	1.1688	1.0667	1.0787
方木消耗系数	0.0209	0.0231	0.0249	0.0247	0.0208	0.0172

图 3-89　复合木模板、锯成材消耗量调整公式和损耗系数表

任务总结

1. 模板工程主要是按照构件的部位、模板及支撑的材质进行列项，并描述项目特征。

2. 柱、梁、板模板支撑高度超过 3.6m 计算支撑超高，支撑超高的工程量单独计算填写。

3. 模板工程的清单量和定额量不同，在 GTJ2025 中提取相应清单工程量和定额工程量，并填写到 GCCP6.0 中。

复习思考题

1. 建筑物哪些构件需要考虑模板工程？

2. 有梁板的模板支撑超高如何考虑，工程量如何提取？

3. 模板的清单工程量和定额工程量有何区别？

3.2.3 其他单价措施项目清单编制及定额组价

其他单价措施项目清单编制及定额组价

任务工单

利用 GCCP6.0，完成厂区办公楼其他单价措施项目清单编制与定额组价。

任务说明

根据厂区办公楼设计文件，利用计价软件对厂区办公楼其他单价措施项目进行清单编制和定额组价。

任务分析

1. 垂直运输工程包括哪些内容，如何计算工程量？

2. 大型设备进出场如何计价？

3. 智慧工地如何计量与计价？

任务实施

1. 垂直运输的清单编制与定额组价

（1）清单编制

根据《房屋建筑与装饰工程工程量计算标准》GB/T 50854—2024 附录 S 措施项目中 S.3 垂直运输列有一项清单。山东 2016 版定额第十九章施工运输工程分为垂直运输、水平运输和大型机械进出场三节内容，其中垂直运输分为民用建筑垂直运输、工业厂房垂直运输、钢结构工程垂直运输、零星工程垂直运输和构筑物垂直运输五节内容。

民用建筑垂直运输定额子目编制时区分正负零以下和正负零以上。

正负零以下包括基础的垂直运输（无地下室），按建筑物底层建筑面积计算；混凝土地下室（含基础）的垂直运输，按地下室建筑面积计算；基础（含垫层）深度大于 3m，超深基础垂直运输，按深度>3m 的基础（含垫层）设计图示尺寸，以体积计算。

正负零以上包括檐高≤20m 建筑物的垂直运输，按建筑物建筑面积计算；檐高>20m 建筑物的垂直运输，按建筑物建筑面积计算；能够计算建筑面积（含 1/2 面积）之空间的外装饰层（含屋面顶坪）范围以外的零星工程所需要的垂直运输，设置了砌体、混凝土、金属构件、门窗、装修面层共 5 个零星工程垂直运输子目，分别按设计图示尺寸和相关工程量计算规则，以定额单位计算。

清单列项时可参照当地定额子目的划分进行区分，比如本工程垂直运输列三项，分别为基础的垂直运输（无地下室）、檐高≤20m 建筑物的垂直运输和零星工程混凝土垂直运输，项目特征描述建筑物建筑类型及结构形式、地下室建筑面积、建筑物檐口高度、层数等相关信息，其中零星工程混凝土垂直运输按补充清单考虑，编制完成如图 3-90 所示。

⊞ 011703001001	垂直运输	1.建筑物建筑类型及结构形式:办公楼、框架结构 2.±0.00以下基础的垂直运输	m²
⊞ 011703001002	垂直运输	1.建筑物建筑类型及结构形式:办公楼、框架结构 2.建筑物檐口高度、层数:14.82m，4层 3.±0.00以上垂直运输	m²
⊞ 01B001	零星工程垂直运输-零星混凝土	1.雨篷、屋面顶坪以上的装饰花架混凝土部分	m³

图 3-90　垂直运输工程清单及项目特征

（2）定额组价

厂区办公楼底层建筑面积和标准层建筑面积均＜1000m²，基础（无地下室）的垂直运输查询定额套“19-1-8 ±0.00 以下无地下室独立基础垂直运输 底层建筑面积≤1000m²”定额子目，本工程基础含量大于 0.3，无须换算；地上部分按照檐口高度、结构类型、标准层建筑面积选择适用的定额子目，查询定额套“19-1-18 檐高≤20m 现浇混凝土结构垂直运输 标准层建筑面积≤1000m²”定额子目，本工程装饰工程类别为Ⅱ类，标准换算中选择 3 选项：机械含量乘以 1.2；零星工程垂直运输查询定额套“19-1-52 零星工程混凝土垂直运输”定额子目，套取完成如图 3-91 所示。

⊟ 011703001001		垂直运输	1.建筑物建筑类型及结构形式:办公楼、框架结构 2.±0.00以下基础的垂直运输	m²
— 19-1-8	定	±0.00以下无地下室独立基础垂直运输 底层建筑面积≤1000m²		10m²
⊟ 011703001002		垂直运输	1.建筑物建筑类型及结构形式:办公楼、框架结构 2.建筑物檐口高度、层数:14.82m，4层 3.±0.00以上垂直运输	m²
19-1-18 H990501040 990501040×1.2	换	檐高≤20m现浇混凝土结构垂直运输 标准层建筑面积≤1000m² Ⅱ类 机械[990501040] 含量×1.2		10m²
⊟ 01B001		零星工程垂直运输-零星混凝土	1.雨篷、屋面顶坪以上的装饰花架混凝土部分	m³
— 19-1-52	定	零星工程混凝土垂直运输		10m³

图 3-91　垂直运输工程定额组价

（3）提取工程量

正负零以下包括基础（无地下室）的垂直运输提取建筑物底层建筑面积，正负零以上檐高≤20m 建筑物的垂直运输提取正负零以上建筑物的建筑面积，零星混凝土垂直运输提取雨篷及屋面造型处柱、梁、板、挑檐的混凝土体积，在土建报表量相应构件中按上面描述提取工程量即可。

2. 大型机械设备进出场及安拆清单编制与定额组价

（1）清单编制

根据《房屋建筑与装饰工程工程量计算标准》GB/T 50854—2024，大型机械设备进出场及安拆工程安拆费包括施工机械、设备在现场进行安装拆卸所需人工、材料、机械和试运转费用以及机械辅助设施的折旧、搭设、拆除等费用，进出场费包括施工机械、设备整体或分体自停放地点运至施工现场或由一施工地点运至另一施工地点所发生的运输、装卸、辅助材料等费用。山东2016版定额第十九章施工运输工程第三节大型机械进出场包括大型机械基础、大型机械安装拆卸以及大型机械场外运输三部分。

大型设备进出场及安拆项目特征一般需要描述机械设备名称和机械设备规格型号；大型机械设备基础的项目特征需要描述机械设备名称、基础类型、混凝土强度等级等内容。

厂区办公楼工程所涉及的大型设备主要包含施工电梯和塔式起重机两种，均包括设备进出场及安拆和设备基础两项内容，清单编制如图3-92所示。

011705001001	大型机械设备进出场及安拆	台次	1.类型：塔式起重机
011705002001	大型机械基础	m³	1.机械设备名称:塔式起重机 2.基础类型:独立基础 3.混凝土强度等级:C30
011705001002	大型机械设备进出场及安拆	台次	1.类型：施工电梯
011705002002	大型机械基础	m³	1.机械设备名称:施工电梯 2.基础类型:独立基础 3.混凝土强度等级:C30

图3-92 大型设备进出场及安拆清单编制

（2）定额组价

厂区办公楼工程檐高＜20m，采用自升式塔式起重机，查询定额套"19-3-18自升式塔式起重机场外运输檐高≤20m"和"19-3-5自升式塔式起重机安拆 檐高≤20m"两项定额子目；塔式起重机基础，按照山东2016版定额交底资料规定的现浇混凝土独立式基础定额，并应同时计算基础拆除，查询定额套"19-3-1现浇混凝土独立式基础""泵送"和"混凝土基础拆除"定额子目。同理完成施工电梯的定额组价，套取完成如图3-93所示。

011705001001		大型机械设备进出场及安拆	1.机械设备名称:塔式起重机	台次
19-3-5	定	自升式塔式起重机安拆 檐高≤20m		台次
19-3-18	定	自升式塔式起重机场外运输 檐高≤20m		台次
011705002001		大型机械基础	1.机械设备名称:塔式起重机 2.基础类型:独立式基础	m³
19-3-1	定	现浇混凝土独立式基础		10m³
19-3-4	定	混凝土基础拆除		10m³
5-3-10	定	泵送混凝土 基础 泵车		10m³
011705001002		大型机械设备进出场及安拆	1.机械设备名称:施工电梯	台次
19-3-9	定	卷扬机、施工电梯安拆 檐高≤20m		台次
19-3-22	定	卷扬机、施工电梯场外运输 檐高≤20m		台次
011705002002		大型机械基础	1.机械设备名称:施工电梯 2.基础类型:独立式基础	m³
19-3-1	定	现浇混凝土独立式基础		10m³
19-3-4	定	混凝土基础拆除		10m³
5-3-10	定	泵送混凝土 基础 泵车		10m³

图3-93 大型机械进出场及安拆、大型机械基础定额组价

另外设备基础基坑的开挖和回填是没有包含在内的，可根据现场踏勘情况考虑单独编

制清单或直接在此清单下组价，综合考虑。

（3）提取工程量

大型机械设备进出场及安拆的工程量一般按照施工组织设计来确定需要的台次。根据山东 2016 版定额交底资料规定，自升式塔式起重机、施工电梯（或卷扬机）的混凝土独立式基础，建筑物底层（不含地下室）建筑面积 1000m² 以内，各计 1 座；超过 1000m²，每增加 400～1000m²，各增加 1 座。建筑物地下层建筑面积 1500m² 以内，各计 1 座，超过 1500m²，每增加 600～1500m²，各增加 1 座。每座分别按 30m³、10m³（或 3m³）计算现浇混凝土独立式基础，并应同时计算基础拆除。厂区办公楼塔式起重机和施工电梯均为 1 台次，塔式起重机基础按 30m³，施工电梯基础按 10m³ 计算。

3. 智慧工地清单编制与定额组价

建筑工程的智慧工地单价措施费是根据《山东省住房和城乡建设厅关于印发全省房屋建筑和市政工程智慧工地建设指导意见的通知》（鲁建质安字〔2021〕7 号），参照相关评价标准区分不同星级，按照建设项目的建筑面积进行计算。该费用不再计取企业管理费、利润、规费，仅计取税金。此项费用是山东地区特性的单价措施费用，清单中并未包含智慧工地项目，因此这里需要补充清单项。补充项目的编码由本规范的代码 01 与 B 和三位阿拉伯数字组成，并应从 01B001 起顺序编制，同一招标工程的项目不得重码。补充的工程量清单需附有补充项目的名称、项目特征、计量单位、工程量计算规则、工作内容。不能计量的措施项目，需附有补充项目的名称、工作内容及包含范围。清单编码为 01B001，定额在单价措施处，鼠标右键选择"补充智慧工地费用（仅记取税金）"命令，在弹出框内输入建筑面积和单价即可，如图 3-94 所示。

⊟ 01B001		智慧工地(仅记取税金)	元	
费用2	补	智慧工地(仅记取税金)，其中建筑面积2641.7324m²，每平方米价格6元	元	

图 3-94　智慧工地清单项目及组价

任务总结

1. 大型机械进出场及安拆项目包含大型机械进出场及安拆和大型机械基础两项清单。

2. 大型机械进出场及安拆要考虑进出场及安拆两项定额子目，大型机械基础考虑基础的制作、拆除和泵送三项定额子目。

3. 大型机械进出场及安拆和大型机械基础的工程量无施工组织设计时按山东 2016 版定额交底资料工程量计取方式计取。

复习思考题

1. 大型机械进出场及安拆包含什么费用？

2. 大型机械进出场及安拆、大型机械基础的工程量如何确定？

3.3　其他项目费及人材机汇总

知识目标

1. 了解其他项目费的组成及计取方法。
2. 了解费用的计算方法及调价原则。
3. 掌握取费的流程与调整方法。

能力目标

1. 能够利用计价软件编制其他项目费用清单。
2. 能够利用计价软件对人材机汇总界面按需调整。
3. 能够利用计价软件进行费用汇总与报表输出。

素养目标

1. 培养家国情怀，为实现中华民族伟大复兴努力奋斗。
2. 培养自强不息的传统美德，立志做有理想、敢担当、能吃苦、肯奋斗的新时代好青年。

3.3.1　其他项目费清单编制

其他项目费
清单编制

任务工单

利用 GCCP6.0，完成厂区办公楼其他项目费的清单编制。

任务说明

根据厂区办公楼设计文件和拟定的招标文件要求，利用计价软件完成其他项目费清单的编制。

任务分析

1. 暂列金额依据什么进行确定？
2. 暂估价计不计入总造价，暂估材料价格如何调整？
3. 计日工是不是综合单价，应如何确定？
4. 总承包服务费如何确定？

任务实施

其他项目费包含暂列金额、专业工程暂估价、特殊项目暂估价、计日工、采购保管费、其他检验试验费、总承包服务费及其他。

1. 编制暂列金额

暂列金额是指建设单位在工程量清单中暂定，并包括在工程合同价款中的一笔款项，用于施工合同签订时尚未确定或不可预见的材料、设备、服务的采购，施工中可能发生的工程变更、合同约定调整因素出现时工程价款的调整以及发生的索赔、现场签证等费用。暂列金额包含在投标总价和合同总价中，但只有施工过程中实际发生了，并且符合合同约定的价款支付程序，才能纳入到结算价款中。暂列金额扣除实际发生金额后的余额，仍属于建设单位。

暂列金额一般可按分部分项工程费的 10%～15% 估列，也可以是一笔具体的款项。软件中"其他项目—暂列金额"界面输入"10"，计算基数为分部分项工程费之和，如图 3-95 所示。

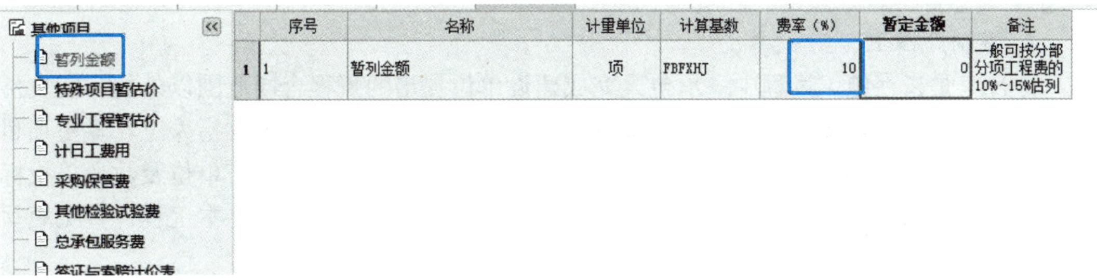

图 3-95　暂列金额的编辑

2. 编制专业工程暂估价、特殊项目暂估价

（1）专业工程暂估价是指建设单位根据国家相应规定预计需由专业承包人另行组织施工、实施单独分包（总承包人仅对其进行总承包服务），但暂时不能确定准确价格的专业工程价款。根据《山东省建设工程费用项目组成及计算规则》（2022 版），专业工程暂估价应区分不同专业，按有关计价规定估价，并仅作为计取总承包服务费的基础，不计入总承包人的工程总造价。例如本工程南侧大厅入口上方的钢化玻璃雨篷，若单独分包，则可按专业工程暂估价计取总承包服务费，软件中选择"其他项目—专业工程暂估价"，添加"钢化玻璃雨篷—工程内容—单位—单价—数量"，填写完毕如图 3-96 所示。

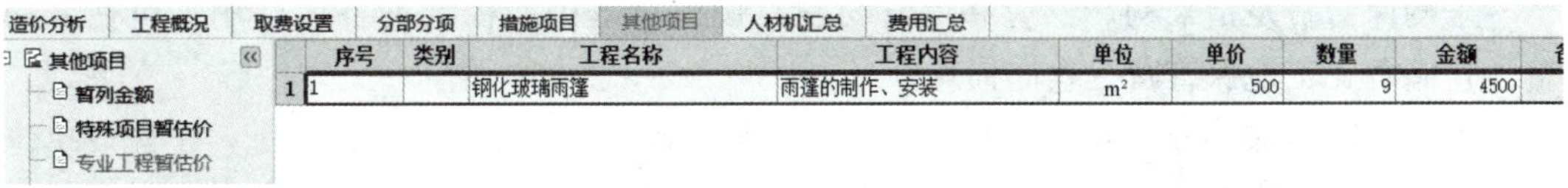

图 3-96　专业工程暂估价的编辑

（2）特殊项目暂估价是指未来工程中肯定发生，其他费用项目均未包括，但由于材料、设备或技术工艺的特殊性，没有可参考的计价依据，事先难以准确确定其价格，对造价影响较大的项目费用。本工程无特殊项目暂估价，此处不予填写，如需编制，参照专业工程暂估价的编制方法即可。

3. 编制总承包服务费

总承包服务费是指总承包人为配合、协调发包人根据国家有关规定进行专业工程发包、自行采购材料、设备等进行现场接收、管理（非指保管）以及施工现场管理、竣工资料汇总整理等服务所需的费用。

$$总承包服务费＝专业工程暂估价（不含设备费）×相应费率$$

根据《山东省建设工程费用项目组成及计算规则》（2022版）的规定，总承包服务费费率为3‰。软件中"其他项目—总承包服务费"界面下的费率及计算基数软件默认均已设置完成，若调整费率可按实修改，如果按费用组成中的规定计算则无须更改，填写完毕如图3-97所示。

序号	项目名称	项目价值	服务内容	费率(%)	金额	备注
1	总承包服务费 …	ZYGCZGJ		3	135	总承包服务费=专业工程暂估价（不含设备费）×相应费率

图3-97　总承包服务费的编辑

4. 编制计日工

计日工是指在施工过程中，承包人完成建设单位提出的工程合同范围以外的、突发性的零星项目或工作，按合同中约定的单价计价的一种方式。计日工不仅指人工，零星项目或工作使用的材料、机械，均应计列于本项之下。由招标人填写内容、单位及数量，投标人进行报价，结算时数量按照实际发生的、价格按投标人的报价执行。本工程计日工填写如图3-98所示。

	计日工费用			
一	人工			
1	普工	工日		50
2	技工	工日		80
二	材料			
1	沙子	m³		50
三	机械			
1	自卸汽车	台班		20

图3-98　计日工费用

5. 编制采购保管费

采购保管费是指采购、供应和保管材料、设备过程中所需要的各项费用，包括采购费、仓储费、工地保管费、仓储损耗。

根据采购与保管分工或方式的不同，采购及保管费一般按下列比例分配：①建设单位采购、付款，供应至施工现场，并自行保管，施工单位随用随领，采购及保管费全部归建设单位。②建设单位采购、付款，供应至施工现场，交由施工单位保管，建设单位计取采取及保管费的40‰，施工单位计取60‰。③施工单位采购、付款，供应至施工现场，并自行保管，采购及保管费全部归施工单位。《山东省建筑工程价目表》中的材料单价已包括采购及保管费。

建设单位采购或施工单位经建设单位认价后自行采购，其付款价（双方未另行约定时）一般均为材料供应至施工现场的落地价（应含卸车费用，未包括材料的采购及保管费）。若本工程的甲供材料由甲方购买，施工单位保管，采购保管费以甲供材料费为基数，取保管费费率1.5‰，本工程计取采购保管费如图3-99所示。

	序号	项目名称	项目费用	服务内容	费率(%)	金额	备注
1	1	材料采购保管费	JGCLF		1.5	5490.05	
2	2	设备采购保管费			1	0	…

图 3-99　甲供材采购保管费

6. 编制其他检验试验费

其他检验试验费是指除企业管理费中包含的检验试验费之外，开展特殊性鉴定、检查等所发生的费用。其他检验试验费包括：

（1）规范规定之外要求增加鉴定、检查产生的费用。

（2）新结构、新材料的试验费用。

（3）对构件进行破坏性检验试验的费用。

（4）建设单位委托第三方机构开展检验试验，并由施工单位支付的检验试验费用。

（5）其他特殊性检验试验项目。

对施工单位提供的、具有检验合格证明的材料，建设单位要求再次检验且经检测不合格的，该检测费用由施工单位承担，不计入工程造价。本工程不包含其他检验试验费，不予计取。

7. 编制其他费用

包括工期奖惩、质量奖惩等，均可计列于本项之下。

任务总结

1. 在招投标阶段，建设方根据工程情况，按实编制其他项目费。
2. 暂列金额计入工程总造价，一般为分部分项工程费的 10%～15%。
3. 专业工程暂估价只作为总承包服务费的计算基数，不计入总承包人的工程总造价。

复习思考题

1. 其他项目费包含哪些内容？
2. 总承包服务费如何计算，费率是多少？
3. 计日工如何计取？
4. 采购保管费如何计算？

3.3.2　人材机汇总及调价

任务工单

利用 GCCP6.0，完成厂区办公楼人材机汇总及调价。

人材机汇总
及调价

任务说明

根据厂区办公楼设计文件和拟定招标文件要求，利用计价软件完成人材机汇总及调价工作。

![任务分析]

1. 什么是信息价，如何导入信息价？
2. 如何调整甲供材料价格？
3. 如何调整暂估材料价格？

![任务实施]

定额组价时人材机价格来源于所选择的价目表，但是价目表的价格更新间隔长，不满足实际工程的需求，所以在完成清单列项及定额组价工作后，要根据市场情况调整人材机价格。一般在 GCCP6.0 计价软件中的"人材机汇总"界面，调整"不含税市场价"或者"含税市场价"，如图 3-100 所示。

	编码	类别	名称	规格型号	单位	数量	不含税省单价	不含税济南价	不含税市场价	含税市场价	税率(%)	供货方式
1	00010010	人	综合工日(土建)		工日	6890.63872	128	128	128	128	0	自行采购
2	00010010@1	人	综合工日(土建)	2	工日	4.5	128	128	128	128	0	自行采购
3	00010020	人	综合工日(装饰)		工日	0.076	138	138	138	138	0	自行采购
4	01010009	材	钢筋	HPB300≤Φ10	t	0.624	3725.66	3725.66	3725.66	4210	13	甲供材料
5	01010027@1	材	钢筋	HRB400≤Φ10	t	23.3376	3982.3	3982.3	3982.3	4500	13	甲供材料
6	01010029@1	材	钢筋	HRB400≤Φ18	t	26.9152	3849.56	3849.56	3849.56	4350	13	甲供材料
7	01010033	材	钢筋	HRB335≤Φ25	t	0.9744	3805.31	3805.31	3805.31	4300	13	甲供材料
8	01010033@1	材	钢筋	HRB400≤Φ25	t	49.556	3805.31	3805.31	3805.31	4300	13	甲供材料
9	01010065	材	钢筋	Φ6.5	t	4.3758	4070.8	4070.8	4070.8	4600	13	甲供材料
10	01010069	材	钢筋	Φ8	t	0.3264	3761.06	3761.06	3761.06	4250	13	甲供材料
11	01010069@1	材	钢筋	HPB300 6mm	t	0.0102	3761.06	3761.06	3761.06	4250	13	甲供材料
12	01010135	材	螺纹钢筋	Φ22	kg	150.5496	3.64	3.64	3.64	4.11	13	甲供材料

图 3-100　人材机汇总界面调整价格

本工程在最高投标限价编制过程中，市场价中的人工费按工程所在地文件执行，机械按省价不调差，材料根据信息价调整主材价格。调整方式如下：

1. 手动填写

简易计税法用含税市场价作为计税基数，一般计税法用不含税市场价作为计税基数，市场价可以手动修改，在"人材机汇总"界面中，选择需要修改的人材机价格，在"不含税市场价"或"含税市场价"中直接输入市场价，调过价的人材机就会产生价差，如图 3-101 所示。

	编码	类别	名称	规格型号	单位	数量	不含税省单价	不含税济南价	不含税市场价	含税市场价
1	00010010	人	综合工日(土建)		工日	6890.63872	128	128	128	128
2	00010010@1	人	综合工日(土建)	2	工日	4.5	128	128	128	128
3	00010020	人	综合工日(装饰)		工日	0.076	138	138	138	138
4	01010009	材	钢筋	HPB300≤Φ10	t	0.624	3725.66	3725.66	3982.3	4500

图 3-101　手动调价

2. 批量载价

点击工具栏中的"载价"，选择"批量载价"。在弹出的窗口中，根据工程实际情况选择需要载入的某一期信息价、专业测定价或市场价，其中"信息价"是指各省市住房和城乡建设局颁布的月刊或半月刊的工程造价信息；"专业测定价"是指专家及大数据分析的综合材料价格；"市场价"是指供应商发布的价格，如果三者都选，是指先载入信息价里的材料价格，然后信息价里没有的按照专业测定价载入，专业测定价没有的按照市场价载入，所以大家要根据需要选择价格来源，如图 3-102 所示。载价后点击"人材机无价差"，选择"所有工料机"即可清除载价。

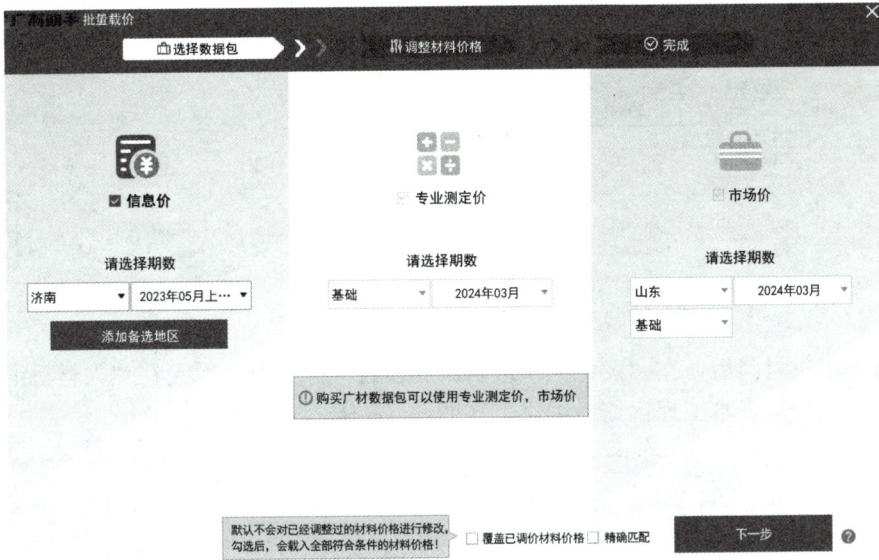

图 3-102　批量载价

在"载价结果预览"中可以看到待载价格和信息价，根据实际情况也可以手动更改待载价格，完成后点击"下一步"完成载价，如图 3-103 所示。

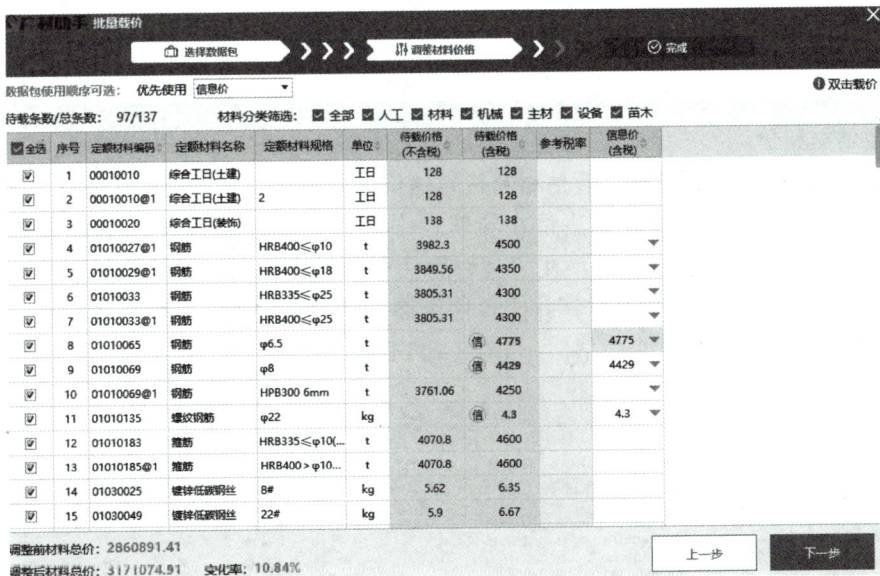

图 3-103　载价完成

3. 甲供材料

在编制招标文件时，需要设置甲供材料，单独输出甲供材料的报表。选择"人材机汇总"，在项目下的"人材机汇总"界面选择需要设为甲供的材料或设备，将供货方式由默认的"自行采购"修改为"甲供材料"，如图 3-104 所示，也可以通过"批量修改"命令修改材料的"供货方式"和"甲供数量"，注意甲供数量需要切换到单位工程下的"人材机汇总"里调整。

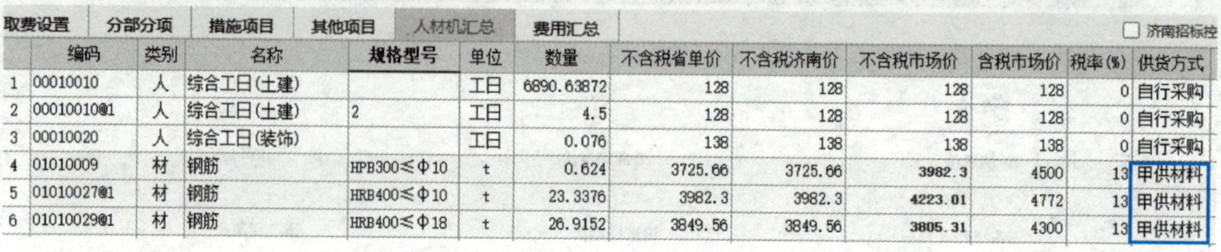

	编码	类别	名称	规格型号	单位	数量	不含税省单价	不含税济南价	不含税市场价	含税市场价	税率(%)	供货方式
1	00010010	人	综合工日(土建)		工日	6890.63872	128	128	128	128	0	自行采购
2	00010010@1	人	综合工日(土建)	2	工日	4.5	128	128	128	128	0	自行采购
3	00010020	人	综合工日(装饰)		工日	0.076	138	138	138	138	0	自行采购
4	01010009	材	钢筋	HPB300≤Φ10	t	0.624	3725.66	3725.66	3982.3	4500	13	甲供材料
5	01010027@1	材	钢筋	HRB400≤Φ10	t	23.3376	3982.3	3982.3	4223.01	4772	13	甲供材料
6	01010029@1	材	钢筋	HRB400≤Φ18	t	26.9152	3849.56	3849.56	3805.31	4300	13	甲供材料

图 3-104　设置甲供材料

设置完甲供材料后，在"发包人供应材料和设备"中，可以看到在"人材机汇总"中设置为甲供的材料，本工程钢筋为甲供，如图 3-105 所示。

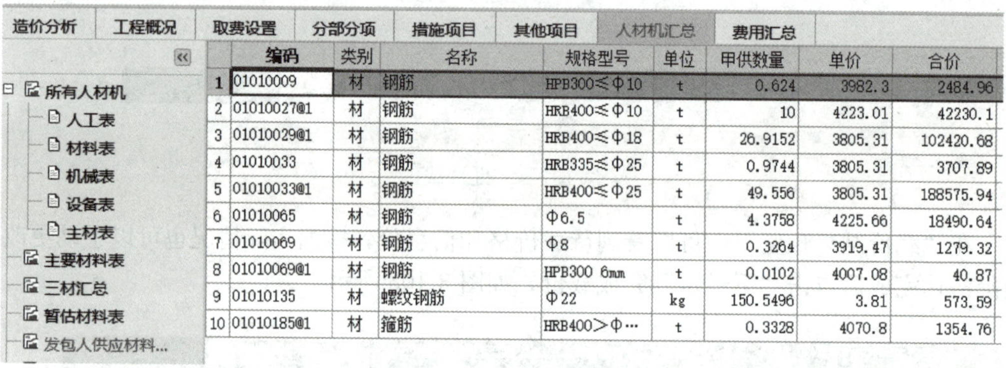

	编码	类别	名称	规格型号	单位	甲供数量	单价	合价
1	01010009	材	钢筋	HPB300≤Φ10	t	0.624	3982.3	2484.96
2	01010027@1	材	钢筋	HRB400≤Φ10	t	10	4223.01	42230.1
3	01010029@1	材	钢筋	HRB400≤Φ18	t	26.9152	3805.31	102420.68
4	01010033	材	钢筋	HRB335≤Φ25	t	0.9744	3805.31	3707.89
5	01010033@1	材	钢筋	HRB400≤Φ25	t	49.556	3805.31	188575.94
6	01010065	材	钢筋	Φ6.5	t	4.3758	4225.66	18490.64
7	01010069	材	钢筋	Φ8	t	0.3264	3919.47	1279.32
8	01010069@1	材	钢筋	HPB300 6mm	t	0.0102	4007.08	40.87
9	01010135	材	螺纹钢筋	Φ22	kg	150.5496	3.81	573.59
10	01010185@1	材	箍筋	HRB400＞Φ…	t	0.3328	4070.8	1354.76

导航栏：所有人材机、人工表、材料表、机械表、设备表、主材表、主要材料表、三材汇总、暂估材料表、发包人供应材...

图 3-105　查看甲供材料

4. 暂估材料价

招标方给出暂估材料单价，暂估材料按暂估价进行组价，材料价格计入分部分项工程综合单价。暂估材料价格修改方法是在导航栏中选择"人材机汇总"，在结构树中选择"材料表"，选择需要暂估的材料，在"是否暂估"列打钩，则材料价格被锁定。切换至"暂估材料表"中可以看到暂估材料并按暂估价格去调整，同时在分部分项相应清单"工料机显示"中自动关联"是否暂估"，如图 3-106 所示。

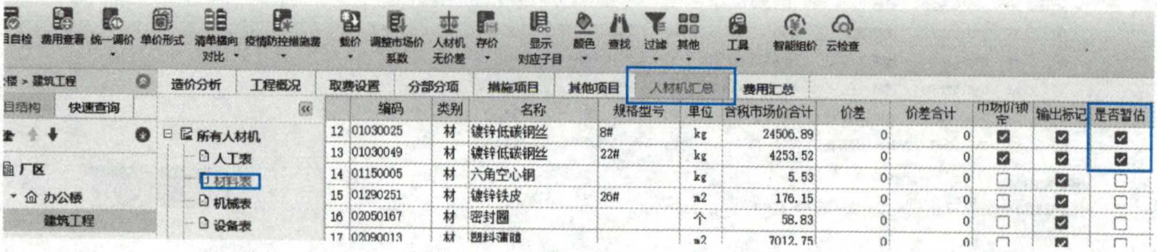

	编码	类别	名称	规格型号	单位	含税市场价合计	价差	价差合计	市场价锁定	输出标记	是否暂估
12	01030025	材	镀锌低碳钢丝	8#	kg	24506.89	0	0	✓	✓	✓
13	01030049	材	镀锌低碳钢丝	22#	kg	4253.52	0	0	✓	✓	✓
14	01150005	材	六角空心钢		kg	5.53	0	0		✓	
15	01290251	材	镀锌铁皮	26#	m2	176.15	0	0		✓	
16	02050167	材	密封圈		个	58.83	0	0		✓	
17	02090013	材	塑料薄膜		m2	7012.75	0	0		✓	

图 3-106　设置暂估材料及暂估价

5. 市场价锁定

对于招标文件要求的内容，如甲供材料表、暂估材料表中涉及的材料价格是不能进行调整的，为了避免在调整其他材料价格时出现操作失误，可使用"市场价锁定"功能对曾修改的材料价格进行锁定，如图 3-107 所示。

	编码	类别	名称	单位	含税市场价	税率(%)	供货方式	甲供数量	不含税市场价合计	含税市场价合计	市场价锁定
13	01010183	材	箍筋	t	4600	13	自行采购		72165.51	81546.00	☐
14	01010185@1	材	箍筋	t	4600	13	甲供材料	0.3328	1354.76	1530.88	☐
15	01030025	材	镀锌低碳钢丝	kg	6.6	13	自行采购		22538.62	25471.73	☑
16	01030049	材	镀锌低碳钢丝	kg	6.67	13	自行采购		3762.48	4253.52	☑

图 3-107　锁定市场价

6. 显示对应子目

对于"人材机汇总"中出现的材料名称异常或数量异常的情况，可直接用鼠标右键单击相应材料，选择"显示对应子目"，在分部分项中对材料进行修改，如图 3-108 所示。

	编码	类别	名称	单位	含税市场价	税率(%)	供货方式	甲供数量	不含税市场价合计	含税市场价合计	市场价锁定	输
50	04130005	材	烧结煤矸石普通砖	m³	680	3	自行采购		15555.59	16022.36	☐	
51	04150011	材	烧结页岩空心砌块	m³	275	13	自行采购		2524.49	2852.71	☐	
52	04150015	材	蒸压粉煤灰加气混凝土砌块	m³	258	3	自行采购		125916.4	129691.53		
53	05010033	材	枕木	m³	2280	13	自行采购					
54	05030007	材	模板材	m³	1665	13	自行采购					
55	05330005	材	竹胶板	m²	48.5	13	自行采购					
56	09000015	材	锯成材	m³	1774.35	13	自行采购					
57	09270003	材	耐碱纤维网格布	m²	1.24	13	自行采购					
58	11010011	材	普通成品木门	m²	470	13	自行采购					
59	11110001	材	塑钢固定窗	m²	160	13	自行采购					

图 3-108　显示对应子目

7. 存价与载价

对于同一个项目的多个标段，发包方会要求所有标段的材料价保持一致，在调整好一个标段的材料价后，可运用"存价"将此材料价保存，后期运用到其他标段，在其他标段的"人材机汇总"中使用该市场价文件时，可运用"载价—载入 Excel 市场价文件"，选择需要载入的价格文件，如图 3-109 所示。导入 Excel 市场价文件之后，检查对应表头材料号、名称、规格、单位、单价等信息识别是否准确，识别完所需的信息之后，选择"匹配选项"，然后单击"导入"即可。

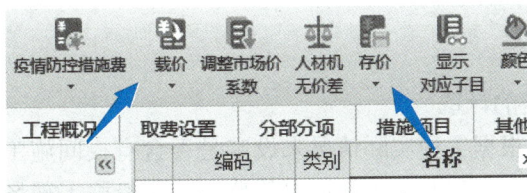

图 3-109　存价与载价

8. 调整市场价系数

通过调整市场价系数功能可以对选定材料市场价进行整体调整。

![任务总结]

1. 在人材机汇总窗口下对人材机市场价进行调整，可以手动调整，也可以批量载价。

2. 人工费按工程所在地文件执行，机械费按省价不调差，材料费根据信息价调整主材价格，辅材不必调整。

3. 对甲供材料和暂估材料价格进行调整后将价格锁定，避免错误操作。

![复习思考题]

1. 调价时人工费是否需要调整，依据是什么？

2. 材料价格调整的依据和方法是什么？

3. 如何调整材料的供货方式？

4. 如何对调整后的人材机价格进行保存和载入？

3.3.3　费用汇总与成果导出

费用汇总与
成果导出

![任务工单]

利用 GCCP6.0，完成厂区办公楼费用汇总工作，并生成报表。

![任务说明]

根据厂区办公楼设计文件和拟定招标文件要求，利用计价软件完成费用汇总及报表生成工作。

![任务分析]

1. 总价措施项目费包含哪些内容，如何计取？

2. 规费包含哪些内容，如何计取？

3. 管理费、利润费率是否可调，如何调整？

4. 生成报表之前需要做什么，如何生成报表？

![任务实施]

1. 总价措施项目费的计取

总价措施项目费是根据工程实际情况来设定是否含有夜间施工增加费、二次搬运费、冬雨季施工增加费、已完工程及设备保护费等费用，一般施工现场工期在 360 天以上的，基本上都会发生。如果工期比较短，可以根据实际情况进行删减，可以切换至整个项目，在费率调整窗口中进行相应修改，如图 3-110 所示，在此调整后点击"应用修改"应用到每一个单位工程中。厂区办公楼此处总价措施费不作修改。

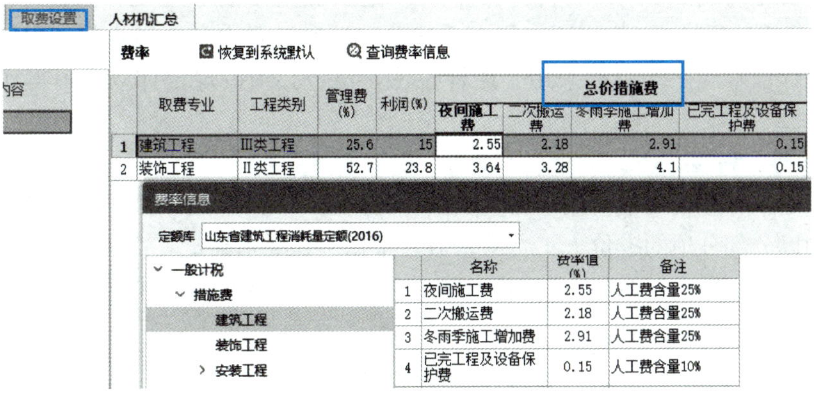

图 3-110　总价措施项目费

2. 规费的计取

规费是指按国家法律、法规规定，由省级政府和省级有关权力部门规定必须缴纳或计取的费用。以山东省为例，规费项目包含安全文明施工费（安全施工费、环境保护费、文明施工费、临时设施费）、社会保险费、住房公积金、建设项目工伤保险、优质优价费，其中住房公积金按工程所在地设区市相关规定计算。优质优价费一般由建设单位提出，并确定申请国家级、省级、市级的级别，然后确定费率。根据山东省住房和城乡建设厅《关于调整建设工程安全施工费的通知》（鲁建标字〔2023〕2 号）调整各专业工程的安全施工费费率，安全生产责任保险费用不再单独计算，调整后规费的内容及费率按规定计取，不得作为竞争性费用，如图 3-111 所示。

专业名称／费用名称	建筑工程	装饰工程	安装工程		园林绿化工程	城市地下综合管廊工程		房屋修缮工程		市政养护维修工程	仿古建筑工程
			民用	工业		建筑装饰	安装工程	建筑工程	安装工程		
安全文明施工费	5.64	5.32	6.15	4.96	3.51	5.73	4.39	5.66	6.15	5.33	5.64
其中：1.安全施工费	3.51	3.51	3.51	2.32	1.75	1.75	1.75	3.51	3.51	1.75	3.51
2.环境保护费	0.56	0.12	0.29		0.16	1.33	0.29	0.25	0.29	1.33	0.65
3.文明施工费	0.65	0.10	0.59		0.35	0.84	0.59	0.53	0.59	0.83	0.56
4.临时设施费	0.92	1.59	1.76		1.25	1.81	1.76	1.37	1.76	1.42	0.92
社会保险费	1.52										
建设项目工伤保险	0.105										
优质优价费　国家级	1.76										
省级	1.16										
市级	0.93										
住房公积金	按工程所在地设区市相关规定计算										

图 3-111　建筑工程规费内容及费率（一般计税法）

3. 税金的计取

税金是指根据国家税法规定应计入建筑安装工程造价内的增值税。增值税一般计税法下，税前造价各构成要素均以不含税（可抵扣进项税额）价格计算；增值税简易计税法下，税前造价各构成要素均以含税价格计算。截至目前，国家发布的一般计税模式下的税率为 9%，简易计税模式下税率为 3%，上述两种计税模式中的甲供材料、甲供设备均不作为增值税计税基础。本工程采用一般计税法，税金必须按规定计取，不得作为竞争性费用。

4. 管理费、利润

根据《山东省建设工程费用项目组成及计算规则》（2022 版）的费用计算程序，管理费和利润均以分部分项的省价人工费为基数，根据工程类别确定其费率，如需修改，在项目的"取费设置"中进行调整，如图 3-112 所示，本工程此处可不作调整。

费用条件			费率						
名称	**内容**		取费专业	工程类别	管理费(%)	利润(%)	夜间施工费	二次搬运费	冬雨季施工增加费	已完工程及设备保护费

图 3-112　调整管理费费率和利润率

5. 智能应用与报表输出

（1）智能应用

软件提供项目自检、费用查看、统一调价、云存档、云检查、智能组价等多种方便用户使用的功能，如图 3-113 所示。

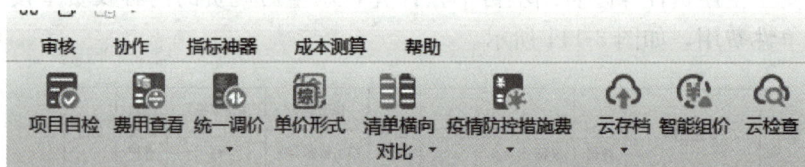

图 3-113　智能应用

项目自检：对工程进行常规性检查和符合性检查，设置检查项，双击定位。

费用查看：查看单位工程或工程项目工程造价、分部分项工程费，对措施项目问题项进行修改。

统一调价：软件可根据使用者要求按"指定造价调整"或"造价系数调整"统一调价。

云存档：软件可将工程组价方案、子目、人材机及整个工程数据备份到云空间。

云检查：软件提供常规检查与自定义检查，如综合单价检查，错套、漏套检查，提高工作效率。

智能组价：如同类历史工程，可依据存档数据、工程数据、企业数据、行业数据进行智能组价，适应信息化需要，方便快捷。

（2）报表输出

在菜单栏中切换至"报表"，在项目结构树中选择项目名称，选择报表类别，软件提供配套完整的工程量清单、招标控制价、投标报价及其他四类报表。本工程按招标控制价导出所需报表。

工具栏中可以将报表批量打印或批量导出至 Excel 和 PDF，生成所需要的表格，如图 3-114 所示。

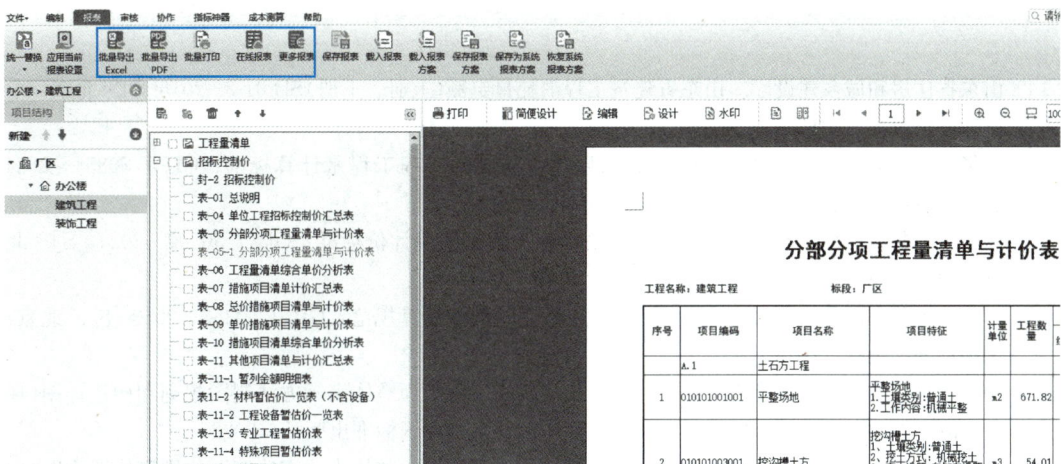

图 3-114　报表导出

任务总结

1. 检查总价措施费、管理费、利润率是否需要调整。
2. 规费与税金是不可竞争费用，费率不能调整。
3. 在生成报表之前要进行项目自检，以避免不必要的错误。

复习思考题

1. 总价措施项目费费率是否可调，如何调整？
2. 规费包含哪些内容，安责险是否需要单独计取？
3. 管理费费率和利润率如何确定，费率如何调整？
4. 如何进行项目自检，问题如何处理？

参 考 文 献

[1] 山东省住房和城乡建设厅. 山东省建筑工程消耗量定额(上册、下册)SD 01-31-2016[S]. 北京：中国计划出版社，2016.

[2] 中华人民共和国住房和城乡建设部. 房屋建筑与装饰工程工程量计算标准：GB/T 50854—2024[S]. 北京：中国计划出版社，2012.

[3] 中华人民共和国住房和城乡建设部. 建筑工程工程量清单计价标准：GB/T 50500—2024[S]. 北京：中国计划出版社，2012.

[4] 中华人民共和国住房和城乡建设部. 建筑工程建筑面积计算规范：GB/T 50353—2013[S]. 北京：中国计划出版社，2013.

[5] 中国建筑标准设计研究院有限公司. 混凝土结构施工图平面整体表示方法制图规则和构造详图(现浇混凝土框架、剪力墙、梁、板)22G101-1[S]. 北京：中国标准出版社，2022.

[6] 中国建筑标准设计研究院有限公司. 混凝土结构施工图平面整体表示方法制图规则和构造详图(现浇混凝土板式楼梯)22G101-2[S]. 北京：中国标准出版社，2022.

[7] 中国建筑标准设计研究院有限公司. 混凝土结构施工图平面整体表示方法制图规则和构造详图(独立基础、条形基础、筏形基础、桩基础)22G101-3[S]. 北京：中国标准出版社，2022.

[8] 何辉，刘霞. 建筑工程计量[M]. 北京：中国建筑工业出版社，2022.

[9] 广联达建筑课堂编制组. 土建造价实战训练营[M]. 北京：中国建筑工业出版社，2022.

[10] 张键，荀建锋. 建筑工程计量与计价[M]. 北京：北京理工大学出版社，2020.

[11] 陈淑珍，王妙灵，等. BIM建筑工程计量与计价实训[M]. 重庆：重庆大学出版社，2019.